21世纪高职高专规划教材 电子信息基础系列

数字电路项目教程

季丽琴 陈 清 主 编
仲小英 副主编

清华大学出版社
北京

内容简介

本书以数字电路中典型的项目为载体，以模块化的形式展开。全书共5个项目，包括举重裁判表决电路的分析与设计、8路抢答器电路的分析与设计、可控多进制计数器电路的分析与设计、报警电路的分析与设计、数字钟电路的分析与设计。每个项目都设计了理论模块和实践模块(能力训练任务)，理论模块有助于提高学生数字电子技术的理论水平，实践模块有助于强化学生对理论知识的吸收，从而突出了“理实一体化”的编写特色。

本书可作为高职高专电子信息类相关专业的教材，也可作为相关技术人员的参考书。

图书在版编目(CIP)数据

数字电路项目教程/季丽琴，陈清主编. —北京：清华大学出版社，2018
(21世纪高职高专规划教材. 电子信息基础系列)
ISBN 978-7-302-49273-3

Ⅰ. ①数…　Ⅱ. ①季…　②陈…　Ⅲ. ①数字电路—高等职业教育—教材　Ⅳ. ①TN79

中国版本图书馆CIP数据核字(2018)第003481号

责任编辑：颜廷芳
封面设计：傅瑞学
责任校对：赵琳爽
责任印制：沈　露

出版发行：清华大学出版社
网　　址：http://www.tup.com.cn，http://www.wqbook.com
地　　址：北京清华大学学研大厦A座　　**邮　　编**：100084
社 总 机：010-62770175　　**邮　　购**：010-62786544
投稿与读者服务：010-62776969，c-service@tup.tsinghua.edu.cn
质量反馈：010-62772015，zhiliang@tup.tsinghua.edu.cn
课件下载：http://www.tup.com.cn，010-62770175-4278
印 装 者：三河市少明印务有限公司
经　　销：全国新华书店
开　　本：185mm×260mm　　**印　　张**：10.75　　**字　　数**：244千字
版　　次：2018年4月第1版　　**印　　次**：2018年4月第1次印刷
印　　数：1～1500
定　　价：29.00元

产品编号：077373-01

前　言

本书是根据高职高专培养目标，结合职业教育“以能力为本位”的指导思想，并在积累了一定的教学实践经验后编写完成的。

本书以数字电路中典型的项目为载体，以模块化的形式展开。全书共5个项目，项目1为举重裁判表决电路的分析与设计，介绍了数制与码制、逻辑函数、举重裁判表决电路的分析与设计；项目2为8路抢答器电路的分析与设计，介绍了编码器、译码器、触发器的工作原理，8路抢答器电路的设计等；项目3为可控多进制计数器电路的分析与设计，介绍了同步、异步加减法计数器的工作原理，可切换的多种进制计数器电路的分析与设计等；项目4为报警电路的分析与设计，介绍了555定时器的工作原理、单双频蜂鸣器报警电路的设计、声光报警电路的设计等；项目5为数字钟电路的分析与设计，介绍了秒发生器电路的构成，时、分、秒计数器电路的设计，数字钟电路的设计等。

每个项目都包含理论模块和实践模块(能力训练任务)，在理论模块中，有明确的教学目标、相关元器件及电路的原理与分析，有助于提高学生数字电子技术的理论水平；在实践模块(能力训练任务)中，借助Multisim仿真软件平台，以仿真测试任务为载体，强化学生对理论知识的吸收，每个项目均做到了理论与实践的统一，突出了“理实一体化”的编写特色。本书中所有仿真测试图均为软件导出图，未加改动。

本书中的项目内容具有典型性和较强的实践操作性。在教学环节中，建议紧密围绕项目开展，充分利用多媒体、仿真软件组织教学，做到“理实一体化”教学。

本书由季丽琴和陈清担任主编，仲小英担任负主编。季丽琴负责制定编写大纲和全书的统稿工作并编写项目1～项目3和附录，仲小英编写项目4，陈清编写项目5。

由于编者水平有限，书中难免有疏漏和不足之处，敬请读者批评指正。

编　者

2017年11月

目录

项目 1

举重裁判表决电路的分析与设计

项目介绍

本项目为一个举重裁判的多数表决电路，由与非门(74LS00)设计完成，并用仿真软件 Multisim 10 完成测试。具体要求：

(1) 设举重比赛有 3 名裁判，包括 1 名主裁判和 2 名副裁判。

(2) 杠铃完全举上的裁决由每一名裁判按一下自己面前的按钮来确定。

(3) 只有当 2 名或 2 名以上裁判判明成功，并且其中有 1 名为主裁判时，表明成功的灯才亮。

项目教学目标

(1) 掌握数制间的相互转换，熟悉常用码制。

(2) 掌握与、或、非三种基本逻辑关系及与非、或非、与或非等复合逻辑关系。

(3) 掌握逻辑代数的基本规则、基本公式与定律。

(4) 掌握逻辑函数的各种表示方法及各方法之间的相互转换。

(5) 掌握逻辑函数的化简(公式法、卡诺图法)。

(6) 学会用与非门(74LS00)实现多种逻辑功能。

(7) 掌握组合逻辑电路的分析和设计方法，会用基本门电路设计多数表决电路。

(8) 掌握 Multisim 10 仿真软件的界面及操作环境。

(9) 掌握 Multisim 10 仿真软件测试逻辑门电路逻辑功能的方法。

(10) 掌握举重裁判表决电路的仿真调试。

1.1 数制与码制

学习目标

(1) 了解数制的概念，掌握二进制、八进制、十六进制、十进制的表示方法。

(2) 掌握数制间的相互转换。

(3) 掌握几种常见码制的表示方法，并熟练应用。

数制是一种计数的方法，它是计数进位制的简称。在数字电路中，常用的数制除十进制外，还有二进制、八进制和十六进制。本节将介绍几种常见的数制表示方法、相互间的转换方法和几种常见的码制。

1.1.1 数制

1. 十进制数

十进制(Decimal)是日常生活中最常使用的数制。在十进制数中,每一位有 0～9 十个数码,所以进位基数 $R=10$。超过 9 的数必须用多位数表示,其中低位和相邻高位之间的进位关系是"逢十进一"。

任意十进制数 D 的展开式:

$$D=\sum k_i 10^i \tag{1-1}$$

k_i 是第 i 位的系数,可以是 0～9 中的任何一个数。

例如:可以将十进制数 12.56 展开为:$12.56=1\times10^1+2\times10^0+5\times10^{-1}+6\times10^{-2}$

2. 二进制数

二进制数(Binary)的进位规则是"逢二进一",其进位基数 $R=2$,每位数码的取值只能是 0 或 1,每位的权是 2 的幂。

任何一个二进制数,可表示为:

$$D=\sum k_i 2^i \tag{1-2}$$

例如:$(1011.011)_2=1\times2^3+0\times2^2+1\times2^1+1\times2^0+0\times2^{-1}+1\times2^{-2}+1\times2^{-3}=(11.375)_{10}$

3. 八进制数

八进制数(Octal)的进位规则是"逢八进一",其进位基数 $R=8$,采用的数码是 0、1、2、3、4、5、6、7,每位的权是 8 的幂。任何一个八进制数可以表示为:

$$D=\sum k_i 8^i \tag{1-3}$$

例如:$(376.4)_8=3\times8^2+7\times8^1+6\times8^0+4\times8^{-1}=3\times64+7\times8+6+0.5=(254.5)_{10}$

4. 十六进制数

十六进制数(Hexadecimal)的进位规则是"逢十六进一",进位基数 $R=16$,采用的 16 个数码为 0、1、2、…、9、A、B、C、D、E、F。符号 A～F 分别代表十进制数的 10～15。每位的权是 16 的幂。

任何一个十六进制数,可以表示为:

$$D=\sum k_i\ 16^i \tag{1-4}$$

例如:$(3AB\cdot11)_{16}=3\times16^2+10\times16^1+11\times16^0+1\times16^{-1}+1\times16^{-2}=(939.0664)_{10}$

任意 N 进制数展开式的普遍形式:

$$D=\sum k_i N^i \tag{1-5}$$

其中 k_i 是第 i 位的系数;k_i 可以是 $0\sim N-1$ 中的任何一个;N 称为计数的基数;N^i 称为第 i 位的权。

十进制、二进制、八进制以及十六进制之间的关系见表 1-1。

表 1-1　不同进制数的对照表

十进制	二进制	八进制	十六进制	十进制	二进制	八进制	十六进制
00	0000	00	0	08	1000	10	8
01	0001	01	1	09	1001	11	9
02	0010	02	2	10	1010	12	A
03	0011	03	3	11	1011	13	B
04	0100	04	4	12	1100	14	C
05	0101	05	5	13	1101	15	D
06	0110	06	6	14	1110	16	E
07	0111	07	7	15	1111	17	F

5. 不同数制间的转换

1）二进制数转换成十进制数

二进制数转换成十进制数时，只要将二进制数按权展开，然后将各项数值按十进制数相加，便可得到等值的十进制数。例如：

$$(10\,110.11)_2 = 1\times2^4 + 1\times2^2 + 1\times2^1 + 1\times2^{-1} + 1\times2^{-2} = (22.75)_{10}$$

同理，若将任意进制数转换为十进制数，只需将数$(N)_R$写成按权展开的多项式表达式，并按十进制规则进行运算，便可求得相应的十进制数$(N)_{10}$。

2）十进制数转换成二进制数

(1) 整数转换——除2取余法。

例如：将$(57)_{10}$转换为二进制数，过程如图1-1所示。

(2) 小数转换——乘2取整法。

例如：将$(0.125)_{10}$转换成二进制小数，过程如图1-2所示。

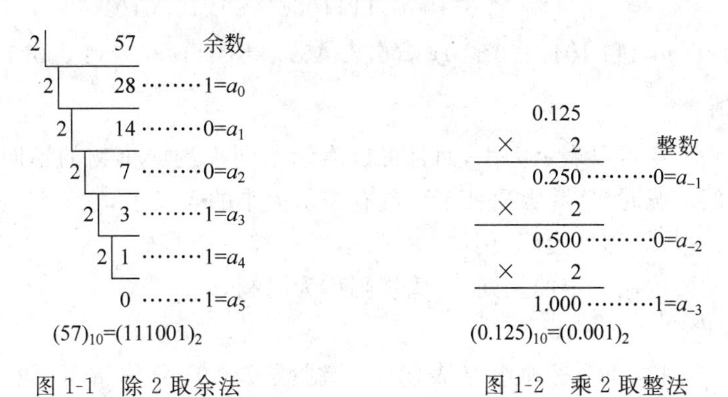

图1-1　除2取余法　　　图1-2　乘2取整法

可见，小数部分乘2取整的过程，不一定能使最后乘积为0，因此转换值存在误差。通常在二进制小数的精度达到预定要求时，运算便可结束。

将一个带有整数和小数的十进制数转换成二进制数时，须将整数部分和小数部分分别按除2取余法和乘2取整法进行转换，然后再将两者的转换结果合并起来即可。

同理，若将十进制数转换成任意R进制数$(N)_R$，则整数部分转换采用除R取余法；小数部分转换采用乘R取整法。

3）二进制数与八进制数、十六进制数之间的相互转换

八进制数和十六进制数的基数分别为 $8=2^3$，$16=2^4$，所以 3 位二进制数恰好相当一位八进制数，4 位二进制数相当一位十六进制数，它们之间的相互转换是很方便的。

二进制数转换成八进制数的方法是从小数点开始，分别向左、向右，将二进制数按每 3 位一组分组（不足三位的补 0），然后依据表 1-1 写出每一组等值的八进制数。

例如，求 $(01\ 101\ 111\ 010.101\ 1)_2$ 的等值八进制数：

二进制	001	101	111	010	.	101	100
八进制	1	5	7	2	.	5	4

$$(01\ 101\ 111\ 010.101\ 1)_2=(1572.54)_8$$

二进制数转换成十六进制数的方法与转换成八进制数的方法相似，从小数点开始分别向左、向右将二进制数按每 4 位一组分组（不足 4 位补 0），然后依据表 1-1 写出每一组等值的十六进制数。

例如，将 $(1\ 101\ 101\ 011.101)_2$ 转换为十六进制数：

二进制	0011	0110	1011	.	1010
十六进制	3	6	B	.	A

$$(1\ 101\ 101\ 011.101)_2=(36B.A)_{16}$$

八进制数、十六进制数转换为二进制数的方法可以采用与前面相反的步骤，即只要按原来顺序将每一位八进制数（或十六进制数）用相应的 3 位（或 4 位）二进制数代替即可。

例如，分别求出 $(375.46)_8$、$(678.A5)_{16}$ 的等值二进制数：

八进制	3	7	5	.	4	6
二进制	011	111	101	.	100	110

十六进制	6	7	8	.	A	5
二进制	0110	0111	1000	.	1010	0101

$$(375.46)_8=(011\ 111\ 101.100\ 110)_2，(678.A5)_{16}=(011\ 001\ 111\ 000.101\ 001\ 01)_2$$

1.1.2 码制

不同的数码不仅可以表示大小，而且可以表示不同事物或事物的不同状态。在用于表示不同事物的情况时，这些数码就不再具有表示大小的含义了，它们只是不同事物的代号而已，此时这些数码称为代码，例如：一位运动员编一个号码。为了便于记忆和查找，在编制代码时总要遵循一定的规则，这些规则称为码制。

1. 十进制代码

用 4 位二进制数的 10 种组合表示十进制数 0～9，简称 BCD 码（Binary Coded Decimal）。这种编码至少需要用 4 位二进制码元，而 4 位二进制码元可以有 16 种组合。当用这些组合表示十进制数 0～9 时，由 16 种组合中选用 10 种组合，有 6 种组合不用。

1）8421BCD 码

8421BCD 码是最基本和最常用的 BCD 码，它和 4 位自然二进制码相似，各位的权值为 8、4、2、1，故称为有权 BCD 码。和 4 位自然二进制码不同的是，它只选用了 4 位二进制码中前 10 组代码，即用 0000～1001 分别代表它所对应的十进制数，余下的 6 组代码不用，如表 1-2 所示。

表 1-2　几种常用的 BCD 码

十进制数	8421BCD 码	5211BCD 码	2421BCD 码	余 3 码	余 3 循环码
0	0000	0000	0000	0011	0010
1	0001	0001	0001	0100	0110
2	0010	0100	0010	0101	0111
3	0011	0101	0011	0110	0101
4	0100	0111	0100	0111	0100
5	0101	1000	1011	1000	1100
6	0110	1001	1100	1001	1101
7	0111	1100	1101	1010	1111
8	1000	1101	1110	1011	1110
9	1001	1111	1111	1100	1010

2）5211BCD 码和 2421BCD 码

5211BCD 码和 2421BCD 码为有权 BCD 码，它们从高位到低位的权值分别为 5、2、1、1 和 2、4、2、1。在这 2 种有权 BCD 码中，有的十进制数码存在 2 种加权方法，例如，5211BCD 码中的数码 7，既可以用 1100 表示，也可以用 1011 表示；2421BCD 码中的数码 6，既可以用 1100 表示，也可以用 0110 表示。这说明 5421BCD 码和 2421BCD 码的编码方案都不是唯一的，表 1-2 中只列出了一种编码方案。

表 1-2 中 2421BCD 码的 10 个数码中，0 和 9、1 和 8、2 和 7、3 和 6、4 和 5 的代码的对应位恰好一个是 0 时，另一个就是 1，我们称 0 和 9、1 和 8 等几对数码互为反码。因此 2421BCD 码具有对 9 互补的特点，它是一种对 9 的自补代码（即只要对某一组代码各位取反就可以得到 9 的补码），在运算电路中使用比较方便。

3）余 3 码

余 3 码是 8421BCD 码的每个码组加 3(0011)形成的。余 3 码也具有对 9 互补的特点，即它也是一种 9 的自补代码，所以也常用于 BCD 码的运算电路中。

用 BCD 码可以方便地表示多位十进制数，例如十进制数$(579.8)_{10}$可以分别用 8421BCD 码、余 3 码表示为

$$\begin{aligned}(579.8)_{10} &= (0101\ 0111\ 1001.1000)_{8421BCD码}\\ &= (1000\ 1010\ 1100.1011)_{余3码}\end{aligned}$$

4）余 3 循环码

余 3 循环码是一种变权码，每一位的 1 在不同代码中并不代表固定的数值。它的主要特点是相邻的两个代码之间仅有一位的状态不同。

2. 格雷码

格雷码(Gray code)，又叫循环二进制码或反射二进制码。数字系统中只能识别 0 和 1，各种数据要转换为二进制数才能进行处理。格雷码是一种无权码，采用绝对编码方式，属于可靠性编码，是一种错误最小化的编码方式。它是一种数字排序系统，其中所有相邻的整数在它们的数字表示中只有一个数字不同。它在任意 2 个相邻的数之间转换时，只有一个数位发生变化。格雷码大大地减少了由一个状态到下一个状态时逻辑的混淆。另

外由于最大数与最小数之间也仅一个数不同，故格雷码通常又称为格雷反射码或循环码。表 1-3 为几种自然二进制数与格雷码的对照表。

表 1-3 自然二进制数与格雷码对照表

十进制数	自然二进制数	格雷码	十进制数	自然二进制数	格雷码
0	0000	0000	8	1000	1100
1	0001	0001	9	1001	1101
2	0010	0011	10	1010	1111
3	0011	0010	11	1011	1110
4	0100	0110	12	1100	1010
5	0101	0111	13	1101	1011
6	0110	0101	14	1110	1001
7	0111	0100	15	1111	1000

思考

1. 表示一位十进制数至少需要(　　)位二进制数。

A. 3　　B. 2　　C. 5　　D. 4

2. 十进制数 127.25 对应二进制数为(　　)。

A. 1 111 111.01　　B. 10 000 000.10　　C. 1 111 110.01　　D. 1 100 011.11

3. 下列 BCD 码中是有权码的有(　　)。

A. 8421BCD　　B. 余 3BCD　　C. 余 3 循环码　　D. 格雷(循环)码

4. 十进制数 107.375 对应的 8421BCD 码为(　　)。

A. 0010 1001 1100.0011 1110 1010　　B. 0001 0000 0111.0011 0111 0101

C. 0001 0111.0111 1110 1000　　D. 1000 0000 1110.1100 1110 1010

5. 二进制数 1 101 011.011 对应的八进制数为(　　)。

A. 273.6　　B. 115.3　　C. 153.3　　D. 69.6

6. 二进制数 1 101 011.011 对应的十六进制数为(　　)。

A. 153.6　　B. 115.6　　C. 6B.3　　D. 6B.6

1.2 逻辑函数

学习目标

(1) 掌握与、或、非三种基本逻辑关系及与非、或非、与或非等复合逻辑关系。

(2) 掌握逻辑代数的基本规则、基本公式与定律。

(3) 掌握逻辑函数的各种表示方法及各方法之间的相互转换。

(4) 掌握逻辑函数的化简(公式法、卡诺图法)。

(5) 掌握用与非门(74LS00)实现多种逻辑功能。

(6) 掌握组合逻辑电路的分析和设计方法，会用基本门电路设计多数表决电路等。

1.2.1　逻辑关系

在数字逻辑电路中，研究的主要问题是输入信号的状态和输出信号的状态之间的关系，也就是逻辑关系。基本逻辑关系有3种，分别是与、或、非。几乎所有的电路功能都是这3种逻辑关系的组合。实现这些基本逻辑关系的电路就是逻辑门，所以最基本的逻辑门是“与门”“或门”“非门”。下面用3种控制指示灯开关电路来分别说明3种基本逻辑关系。开关的闭合或断开为条件是否具备，灯的亮灭作为事件是否发生，开关和灯之间的因果关系即为逻辑关系。

1. 与

实现与逻辑关系的电路称为与门。最简单的与门可以由二极管和电阻组成。只有决定一件事情的全部条件都具备了，这件事情才会发生的逻辑关系称作逻辑与，或者称作逻辑乘。

为了便于理解它的含义，下面来看一个简单的例子。图1-3所示为照明电路，只有在两个开关A、B同时闭合时，灯F才会亮，否则灯就不会亮。如果把开关闭合作为条件，把灯亮作为结果，那么灯亮与开关之间是一种逻辑与关系。图1-4所示为它的逻辑符号。

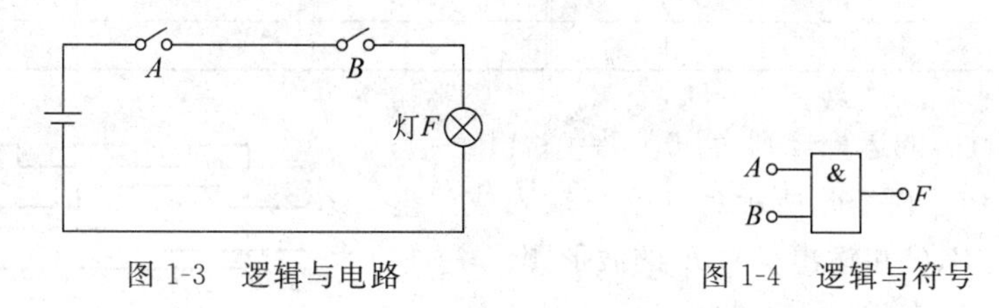

图1-3　逻辑与电路　　　　图1-4　逻辑与符号

如果用1表示开关闭合，0表示开关断开；用1表示灯亮，0表示灯灭，则可以得到描述开关与灯亮之间与逻辑关系的表，如表1-4所示，这种图表称作逻辑真值表，简称为真值表。

表1-4　逻辑与的真值表

A	B	F	A	B	F
0	0	0	1	0	0
0	1	0	1	1	1

由表1-4可知，F与A、B之间的关系是：只有当A和B都是1时，F才为1；否则F为0。这一关系相似于算术中的乘法，因此用逻辑表达式表示为：

$$F = A \cdot B$$

逻辑与（逻辑乘）的运算规则为：$0 \cdot 0=0$；$0 \cdot 1=0$；$1 \cdot 0=0$；$1 \cdot 1=1$。图1-5所示为一个三输入与门电路的输入信号A、B、C和输出信号F的波形图。

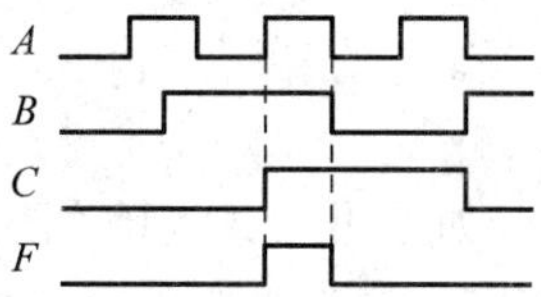

图1-5　逻辑与的波形图

2. 或

实现逻辑或关系的电路称为或门。在决定某事件的条件中，只要任一条件具备，事件就会发生，这种因果关系称作逻辑或，也称作逻辑加。图1-6所示的照明电路，只要有一个开关A或B闭合，灯F就会亮；只有开关A、B均不闭合时，灯F才不亮。所以灯亮和开关之间的逻辑关系为逻辑或关系。它的逻辑符号如图 1-7 所示。

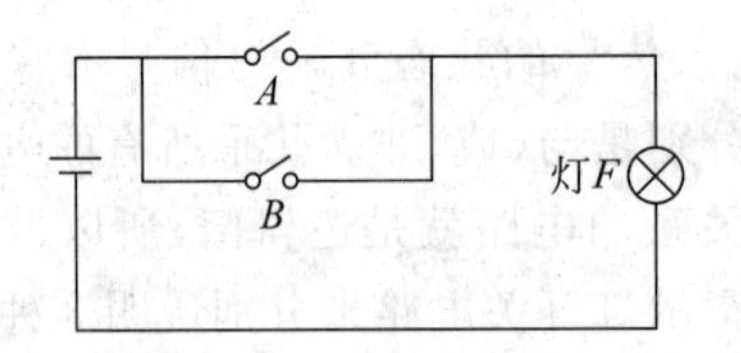

图 1-6 逻辑或电路

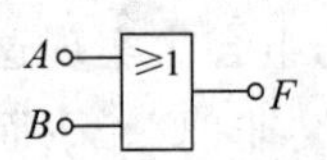

图 1-7 逻辑或符号

若用 1 表示开关合上,0 表示开关断开；用 1 表示灯亮,0 表示灯灭,就可以得到如表 1-5 所示的逻辑或真值表。逻辑或的逻辑关系表达式写成：

$$F = A + B$$

表 1-5 逻辑或的真值表

A	B	F	A	B	F
0	0	0	1	0	1
0	1	1	1	1	1

逻辑或(逻辑加)的运算规则为：0+0=0；0+1=1；1+0=1；1+1=1。图 1-8 所示为一个三输入或门电路的输入信号 A、B、C 和输出信号 F 的波形图。

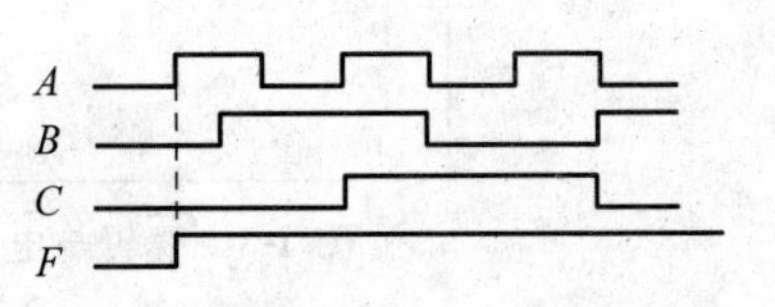

图 1-8 逻辑或的波形图

3. 非

实现逻辑非关系的电路称为非门。当决定一件事情的条件具备时,这件事情不会发生；当条件不具备时,事情反而会发生的逻辑关系,称作逻辑非,也称作逻辑取反。图 1-9 所示的电路中,当开关 A 闭合时,灯 F 不亮；当开关 A 断开时,灯 F 才会亮。因此灯亮与开关之间就是逻辑非关系。它的逻辑符号如图 1-10 所示。

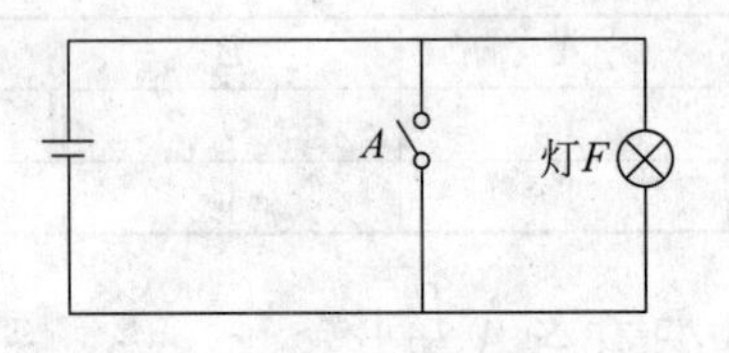

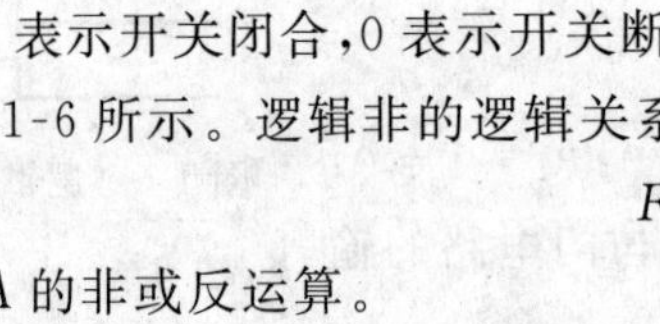

图 1-9 逻辑非电路

A —[1]○— F

图 1-10 逻辑非符号

如果用 1 表示开关闭合,0 表示开关断开；1 表示灯亮,0 表示灯灭,可得到逻辑非的真值表,如表 1-6 所示。逻辑非的逻辑关系表达式为：

$$F = \overline{A}$$

此式即表示 A 的非或反运算。

表 1-6 逻辑非的真值表

A	F
0	1
1	0

逻辑非(逻辑反)的运算规则为：$\overline{0}=1$；$\overline{1}=0$。

4. 几种常见的复合逻辑关系

由与、或、非3种基本逻辑运算可以组合成多种复合逻辑关系，实现复合逻辑运算的单元电路叫复合门。常用到的复合逻辑关系有：与非、或非、与或非、异或、同或，其逻辑表达式、逻辑符号、真值表见表1-7。

表1-7　复合逻辑关系

<table>
<tr><td>逻辑关系</td><td colspan="3">与非</td><td colspan="3">或非</td><td colspan="5">与或非</td><td colspan="3">异或</td><td colspan="3">同或</td></tr>
<tr><td>逻辑表达式</td><td colspan="3">$F=\overline{A\cdot B}$</td><td colspan="3">$F=\overline{A+B}$</td><td colspan="5">$F=\overline{AB+CD}$</td><td colspan="3">$F=A\oplus B$
$=\overline{A}B+A\overline{B}$</td><td colspan="3">$F=A\odot B$
$=\overline{A}\overline{B}+AB$</td></tr>
<tr><td>逻辑符号</td><td colspan="3">A B & F</td><td colspan="3">A B ≥1 F</td><td colspan="5">A B C D & ≥1 F</td><td colspan="3">A B =1 F</td><td colspan="3">A B =1 F</td></tr>
<tr><td rowspan="5">真值表</td><td>A</td><td>B</td><td>F</td><td>A</td><td>B</td><td>F</td><td>A</td><td>B</td><td>C</td><td>D</td><td>F</td><td>A</td><td>B</td><td>F</td><td>A</td><td>B</td><td>F</td></tr>
<tr><td>0</td><td>0</td><td>1</td><td>0</td><td>0</td><td>1</td><td>0</td><td>0</td><td>0</td><td>0</td><td>1</td><td>0</td><td>0</td><td>0</td><td>0</td><td>0</td><td>1</td></tr>
<tr><td>0</td><td>1</td><td>1</td><td>0</td><td>1</td><td>0</td><td>0</td><td>0</td><td>0</td><td>1</td><td>1</td><td>0</td><td>1</td><td>1</td><td>0</td><td>1</td><td>0</td></tr>
<tr><td>1</td><td>0</td><td>1</td><td>1</td><td>0</td><td>0</td><td>⋮</td><td>⋮</td><td>⋮</td><td>⋮</td><td>⋮</td><td>1</td><td>0</td><td>1</td><td>1</td><td>0</td><td>0</td></tr>
<tr><td>1</td><td>1</td><td>0</td><td>1</td><td>1</td><td>0</td><td>1</td><td>1</td><td>1</td><td>1</td><td>0</td><td>1</td><td>1</td><td>0</td><td>1</td><td>1</td><td>1</td></tr>
</table>

与非运算为先进行与运算后再进行非运算；或非运算为先进行或运算后再进行非运算；与或非运算为先进行与运算，再进行或运算，最后进行非运算。

异或运算：当两个输入逻辑变量相同时，逻辑函数为0，两个输入逻辑变量不同时，逻辑函数为1。这种逻辑关系叫作异或。

同或运算：和异或运算相反。当两个输入逻辑变量相同时，逻辑函数为1；两个输入逻辑变量不同时，逻辑函数为0。这种逻辑关系叫作同或。

1.2.2　逻辑代数

1. 逻辑代数的基本公式

逻辑代数的基本公式是恒等式，它们是逻辑代数的基础，利用这些公式可以化简逻辑函数，还可用来推证一些逻辑代数的基本定律。

1）逻辑常量运算公式

逻辑常量只有0和1两个。常量间的与、或、非3种基本逻辑运算见表1-8。

表1-8　逻辑常量运算公式

<table>
<tr><td>与运算</td><td>或运算</td><td>非运算</td></tr>
<tr><td>$0\cdot 0=0$</td><td>$0+0=0$</td><td rowspan="2">$\overline{1}=0$</td></tr>
<tr><td>$0\cdot 1=0$</td><td>$0+1=1$</td></tr>
<tr><td>$1\cdot 0=0$</td><td>$1+0=1$</td><td rowspan="2">$\overline{0}=1$</td></tr>
<tr><td>$1\cdot 1=1$</td><td>$1+1=1$</td></tr>
</table>

2）逻辑变量、常量运算公式

设 A 为逻辑变量，则逻辑变量与常量的运算公式见表 1-9。

表 1-9　逻辑变量、常量运算公式

与运算	或运算	非运算
$A\cdot 0=0$	$A+0=A$	$\overline{\overline{A}}=A$
$A\cdot 1=A$	$A+1=1$	
$A\cdot A=A$	$A+A=A$	
$A\cdot \overline{A}=0$	$A+\overline{A}=1$	

由于变量 A 的取值只能为 0 或 1，因此当 $A\neq 0$，必有 $A=1$。表中 $A\cdot A=A$，即当 $A=1$ 时，则 $A\cdot A=A=1\cdot 1=1$；当 $A=0$ 时，则 $A\cdot A=0\cdot 0=0$。又如 $A\cdot \overline{A}=0$，当 $A=0$ 时，则 $A\cdot \overline{A}=0\cdot \overline{0}=0$；当 $A=1$ 时，则 $A\cdot \overline{A}=1\cdot \overline{1}=0$。

表中相同变量间的运算称为重叠律，如 $A+A=A$、$A\cdot A=A$；0 或 1 与变量间的运算称为 0-1 律，如 $A+0=A$、$A\cdot 1=A$、$A+1=1$、$A\cdot 0=0$；两个互反（又称互非）变量间的运算称为互补律，如 $A+\overline{A}=1$、$A\cdot \overline{A}=0$。

2. 逻辑代数的基本定律

逻辑代数的基本定律是分析、设计逻辑电路，是化简和变换逻辑函数式的重要工具。这些定律有其独自具有的特性，但也有一些与普通代数相似的定律，因此要严格区分，不能混淆。

1）与普通代数相似的定律

与普通代数相似的定律有交换律、结合律、分配律，见表 1-10。

表 1-10　交换律、结合律、分配律

交换律	$A+B=B+A$
	$A\cdot B=B\cdot A$
结合律	$A+B+C=A+(B+C)=(A+B)+C$
	$A\cdot B\cdot C=A\cdot(B\cdot C)=(A\cdot B)\cdot C$
分配律	$A\cdot(B+C)=A\cdot B+A\cdot C$
	$A+B\cdot C=(A+B)\cdot(A+C)$

表 1-10 中分配律的第 2 条用逻辑代数的基本公式和基本定律证明如下：

右式 $=(A+B)\cdot(A+C)$　　利用分配律第一条将式子展开

$=(A\cdot A+A\cdot C+A\cdot B+B\cdot C)$　　利用 $A\cdot A=A$

$=A+A\cdot C+A\cdot B+B\cdot C$　　利用 $A+1=1$

$=A\cdot(1+C+B)+B\cdot C$

$=A+B\cdot C=$ 左式

2）吸收律

吸收律可以利用上面的一些基本公式推导出来，是逻辑函数化简中常用的基本定律，见表 1-11。

表 1-11　吸收律

吸　收　律	证　　明
$A+AB=A$	$A+AB=A(1+B)=A$
$AB+A\overline{B}=A$	$AB+A\overline{B}=A(B+\overline{B})=A$
$A+\overline{A}B=A+B$	$A+\overline{A}B=(A+\overline{A})(A+B)$分配律$=1\cdot(A+B)=A+B$
$AB+\overline{A}C+BC=AB+\overline{A}C$ $AB+\overline{A}C+BCD=AB+\overline{A}C$	$AB+\overline{A}C+BC=AB+\overline{A}C+BC(A+\overline{A})=AB+\overline{A}C+ABC+\overline{A}BC$ $=AB(1+C)+\overline{A}C(1+B)=AB+\overline{A}C$

3）摩根定律

摩根定律又称反演律，它具有以下两种形式：

$$\overline{A\cdot B}=\overline{A}+\overline{B}$$

$$\overline{A+B}=\overline{A}\cdot\overline{B}$$

摩根定律可利用真值表来证明，见表 1-12 和表 1-13。

表 1-12　$\overline{A\cdot B}=\overline{A}+\overline{B}$ 的证明

A	B	$\overline{A\cdot B}$	$\overline{A}+\overline{B}$	A	B	$\overline{A\cdot B}$	$\overline{A}+\overline{B}$
0	0	1	1	1	0	1	1
0	1	1	1	1	1	0	0

表 1-13　$\overline{A+B}=\overline{A}\cdot\overline{B}$ 的证明

A	B	$\overline{A+B}$	$\overline{A}\cdot\overline{B}$	A	B	$\overline{A+B}$	$\overline{A}\cdot\overline{B}$
0	0	1	1	1	0	0	0
0	1	0	0	1	1	0	0

3. 逻辑代数的基本规则

逻辑代数有以下 3 个基本规则。

1）代入规则

在任何一个逻辑代数基本定律中，若将等式中出现的同一变量用同一逻辑函数代替，则等式仍然成立，这一规则称为代入规则。例如：

$$C(A+B)=CA+CB$$

若 $A=EG$，则 $C(EG+B)=CEG+CB$。

【例 1-1】　利用代入规则将摩根定律推广为多变量形式。

解：已知摩根定律之一为：$\overline{A\cdot B}=\overline{A}+\overline{B}$。

若将 BC 代入上式，则得到：$\overline{A\cdot B\cdot C}=\overline{A}+\overline{B}+\overline{C}$。

摩根定律之二为：$\overline{A+B}=\overline{A}\cdot\overline{B}$。

若将 $B+C$ 代入上式，则得到：$\overline{A+B+C}=\overline{A}\cdot\overline{B}\cdot\overline{C}$。

2）反演规则

对任一逻辑函数 Y，若将表达式中所有的“·”换成“+”，“+”换成“·”，0 换成 1，1 换成 0，原变量换成反变量，反变量换成原变量，则得到的结果就是 Y 的反函数 $\overline{Y}$。

【例 1-2】 求逻辑函数 $Y=A\cdot\overline{B}+C\cdot\overline{D}$ 的反函数。

解：$\overline{Y}=(\overline{A}+B)\cdot(\overline{C}+D)$

注意：不能破坏原式的运算次序，上式中的括号是必不可少的。此外，不属于单个变量的非号应保留，见例 1-3。

【例 1-3】 求逻辑函数 $Y=(\overline{A+B})\cdot(\overline{C}+\overline{D})$的反函数。

解：$\overline{Y}=(\overline{\overline{A}\cdot\overline{B}})+CD$

3）对偶规则

对于任何一个逻辑函数 Y，若将其中的“·”换成“+”，“+”换成“·”，0 换成 1，1 换成 0，则得到一个新的逻辑式 Y'，则 Y' 叫作 Y 的对偶式。这种变换规则称为对偶规则。

【例 1-4】 求逻辑函数 $Y=A\cdot\overline{B}+C\cdot\overline{D}$ 的对偶式。

解：$Y'=(A+\overline{B})\cdot(C+\overline{D})$

对偶规则的意义：若两逻辑表达式相等，则它们的对偶式也相等。

1.2.3 逻辑函数的化简

逻辑表达式越简单，实现这个逻辑函数所需要的元器件越少，电路的结构也越简单。因此，通常情况下，需要把逻辑表达式化简为最简单的形式，称为逻辑表达式的最简化。

不同形式的逻辑函数有不同的最简形式，但大部分都可以根据最简与或式变换得到。最简与或式的标准如下。

（1）逻辑函数式中的乘积项（与项）的个数最少。

（2）每个乘积项中的变量数最少。

1. 公式化简法

公式化简法就是运用逻辑代数的基本公式和定理进行化简逻辑函数的一种方法。常用的方法有以下几种。

1）并项法

利用公式 $AB+A\overline{B}=A$，将两项合并为一项，并且消去一个变量。例如：

$$\overline{A}B\overline{C}+A\overline{C}+\overline{B}\cdot\overline{C}=\overline{A}B\overline{C}+(A+\overline{B})\overline{C}=\overline{A}B\overline{C}+\overline{\overline{A}B}\cdot\overline{C}=\overline{C}$$

2）吸收法

利用公式 $A+AB=A$ 和 $AB+\overline{A}C+BC=AB+\overline{A}C$，消去多余项。例如：

（1）
$$AB+AB(E+F)=AB$$

（2）
$$\begin{aligned}ABC+\overline{A}D+\overline{C}D+BD&=ABC+(\overline{A}+\overline{C})D+BD=ABC+\overline{AC}D+BD\\&=ABC+\overline{AC}D=ABC+\overline{A}D+\overline{C}D\end{aligned}$$

3）消去法

利用 $A+\overline{A}B=A+B$，消去多余因子，例如：

$$AB+\overline{A}C+\overline{B}C=AB+(\overline{A}+\overline{B})C=AB+\overline{AB}C=AB+C$$

4）配项法

在不能直接运用公式、定律化简时，可通过 $A+\overline{A}=1$ 或加入零项 $A\cdot\overline{A}=0$ 进行配项再化简。例如：

(1)
$$A\overline{C}+B\overline{C}+\overline{A}C+\overline{B}C=A\overline{C}(B+\overline{B})+B\overline{C}+\overline{A}C+\overline{B}C(A+\overline{A})$$
$$=AB\overline{C}+A\overline{B}\cdot\overline{C}+B\overline{C}+\overline{A}C+A\overline{B}C+\overline{A}\cdot\overline{B}C$$
$$=B\overline{C}(1+A)+\overline{A}C(1+\overline{B})+A\overline{B}(C+\overline{C})=B\overline{C}+\overline{A}C+A\overline{B}$$

(2)
$$AB\overline{C}+\overline{ABC}\cdot\overline{AB}=AB\overline{C}+\overline{ABC}\cdot\overline{AB}+AB\cdot\overline{AB}=AB(\overline{C}+\overline{AB})+\overline{ABC}\cdot\overline{AB}$$
$$=AB\cdot\overline{ABC}+\overline{ABC}\cdot\overline{AB}=\overline{ABC}(AB+\overline{AB})=\overline{ABC}=\overline{A}+\overline{B}+\overline{C}$$

2. 卡诺图化简法

1）最小项

在 n 个变量的逻辑函数中，如果乘积项中包含了全部变量，并且每个变量在该乘积项中以原变量或以反变量只出现一次，则该乘积项就定义为逻辑函数的最小项。n 个变量的全部最小项共有 2^n 个。

如三变量 A、B、C 共有 $2^3=8$ 个最小项：$\overline{A}\overline{B}\overline{C}$、$\overline{A}\overline{B}C$、$\overline{A}B\overline{C}$、$\overline{A}BC$、$A\overline{B}\overline{C}$、$A\overline{B}C$、$AB\overline{C}$、$ABC$。为了书写方便，用 m 表示最小项，其下标为最小项的编号。

编号的方法：最小项中的原变量取 1，反变量取 0，则最小项取值为一组二进制数，其对应的十进制数为该最小项的编号。如三变量最小项 $A\overline{B}C$ 对应的变量取值为 101，它对应的十进制数为 5，所以，最小项 $A\overline{B}C$ 的编号为 m_5。三变量最小项编号见表 1-14。

表 1-14　三变量最小项编号

A	B	C	最小项	编号
0	0	0	$\overline{A}\overline{B}\overline{C}$	m_0
0	0	1	$\overline{A}\overline{B}C$	m_1
0	1	0	$\overline{A}B\overline{C}$	m_2
0	1	1	$\overline{A}BC$	m_3
1	0	0	$A\overline{B}\overline{C}$	m_4
1	0	1	$A\overline{B}C$	m_5
1	1	0	$AB\overline{C}$	m_6
1	1	1	ABC	m_7

2）最小项卡诺图

最小项卡诺图又称最小项方格图。用 2^n 个小方格表示 n 个变量的 2^n 个最小项，并且是逻辑相邻的最小项在几何位置上也相邻，这样形成的方格图叫作 n 个变量的最小项卡诺图。二至四变量最小项卡诺图如图 1-11～图 1-13 所示。

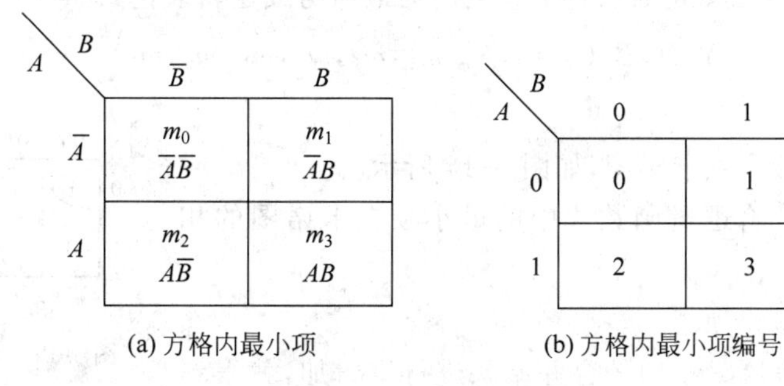

(a) 方格内最小项　　(b) 方格内最小项编号

图 1-11　二变量卡诺图

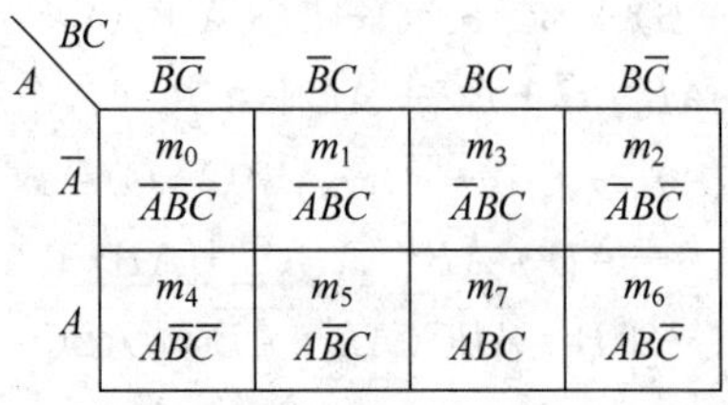

$A \backslash BC$	$\overline{B}\overline{C}$	$\overline{B}C$	BC	$B\overline{C}$
$\overline{A}$	m_0 $\overline{A}\overline{B}\overline{C}$	m_1 $\overline{A}\overline{B}C$	m_3 $\overline{A}BC$	m_2 $\overline{A}B\overline{C}$
A	m_4 $A\overline{B}\overline{C}$	m_5 $A\overline{B}C$	m_7 ABC	m_6 $AB\overline{C}$

(a) 方格内最小项

$A \backslash BC$	00	01	11	10
0	0	1	3	2
1	4	5	7	6

(b) 方格内最小项编号

图 1-12　三变量卡诺图

$AB \backslash CD$	$\overline{C}\overline{D}$	$\overline{C}D$	CD	$C\overline{D}$
$\overline{A}\overline{B}$	m_0 $\overline{A}\overline{B}\overline{C}\overline{D}$	m_1 $\overline{A}\overline{B}\overline{C}D$	m_3 $\overline{A}\overline{B}CD$	m_2 $\overline{A}\overline{B}C\overline{D}$
$\overline{A}B$	m_4 $\overline{A}B\overline{C}\overline{D}$	m_5 $\overline{A}B\overline{C}D$	m_7 $\overline{A}BCD$	m_6 $\overline{A}BC\overline{D}$
AB	m_{12} $AB\overline{C}\overline{D}$	m_{13} $AB\overline{C}D$	m_{15} $ABCD$	m_{14} $ABC\overline{D}$
$A\overline{B}$	m_8 $A\overline{B}\overline{C}\overline{D}$	m_9 $A\overline{B}\overline{C}D$	m_{11} $A\overline{B}CD$	m_{10} $A\overline{B}C\overline{D}$

(a) 方格内最小项

$AB \backslash CD$	00	01	11	10
00	0	1	3	2
01	4	5	7	6
11	12	13	15	14
10	8	9	11	10

(b) 方格内最小项编号

图 1-13　四变量卡诺图

3）卡诺图化简逻辑函数

用卡诺图化简逻辑函数的步骤如下。

(1) 根据逻辑表达式中的变量数 n，画出 n 变量最小项卡诺图。

(2) 在卡诺图中有最小项的方格内填 1，没有最小项的方格内填 0 或不填。

(3) 将卡诺图中按矩形排列的相邻的 1 圈成若干个相邻组，原则如下。

① 必须圈住卡诺图上所有的 1。

② 圈中 1 的个数应符合 $2^n(n=0,1,2,3,\cdots)$ 的变化。

③ 所画的圈应尽可能少，避免出现多余项。

④ 所画的圈应尽可能大，以减少每一项的因子数。

⑤ 将每个相邻组圈的最小项 1 合并为一项，这些项之和就是化简的结果。

【例 1-5】 用卡诺图化简法将下式化简为最简与或逻辑表达式。

$$Y(A,B,C)=\sum(m_0,m_1,m_2,m_5,m_6,m_7)$$

解：

图 1-14　例 1-5 的逻辑函数的卡诺图

① 画三变量最小项卡诺图，如图 1-14 所示。

② 填卡诺图。将逻辑函数式中的最小项在卡诺图的相应方格内填 1。

③ 合并相邻最小项。

④ 把全部包围圈最小项的合并结果进行逻辑加，就得到

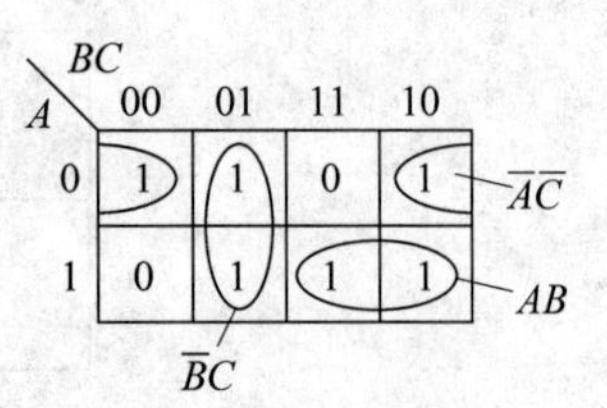

逻辑函数的最简与或式 $Y=AB+\overline{A}\overline{C}+\overline{B}C$。

【例 1-6】 用卡诺图化简法将下式化简为最简与或逻辑表达式。

$$Y=ABC+ABD+\overline{C}\overline{D}+A\overline{B}C+\overline{A}C\overline{D}+A\overline{C}D$$

解：

① 画四变量最小项卡诺图，如图 1-15 所示。

② 填卡诺图。将逻辑函数式中的最小项在卡诺图的相应方格内填 1。

③ 合并相邻最小项。

④ 把全部包围圈最小项的合并结果进行逻辑加，就得到逻辑函数的最简与或式 $Y=A+\overline{D}$。

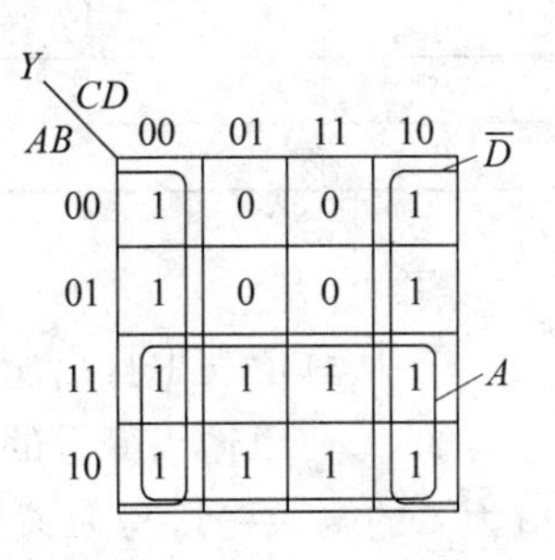

图 1-15　例 1-6 的逻辑函数的卡诺图

4）具有无关项的逻辑函数的化简

在分析某些逻辑问题时，某些输入变量的取值组合不可能在输出端出现响应，将这些取值组合对应的最小项称为无关项或约束项，用 d 表示。例如：8421BCD 编码中，1010～1111 这 6 种代码是不允许出现的，是受到约束的。

卡诺图中，无关项对应的方格用×表示，根据需要，可以看作是 1 或 0，并不影响电路的功能。

【例 1-7】 用卡诺图法化简含有无关项的逻辑函数

$$Y(A,B,C,D)=\sum_m(3,5,6,7,10)+\sum_d(0,1,2,4,8)$$

解：

① 画四变量最小项卡诺图，如图 1-16 所示。

② 填卡诺图。将逻辑函数式中的最小项在相应方格内填 1，在无关项方格中填×。

③ 合并相邻最小项。与 1 方格圈在一起的无关项被称为 1 方格，没有圈的无关项是丢弃不用的（1 方格不能遗漏，×方格可以丢弃）。

④ 把全部包围圈最小项的合并结果进行逻辑加，就得到逻辑函数的最简与或式 $Y=\overline{A}+\overline{B}\overline{D}$。

Y　AB \ CD	00	01	11	10
00	×	×	1	×
01	×	1	1	1
11	0	0	0	0
10	×	0	0	1

图 1-16　例 1-7 的逻辑函数的卡诺图

1.2.4　逻辑函数的表示方法

逻辑函数的表示方法有 5 种：真值表、逻辑函数表达式、逻辑图、卡诺图和波形图。这 5 种表示方法之间可以相互转换，即知道其中的一项（例如真值表），即可推出剩余 4 项（表达式、逻辑图、卡诺图和波形图）。常用的转换有：真值表转换为逻辑函数表达式和逻辑图；逻辑图转换为逻辑函数表达式和真值表。

1. 真值表转换为逻辑函数表达式和逻辑图

【例 1-8】 已知逻辑函数的真值表（见表 1-15），试写出其逻辑函数表达式，并画出逻辑图。

表 1-15　例 1-8 的真值表

A	B	C	Y	A	B	C	Y
0	0	0	0	1	0	0	0
0	0	1	0	1	0	1	1
0	1	0	0	1	1	0	1
0	1	1	0	1	1	1	1

解：

① 从真值表中找出所有函数值等于 1 的输入变量的取值组合。

② 每一组输入变量的取值方法：将取值为 0 的输入变量写为该变量的反变量，将取值为 1 的输入变量写为该变量的原变量，从而得到 3 个与项为 $A\overline{B}C$、$AB\overline{C}$ 和 ABC。

③ 把它们相加得到逻辑函数表达式 $Y=A\overline{B}C+AB\overline{C}+ABC$。

④ 根据逻辑函数表达式可画出相应的逻辑图，如图 1-17 所示。

2. 逻辑图转换为逻辑函数表达式和真值表

【例 1-9】 已知函数 Y 的逻辑图如图 1-18 所示，写出函数 Y 的逻辑函数表达式，并列出其真值表。

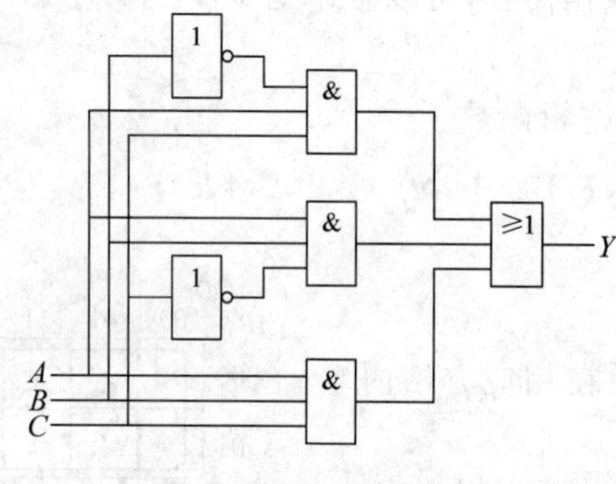

图 1-17　例 1-8 的逻辑图

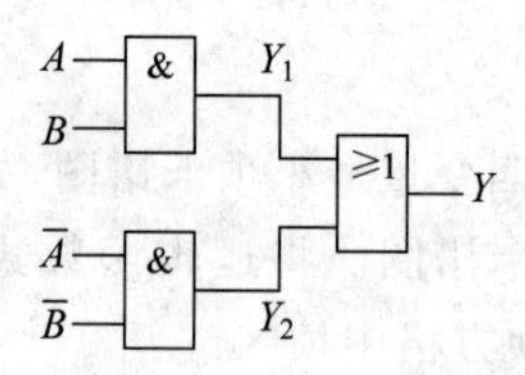

图 1-18　例 1-9 的逻辑图

解：由逻辑图逐级写出输出端表达式。

① $Y_1=AB, Y_2=\overline{A}\,\overline{B}$

② $Y=Y_1+Y_2=AB+\overline{A}\,\overline{B}$

③ 把 A、B 的所有取值组合逐一代入表达式中进行计算，可得出它的真值表(如表 1-16 所示)。从真值表可知该电路为同或逻辑电路。

表 1-16　例 1-9 的真值表

A	B	Y	A	B	Y
0	0	1	1	0	0
0	1	0	1	1	1

思考

1. 基本逻辑运算有哪些？复合逻辑运算有哪些？

2. 描述逻辑函数的方法有几种？相互之间如何转换？

3. 什么是真值表？它的作用是什么？

4. 什么是逻辑图？试述根据逻辑函数表达式画出逻辑图的方法。

5. 化简逻辑函数的方法有哪些？

6. 什么是最简与或逻辑表达式？把逻辑函数化简为最简与或逻辑表达式有什么好处？

7. 什么是最小项？什么是相邻最小项？什么是无关项？

8. 卡诺图化简法中，合并1方格的原则是什么？

1.3 能力训练任务

学习目标

(1) 掌握 Multisim 10 仿真软件的界面及操作环境。

(2) 掌握 Multisim 10 仿真软件测试逻辑门电路逻辑功能的方法。

(3) 掌握与非门(74LS00)实现多种逻辑功能的仿真测试。

(4) 掌握举重裁判表决电路的仿真测试。

1.3.1 逻辑门电路的仿真测试

1. 测试二输入与非门(74LS00)的逻辑功能

仿真步骤如下。

(1) 启动 Multisim 10，单击元器件工具条上的“Place TTL(放置晶体管逻辑元件)”按钮，从弹出的对话框“系列”中选择 74LS，再在“元件”栏中选取二输入与非门 74LS00N 一组(一片 74LS00 芯片内含有 4 组二输入与非门)，如图 1-19 所示。单击“确定”按钮。

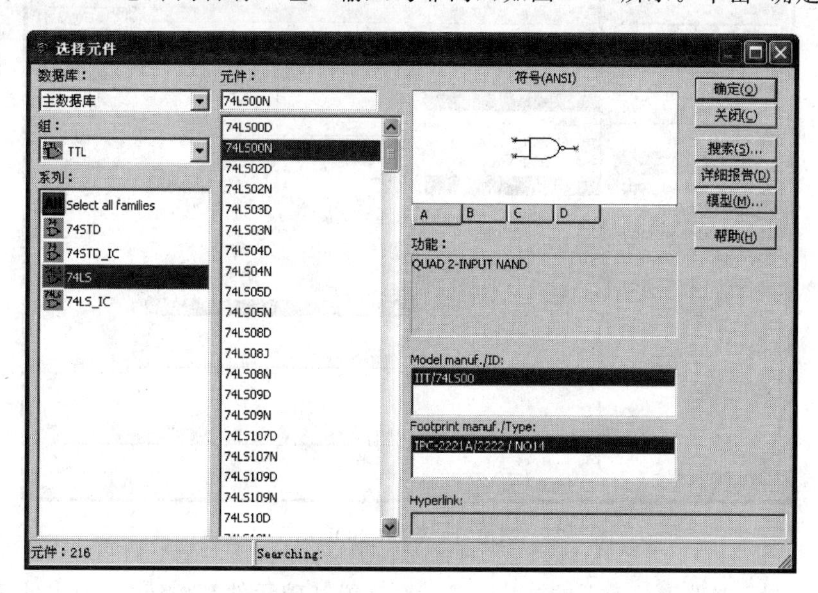

图 1-19　“选择元件”对话框

(2) 单击元器件工具条上的“Place Indicator(放置指示器)”按钮，从弹出的对话框“系列”中选择“PROBE(探针)”，再在“元件”栏中选取“PROBE_DIG_RED(发红光)”，如图 1-20 所示，单击“确定”按钮。

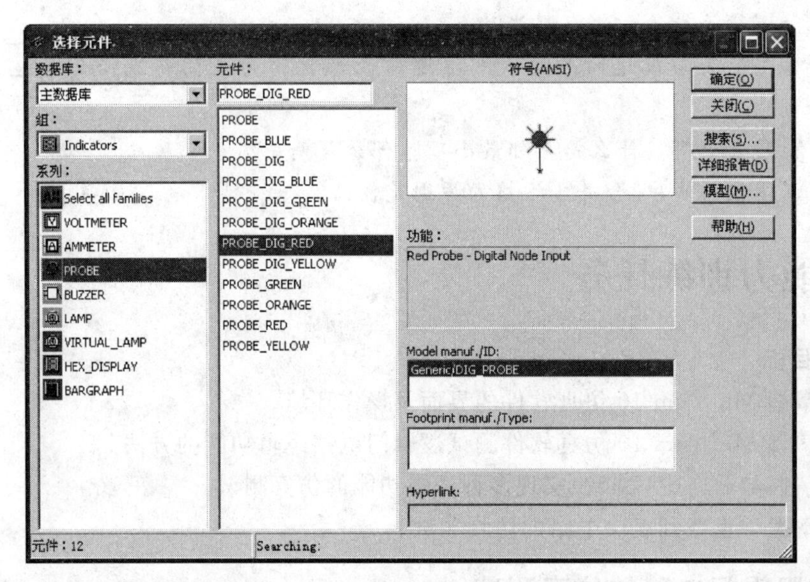

图 1-20　调出“PROBE”选项

(3) 单击元器件工具条上的“Place Signal Source(放置信号源)”按钮，从弹出的对话框“系列”中选择“POWER_SOURCES(电源)”，再在“元件”栏中选取 VCC、DGND，单击“确定”按钮，如图 1-21 所示。

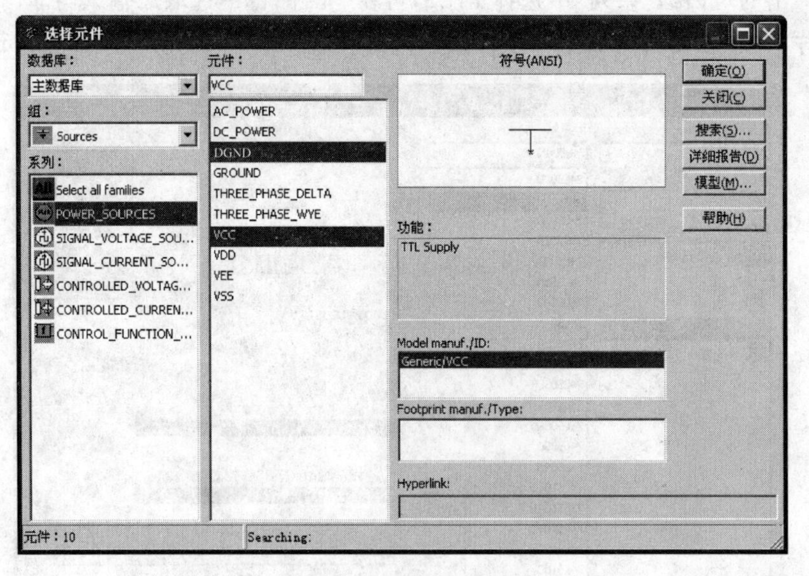

图 1-21　调出“POWER_SOURCES”选项

(4) 单击元器件工具条上的“Place Basic(放置基础元件)”按钮，从弹出的对话框“系列”中选择 SWITCH，再在“元件”栏中选取 SPDT，如图 1-22 所示，单击“确定”按钮。若要调整开关的位置或方向，可以先选中开关，然后按 Alt＋X（水平镜像）/Alt＋Y（垂直镜像）/Ctrl＋R（顺时针旋转 90°）/ Ctrl＋Shift＋R（逆时针旋转 90°）键；或者选中开关后右击，弹出如图 1-23 所示快捷菜单。

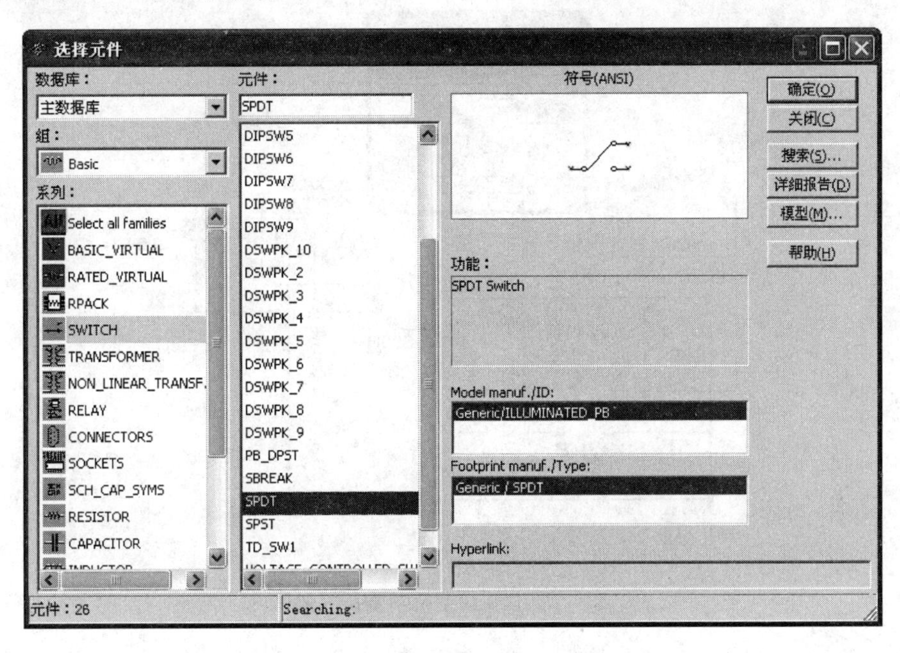

图 1-22　调出“SWITCH”选项

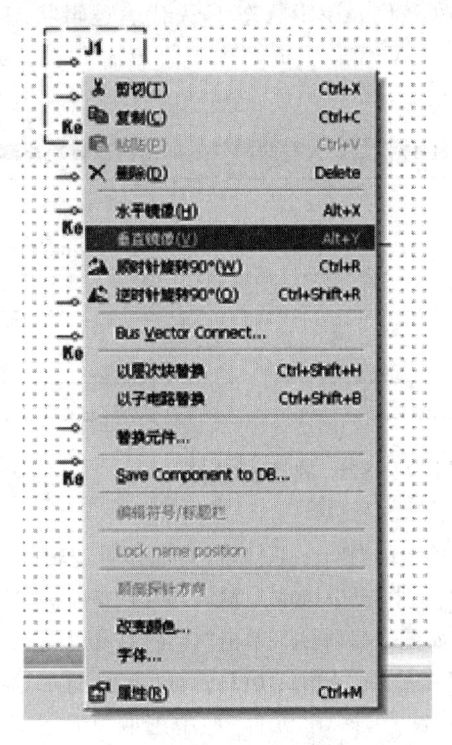

图 1-23　调整开关方向的快捷菜单

(5) 单击仪器工具条上的"Multimeter(万用表)"按钮,将万用表的正极(+)接74LS00的输出端,负极(-)接GND,并将其余元器件用导线连接起来,如图1-24所示。

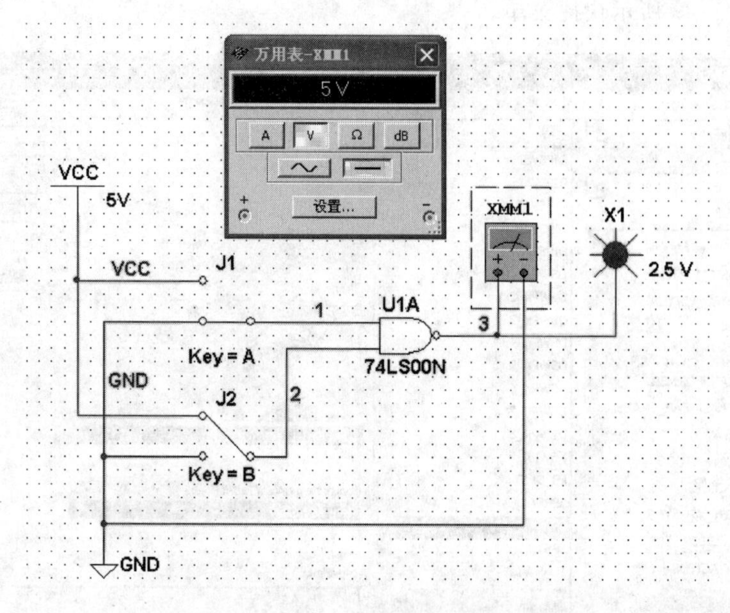

图1-24 74LS00的逻辑功能仿真测试图

(6) 单击仿真工具条上RUN按钮进行仿真,变化两个开关的闭合状态(共4种组合),记录探针的发光情况(亮代表逻辑状态1,灭代表逻辑状态0),同时,双击万用表,查看电压情况(直流输出电压5V代表逻辑状态1,直流输出电压0V代表逻辑状态0),完成表1-17所示功能测试。

表1-17 二输入与非门(74LS00)的逻辑功能测试

输　入		输出电压/V	探针状态(亮或灭)	输出逻辑状态
A	*B*			*Y*
0	0			
0	1			
1	0			
1	1			

2. 测试四输入与非门(74LS20)的逻辑功能

仿真步骤如下。

(1) 单击元器件工具条上的"Place TTL(放置晶体管逻辑元件)"按钮,从弹出的对话框"系列"中选择74LS,再在"元件"栏中选取二输入与非门74LS20N一组(一片74LS20芯片内含有2组四输入与非门),如图1-25所示,单击"确定"按钮将之放置在电子平台上。

(2) 单击元器件工具条上的"Place Indicator(放置指示器)"按钮,从弹出的对话框"系列"中选择"PROBE(探针)",再在"元件"栏中选取"PROBE_DIG_RED(发红光)",单击"确定"按钮。

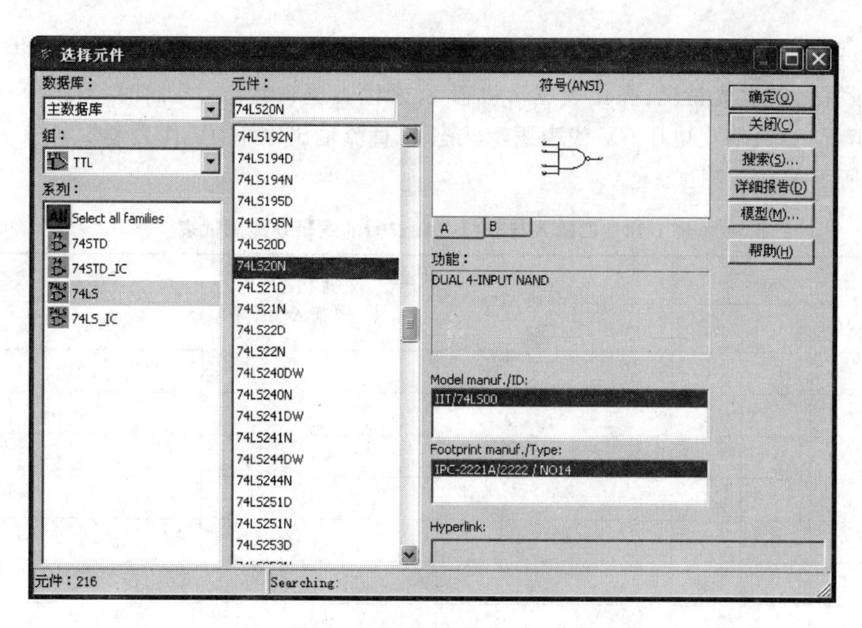

图 1-25　“选择元件”对话框

(3) 单击元器件工具条上的“Place Signal Source(放置信号源)”按钮，从弹出的对话框“系列”中选择“POWER_SOURCES(电源)”，再在“元件”栏中选取 VCC、DGND，单击“确定”按钮。

(4) 单击元器件工具条上的“Place Basic(放置基础元件)”按钮，从弹出的对话框“系列”中选择 SWITCH，再在“元件”栏中选取 SPDT，单击“确定”按钮，放置 4 个开关。

(5) 单击仪器工具条上的“Multimeter(万用表)”按钮，将万用表的正极(+)接 74LS20 的输出端，负极(-)接 GND，并将其余元器件用导线连接起来，整张图如图 1-26 所示。

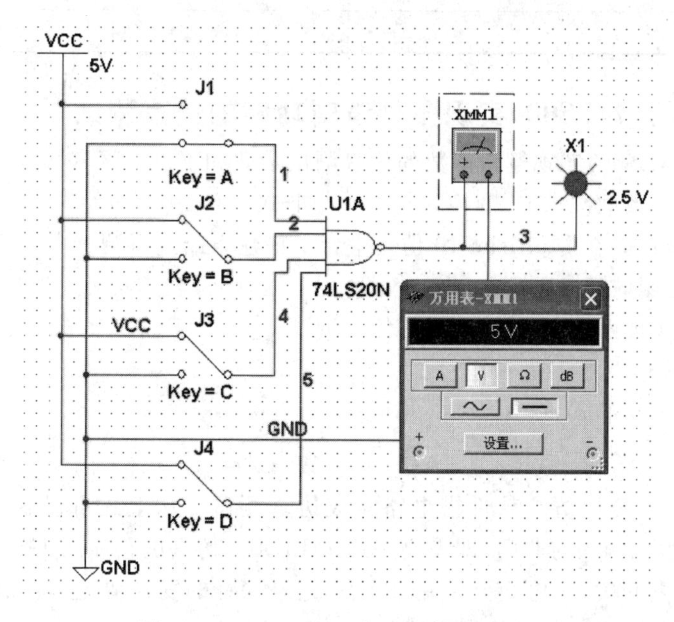

图 1-26　74LS20 的逻辑功能仿真测试图

(6) 单击仿真工具条上 RUN 按钮进行仿真，变化两个开关的闭合状态(共 4 种组合)，记录探针的发光情况(亮代表逻辑状态 1，灭代表逻辑状态 0)，同时，双击万用表，查看电压情况(直流输出电压 5V 代表逻辑状态 1，直流输出电压 0V 代表逻辑状态 0)，完成表 1-18 所示的功能测试。

表 1-18　四输入与非门(74LS20)的逻辑功能测试表

输　入				输出电压/V	探针状态(亮或灭)	输出逻辑状态
A	B	C	D			Y
0	0	0	0			
0	0	0	1			
0	0	1	0			
0	0	1	1			
0	1	0	0			
0	1	0	1			
0	1	1	0			
0	1	1	1			
1	0	0	0			
1	0	0	1			
1	0	1	0			
1	0	1	1			
1	1	0	0			
1	1	0	1			
1	1	1	0			
1	1	1	1			

1.3.2　与非门(74LS00)实现多种逻辑功能的仿真测试

用与非门(74LS00)实现逻辑函数的仿真测试步骤如下。

(1) 对逻辑函数两次求非，变换为与非—与非式。

(2) 画出逻辑图，在 Multisim 10 仿真平台上搭建电路进行测试。

1. 仿真验证吸收律 $AB+A=A$

1) 74LS00 实现函数 $F=AB+A$ 的仿真测试

仿真步骤如下。

(1) 求与非—与非式。

$$F=AB+A=\overline{\overline{AB+A}}=\overline{\overline{AB}\cdot\overline{A}}=\overline{\overline{AB}\cdot\overline{A\cdot 1}}$$

(2) 画逻辑图，利用仿真软件搭电路完成仿真测试。从上式可以看出，完成这个函数，需要用到 3 组二输入与非门，即需要一片 74LS00。仿真电路如图 1-27 所示。

(3) 开启仿真开关，变化 2 个开关的状态，记录探针的发光情况，同时，双击万用表查看电压情况，完成表 1-19 所示仿真测试。

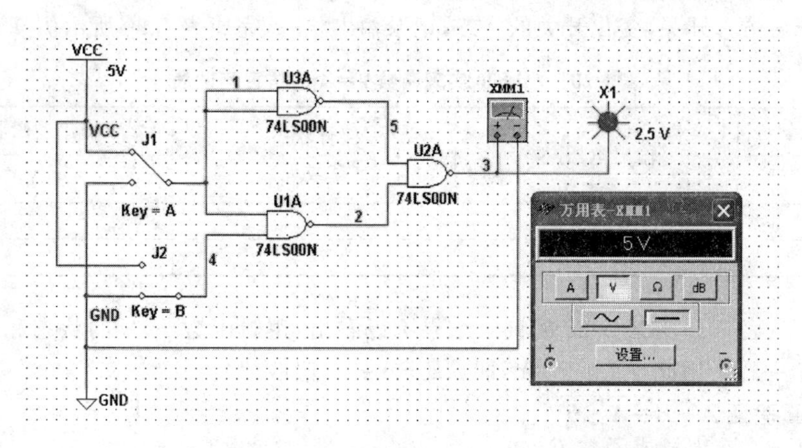

图 1-27　74LS00 实现函数 $F=AB+A$ 的仿真测试图

表 1-19　74LS00 实现函数 $F=AB+A$ 的仿真测试表

输　　入		输出电压/V	探针状态（亮或灭）	输出逻辑状态
A	B			F
0	0			
0	1			
1	0			
1	1			

2）74LS00 实现函数 $Y=A$ 的仿真测试

仿真步骤如下。

（1）求与非—与非式。

$$Y=A=\overline{\overline{A}}=\overline{\overline{A\cdot A}}=\overline{\overline{A\cdot A}\cdot 1}$$

（2）画逻辑图，利用仿真软件搭电路完成仿真测试。从上式可以看出，完成这个函数，需要用到 2 组二输入与非门，即需要一片 74LS00。仿真电路如图 1-28 所示。

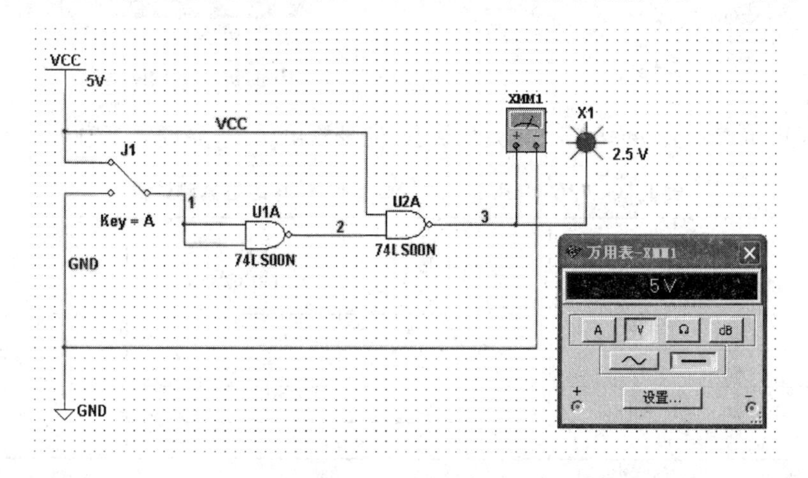

图 1-28　74LS00 实现函数 $Y=A$ 的仿真测试图

(3) 开启仿真开关,变化开关的状态,记录输出状态,完成表 1-20 所示仿真测试。

表 1-20 74LS00 实现函数 $Y=A$ 的仿真测试表

输　入	输出电压/V	探针状态(亮或灭)	输出逻辑状态
A			Y
0			
1			

结论:从表 1-19 和表 1-20 的记录结果可以看出,逻辑函数 F、Y 的状态和输入端 A 的状态完全一致。因此,得出 $F=Y$,即 $AB+A=A$(吸收律)。

2. 仿真验证 $A\oplus B=\overline{A\odot B}$

1) 74LS00 实现异或函数 $F=A\oplus B$

仿真步骤如下。

(1) 求与非—与非式。

$$Y=A\oplus B=\overline{\overline{A\oplus B}}=\overline{\overline{A\overline{B}+\overline{A}B}}=\overline{\overline{A\overline{B}}\cdot\overline{\overline{A}B}}=\overline{\overline{A\cdot\overline{B\cdot 1}}\cdot\overline{\overline{A\cdot 1}\cdot B}}$$

(2) 画逻辑图,利用仿真软件搭电路完成仿真测试。从上式可以看出,完成这个函数,需要用到 5 组二输入与非门,即需要两片 74LS00。仿真电路如图 1-29 所示。

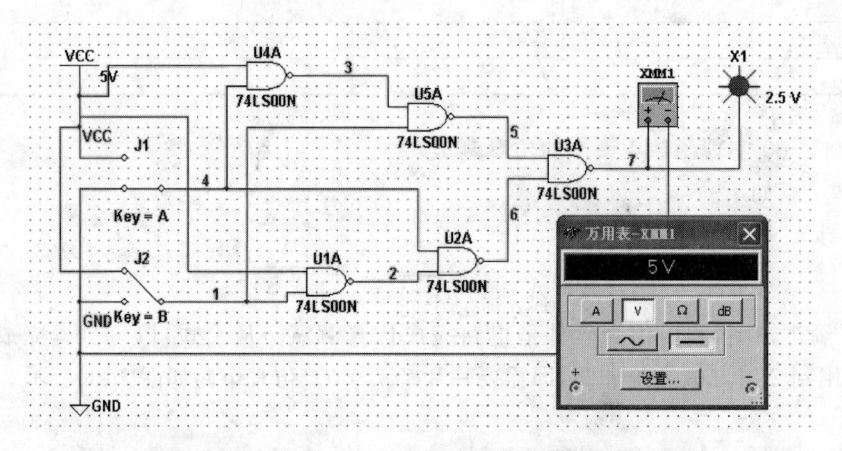

图 1-29 74LS00 实现异或函数 $F=A\oplus B$ 的仿真测试图

(3) 开启仿真开关,变化 2 个开关的状态,记录输出状态,完成表 1-21 所示仿真测试。

表 1-21 74LS00 实现异或函数 $F=A\oplus B$ 的仿真测试表

输　入		输出电压/V	探针状态(亮或灭)	输出逻辑状态
A	B			F
0	0			
0	1			
1	0			
1	1			

2）74LS00 实现同或函数 $Y=A\odot B$

仿真步骤如下。

（1）求与非—与非式。

$$Y = A\odot B = AB+\overline{A}\,\overline{B} = \overline{\overline{AB+\overline{A}\,\overline{B}}} = \overline{\overline{AB}\cdot\overline{\overline{A}\cdot\overline{B}}} = \overline{\overline{A\cdot B}\cdot\overline{\overline{A\cdot 1}\cdot\overline{B\cdot 1}}}$$

（2）画逻辑图，利用仿真软件搭电路完成仿真测试。从上式可以看出，完成这个函数，需要用到5组二输入与非门，即需要2片74LS00。仿真电路如图1-30所示。

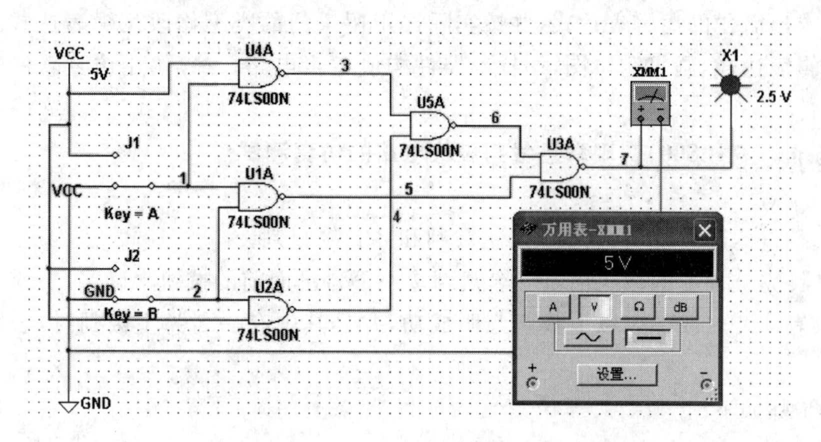

图1-30　74LS00 实现同或函数 $Y=A\odot B$ 的仿真测试图

（3）开启仿真开关，变化2个开关的状态，记录输出状态，完成表1-22所示仿真测试。

表1-22　74LS00 实现同或函数 $Y=A\odot B$ 的仿真测试表

输　入		输出电压/V	探针状态（亮或灭）	输出逻辑状态
A	B			Y
0	0			
0	1			
1	0			
1	1			

结论：从表1-21和表1-22的记录结果可以看出，当输入条件一致时，逻辑函数 F 和逻辑函数 Y 的输出状态完全相反，得出 $F=\overline{Y}$，即 $A\oplus B=\overline{A\odot B}$。

1.3.3　举重裁判表决电路的仿真测试

1. 组合逻辑电路的设计思路

组合逻辑电路是数字系统中逻辑电路形式的一种，它的特点是：电路任何时刻的输出状态只取决于该时刻输入信号（变量）的组合，而与电路的历史状态无关。

组合逻辑电路的设计是在给定问题（逻辑命题）的情况下，通过逻辑设计过程，选择合适的标准器件，搭接成实验给定问题（逻辑命题）功能的逻辑电路。通常，设计组合逻辑电路按下述步骤进行，其流程如图1-31所示。

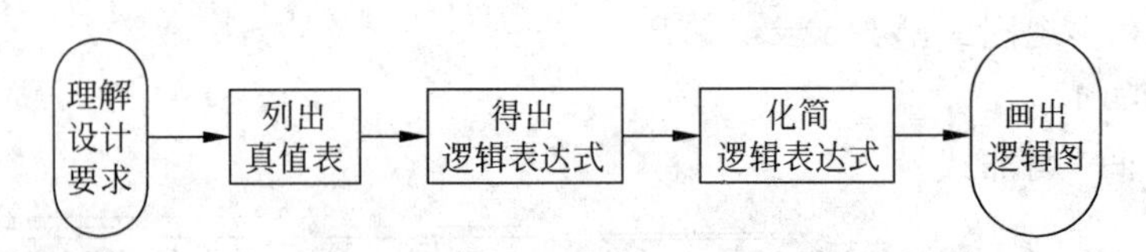

图 1-31　组合逻辑电路的设计流程

根据设计任务的要求，建立输入、输出变量，并列出真值表。然后用逻辑代数或卡诺图化简法求出简化的逻辑表达式，并按实际选用逻辑门的类型修改逻辑表达式。根据简化后的逻辑表达式，画出逻辑图，用标准器件构成逻辑电路。最后，用仿真软件来验证设计的正确性。

2. 与非门(74LS00)实现举重裁判表决电路的仿真测试

要求：

① 设举重比赛有 3 名裁判，1 名主裁判和 2 名副裁判。

② 杠铃完全举上的裁决由每一名裁判按一下自己面前的按钮来确定。

③ 只有当 2 名或 2 名以上裁判判明成功，并且其中有一名为主裁判时，表明成功的灯才亮。

仿真步骤如下。

(1) 列真值表。根据题意，设主裁判为变量 A，副裁判分别为 B 和 C；表示成功与否的灯为 Y，根据逻辑要求列出真值表，见表 1-23。

表 1-23　举重裁判表决电路的真值表

输　入			输出逻辑状态
A	B	C	Y
0	0	0	0
0	0	1	0
0	1	0	0
0	1	1	0
1	0	0	0
1	0	1	1
1	1	0	1
1	1	1	1

(2) 得出逻辑函数表达式。从真值表中找出所有函数值等于 1 的输入变量的取值组合，得到表达式 $Y=A\bar{B}C+AB\bar{C}+ABC$。

(3) 化简表达式。利用公式法或卡诺图法将上式化简为 $Y=AB+AC$。

(4) 求与非—与非式。对化简后的表达式进行 2 次取反(求非)，得到表达式 $Y=AB+AC=\overline{\overline{A\cdot B}\cdot\overline{A\cdot C}}$。

(5) 画出逻辑图，进行仿真测试。启动仿真软件，根据与非—与非式在仿真平台上完成该逻辑图的搭建(见图 1-32)，并进行仿真测试，完成记录表 1-24。

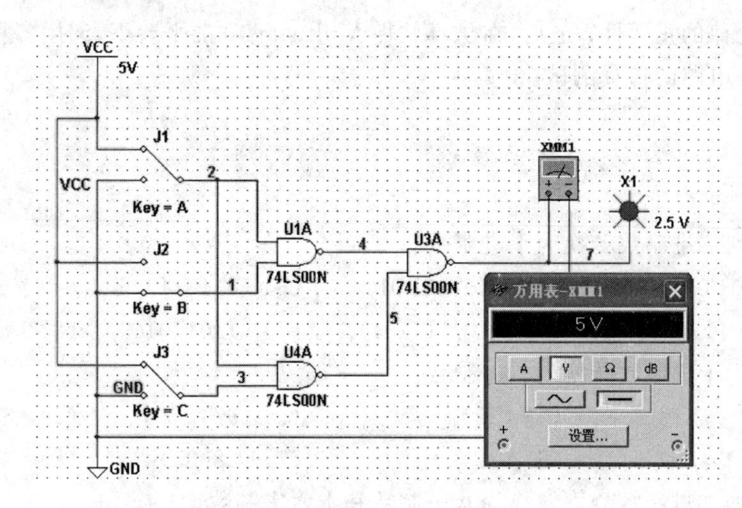

图 1-32　举重裁判表决电路的仿真图

表 1-24　举重裁判表决电路的仿真测试记录表

输　入			输出电压/V	探针状态（亮或灭）	输出逻辑状态
A	*B*	*C*			*Y*
0	0	0			
0	0	1			
0	1	0			
0	1	1			
1	0	0			
1	0	1			
1	1	0			
1	1	1			

结论：表 1-23 和表 1-24 的记录结果应该是一致的。

思考

1. 与非门(74LS00)实现多种逻辑功能的方法是什么？
2. 组合逻辑电路的设计思路与步骤是什么？
3. 试用与非门(74LS00)设计一个五人表决器电路。

项目小结

本项目是基于组合逻辑电路的分析而设计完成的。在项目的分析设计过程中，首先，要重点把握电路设计的思路(理解设计要求→列出真值表→得到逻辑表达式→化简逻辑表达式→画出逻辑图)，其中逻辑函数的不同表示方法(逻辑表达式、真值表、逻辑图)及相互之间的转换尤为重要；其次，用与非门(74LS00)实现多种逻辑功能，体现出灵活应用逻辑代数各种定律的重要性；最后，在仿真软件 Multisim 10 的平台下，调用各种元器件，连线并完成表决电路的仿真测试。

练习题

1. 将下列二进制数转换为十进制数。

(1) $(1\,101\,011.011)_2$　(2) $(101\,111\,010)_2$　(3) $(0.1011)_2$　(4) $(101.011)_2$

(5) $(11\,011)_2$　(6) $(101\,111.01)_2$　(7) $(1101.0111)_2$　(8) $(11.11)_2$

2. 将下列十进制数转换为二进制数。

(1) $(45)_{10}$　(2) $(25)_{10}$　(3) $(97)_{10}$　(4) $(36)_{10}$

(5) $(1.34)_{10}$　(6) $(8.12)_{10}$　(7) $(28.65)_{10}$　(8) $(32.42)_{10}$

3. 将下列二进制数分别转换为八进制数和十六进制数。

(1) $(10\,111\,001)_2$　(2) $(10\,111\,110)_2$

(3) $(1110.0101)_2$　(4) $(101.101\,111)_2$

4. 将下列十进制数转换为 8421BCD 码。

(1) $(47)_{10}$　(2) $(92.13)_{10}$　(3) $(25.7)_{10}$　(4) $(830.222)_{10}$

5. 将下列 8421BCD 码转换为十进制数。

(1) $(010\,101\,111\,001)_{8421BCD}$　(2) $(10\,001\,011.010\,1)_{8421BCD}$

(3) $(001\,110\,101\,100.100\,1)_{8421BCD}$　(4) $(01\,101\,001.011\,100\,10)_{8421BCD}$

6. 将下列八进制数转换为二进制数。

(1) $(67.2)_8$　(2) $(33.77)_8$　(3) $(27.32)_8$　(4) $(766.342)_8$

7. 将下列十六进制数转换为二进制数。

(1) $(6A.E3)_{16}$　(2) $(33.F6)_{16}$　(3) $(D7.32B)_{16}$　(4) $(CB.34)_{16}$

8. 写出下列逻辑函数的对偶式 Y' 及反函数 $\overline{Y}$。

(1) $Y=\overline{A}\cdot\overline{B}+CD$　(2) $Y=ACD+BCD+E$

(3) $Y=\overline{\overline{AB}+C+D+E}$　(4) $Y=(A+B)(\overline{A}+C)(C+DE)+F$

9. 应用逻辑代数运算法则证明下列各式。

(1) $AB+\overline{A}\,\overline{B}=\overline{\overline{A}B+AB}$　(2) $A(\overline{A}+B)+B(B+C)+B=B$

(3) $\overline{\overline{A}+B}+\overline{\overline{A}+\overline{B}}=A$　(4) $AB+A\overline{B}+\overline{A}C+\overline{A}\,\overline{C}=1$

10. 应用公式法将下列逻辑函数化简为最简与或式。

(1) $Y=AB(BC+A)$

(2) $Y=(\overline{A}+\overline{B}+\overline{C})(B+\overline{B}+C)(\overline{B}+C+\overline{C})$

(3) $Y=\overline{A}\cdot\overline{B}+AC+\overline{B}C$

(4) $Y=A+ABC+A\,\overline{BC}+BC+\overline{B}C$

11. 应用卡诺图法将下列逻辑函数化简为最简与或式。

(1) $Y=\overline{A}\,\overline{B}\,\overline{C}+\overline{A}\,\overline{B}C+\overline{A}B\overline{C}+A\overline{B}\,\overline{C}+\overline{A}BC$

(2) $Y=AD+BC\overline{D}+(\overline{A}+\overline{B})C$

(3) $Y(A,B,C,D)=\sum m(0,1,2,4,6,10,14,15)$

(4) $Y(A,B,C,D)=\sum m(0,2,5,7,8,10,13,15)$

(5) $Y(A,B,C,D)=\sum m(1,3,5,7,9)+\sum d(10,11,12,13,14,15)$

(6) $Y(A,B,C,D)=\sum m(2,4,6,7,12,15)+\sum d(0,1,3,8,9,11)$

12. 组合电路如图1-33所示，列出真值表，写出逻辑函数表达式，分析该电路的逻辑功能。

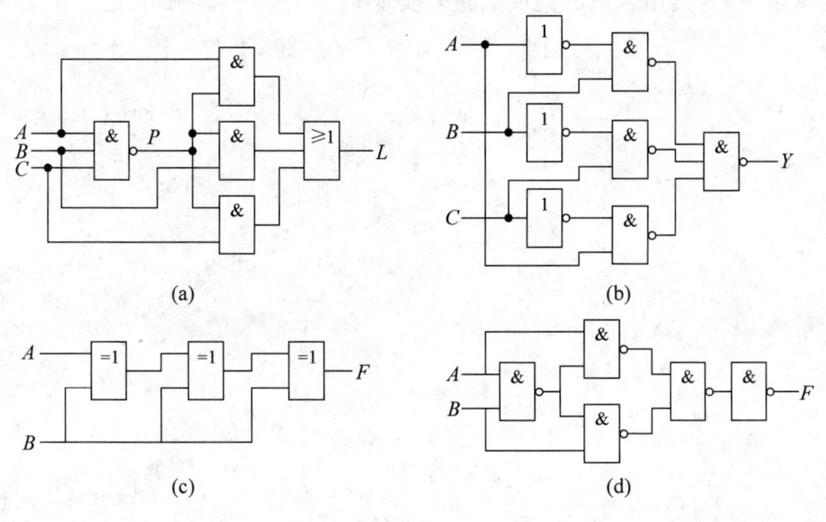

图　1-33

13. 由与非门构成的某表决电路如图1-34所示。其中 A、B、C、D 表示4个人，$L=1$ 时表示决议通过。

(1) 试分析电路，说明决议通过的情况有几种。

(2) 分析 A、B、C、D 4个人中，谁的权利最大。

14. 已知某组合电路的输入 A、B、C 和输出 F 的波形如图1-35所示，试写出 F 的最简与或式。

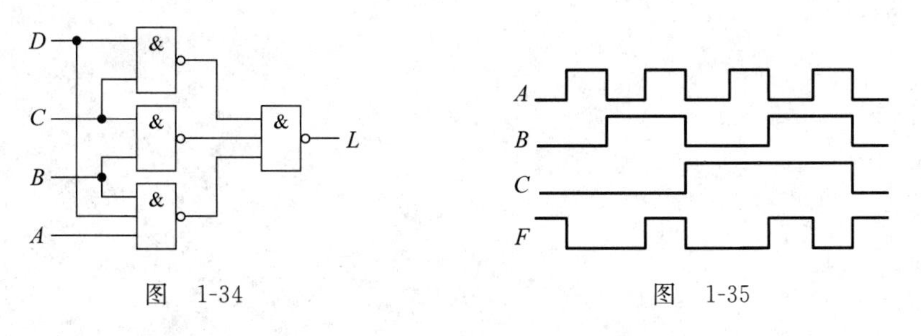

图　1-34　　　　图　1-35

15. 设计一个由三个输入端、一个输出端组成的判奇电路，其逻辑功能为：当奇数个输入信号为高电平时，输出为高电平，否则为低电平。要求画出真值表和电路图。

16. 用与非门(74LS00)设计一个楼上、楼下开关的控制逻辑电路来控制楼梯上的路灯，要求：在上楼前，用楼下开关打开电灯，上楼后，用楼上开关关灭电灯；或者在下楼前，用楼上开关打开电灯，下楼后，用楼下开关关灭电灯。

17. 某设备有开关 A、B、C，要求：只有开关 A 接通的条件下，开关 B 才能接通；开关 C 只有在开关 B 接通的条件下才能接通。违反这一规程，则发出报警信号。设计一个由与非门(74LS00)组成的能实现这一功能的报警控制电路。

18. 用红、黄、绿 3 个指示灯表示 3 台设备的工作情况：绿灯亮表示全部正常；红灯亮表示有 1 台不正常；黄灯亮表示有 2 台不正常；红、黄灯全亮表示 3 台都不正常。列出控制电路真值表，并选用合适的集成电路来实现。

项目 2

8 路抢答器电路的分析与设计

项目介绍

在很多竞赛或娱乐节目的场合,需要有抢答的环节,如何确定抢答者的先后顺序,是主持人较难把握的,抢答器电路可以很好地解决这一难题。

8 路抢答器电路具有以下功能。

(1) 抢答器可以同时供 8 位选手进行抢答,分别由 8 个开关控制。

(2) 抢答器设置一个系统清除和抢答控制开关,由主持人控制。

(3) 抢答器具有锁存与显示功能,即系统能锁定先抢答选手的编号并显示出来,直到主持人将系统清除为止。

项目教学目标

(1) 掌握常用中规模集成电路(编码器、译码器)的性能和特点(功能表、引脚图和内部逻辑图)。

(2) 掌握触发器的概念、分类及工作原理。

(3) 掌握用中规模集成电路及其基本门电路实现 8 路抢答器的设计。

(4) 掌握用仿真软件 Multisim 10 测试编码器、译码器等常用器件的方法。

(5) 掌握用仿真软件 Multisim 10 测试由中规模集成电路组成的电路的方法。

2.1 编码器

学习目标

(1) 了解编码器的基本概念。

(2) 熟悉编码器的工作原理。

(3) 掌握编码器的使用方法。

(4) 掌握优先编码器的特点。

在数字系统里,常常需要将某一信息变换为某一特定的代码。把二进制代码按一定的规律编排,使每组代码具有一定的含义称为编码。具有编码功能的逻辑电路称为编码器。在二值逻辑电路中信号都以高、低电平的形式给出,因此编码器的逻辑功能就是把输入的每一个高、低电平信号编辑成一个对应的二进制代码。

2.1.1 二进制编码器

编码器有若干个输入,在某一时刻只有一个输入信号被转换为二进制代码。例如,8 线-3 线编码器有 8 个输入,3 位二进制代码输出;4 线-2 线编码器有 4 个输入,2 位二进制代码输出。

图 2-1 所示为 2 位二进制编码器。$I_0 \sim I_3$ 为 4 个需要编码的输入信号,输出 Y_0、Y_1 为 2 位二进制代码。

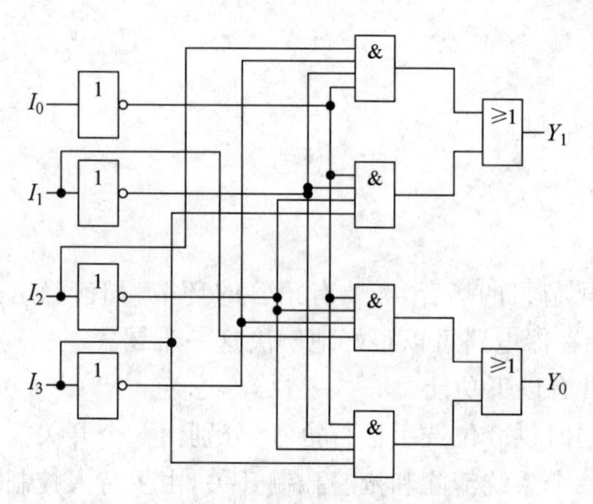

图 2-1 2 位二进制编码器

由图 2-1 可写出编码器的输出逻辑函数为:

$$Y_0 = \overline{I_0} I_1 \overline{I_2}\, \overline{I_3} + \overline{I_0}\, \overline{I_1}\, \overline{I_2} I_3 ; \quad Y_1 = \overline{I_0}\, \overline{I_1} I_2 \overline{I_3} + \overline{I_0}\, \overline{I_1}\, \overline{I_2} I_3$$

根据逻辑表达式列出表 2-1 所示的真值表。由该表可知,图 2-1 所示的编码器在任何时刻只能对一个输入信号进行编码,不允许有 2 个或 2 个以上的输入信号同时请求编码,即 $I_0 \sim I_3$ 这 4 个编码信号是相互排斥的,否则输出编码会发生混乱。

表 2-1 2 位二进制编码器的真值表

输入				输出	
I_0	I_1	I_2	I_3	Y_1	Y_0
1	0	0	0	0	0
0	1	0	0	0	1
0	0	1	0	1	0
0	0	0	1	1	1

2.1.2 二—十进制编码器

将十进制的 10 个数码 0~9 编成二进制代码的逻辑电路称为二—十进制编码器。其工作原理与二进制编码器并无本质区别,现以最常用的 8421BCD 码编码器为例说明(见图 2-2)。

由图 2-2 可写出 8421BCD 码编码器的输出逻辑函数为:

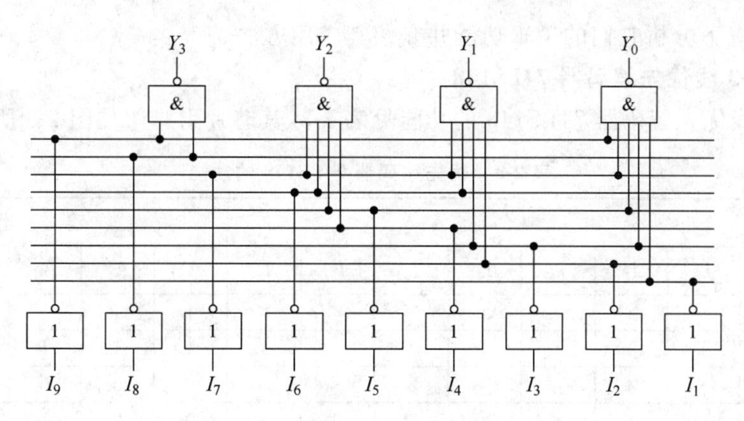

图 2-2　8421BCD 码编码器

$Y_3 = I_8 + I_9 = \overline{\overline{I_8}\ \overline{I_9}}$；　　$Y_2 = I_4 + I_5 + I_6 + I_7 = \overline{\overline{I_4}\ \overline{I_5}\ \overline{I_6}\ \overline{I_7}}$

$Y_1 = I_2 + I_3 + I_6 + I_7 = \overline{\overline{I_2}\ \overline{I_3}\ \overline{I_6}\ \overline{I_7}}$；　$Y_0 = I_1 + I_3 + I_5 + I_7 + I_9 = \overline{\overline{I_1}\ \overline{I_3}\ \overline{I_5}\ \overline{I_7}\ \overline{I_9}}$

根据逻辑表达式列出表 2-2 所示的真值表。由该表可知，当编码器某一个输入信号为 1 而其他信号都为 0 时，则有一组对应的数码输出，如 $I_7=1$ 时，$Y_3Y_2Y_1Y_0=0111$。输出代码各位的权从高位到低位分别为 8、4、2、1。因此，图 2-2 所示电路为 8421BCD 码编码器。$I_1 \sim I_9$ 都为 0 时，输出便为 I_0 的编码，故图中 I_0 未画出。同样，该编码器的 10 个编码信号也是相互排斥的。

表 2-2　8421BCD 码编码器的真值表

输　入										输　出			
I_0	I_1	I_2	I_3	I_4	I_5	I_6	I_7	I_8	I_9	Y_3	Y_2	Y_1	Y_0
1	0	0	0	0	0	0	0	0	0	0	0	0	0
0	1	0	0	0	0	0	0	0	0	0	0	0	1
0	0	1	0	0	0	0	0	0	0	0	0	1	0
0	0	0	1	0	0	0	0	0	0	0	0	1	1
0	0	0	0	1	0	0	0	0	0	0	1	0	0
0	0	0	0	0	1	0	0	0	0	0	1	0	1
0	0	0	0	0	0	1	0	0	0	0	1	1	0
0	0	0	0	0	0	0	1	0	0	0	1	1	1
0	0	0	0	0	0	0	0	1	0	1	0	0	0
0	0	0	0	0	0	0	0	0	1	1	0	0	1

2.1.3　优先编码器

在优先编码器中，信号之间不存在相互排斥，它允许同时输入多个编码信号，而电路只对其中优先级别最高的信号进行编码，而不会对级别低的信号编码，这样的电路称作优先编码器。

74LS147 和 74LS148 是 2 种常用的集成电路优先编码器，它们都有 TTL 和 CMOS

定型产品。以下分析它们的逻辑功能并介绍其应用方法。

1. 8线-3线优先编码器74LS148

8线-3线优先编码器74LS148的功能见表2-3,其芯片引脚图如图2-3所示。

表2-3 优先编码器74LS148的功能

输入									输出				
EI	I_0	I_1	I_2	I_3	I_4	I_5	I_6	I_7	A_2	A_1	A_0	GS	EO
1	×	×	×	×	×	×	×	×	1	1	1	1	1
0	1	1	1	1	1	1	1	1	1	1	1	1	0
0	×	×	×	×	×	×	×	0	0	0	0	0	1
0	×	×	×	×	×	×	0	1	0	0	1	0	1
0	×	×	×	×	×	0	1	1	0	1	0	0	1
0	×	×	×	×	0	1	1	1	0	1	1	0	1
0	×	×	×	0	1	1	1	1	1	0	0	0	1
0	×	×	0	1	1	1	1	1	1	0	1	0	1
0	×	0	1	1	1	1	1	1	1	1	0	0	1
0	0	1	1	1	1	1	1	1	1	1	1	0	1

由表2-3可知,该编码器有8个信号输入端,3个二进制码输出端。此外,电路还设置了输入使能端EI、输出使能端EO和优先编码工作状态标志GS,优先级别由高至低分别为I_7~I_0。

当EI=0时,编码器工作。而当EI=1时,则不论8个输入端为何种状态,3个输出端均为高电平,且GS和EO均为高电平,编码器则处于非工作状态,这种情况被称为使能端EI输入低电平有效。当EI为0时,且至少有一个输入端有编码请求信号(逻辑0)时,GS为0,表明编码器处于工作状态,否则GS为1。由此不难看出,输入信号和GS均为低电平有效。

在8个输入端均无低电平输入信号和只有输入端I_0(优先级别最低位)有低电平输入时,$A_2A_1A_0$为111,出现了输入条件不同而输出代码相同的情况,这时由GS的状态加以区别。当GS=1时,表示8个输入端均无低电平输入,此时输出代码无效;当GS=0时,表示输出为有效代码。

举例说明,EI=0时,若输入端I_5为0,且优先级别比它高的输入端I_6和I_7均为1时,输出代码为010,其反码为101;若输入I_0单独为0,输出代码为111,其反码为000,输出代码按有效输入端下标所对应的二进制数反码输出,这种情况称为输出低电平有效。

优先编码器74LS148的逻辑符号如图2-4所示,图中信号端有圆圈表示该信号是低电平有效,无圆圈表示该信号是高电平有效。

2. 16线-4线优先编码器(基于74LS148)

EO只有在EI为0且所有输入端都为1时,输出为0;否则,输出为1。据此原理,它可与另一片同样器件的EI连接,以便组成多输入端的优先编码器,这就是编码器的扩展。

图2-5所示为16位输入、4位二进制码输出的优先编码器。编码器由2片74LS148组成,其工作原理如下。

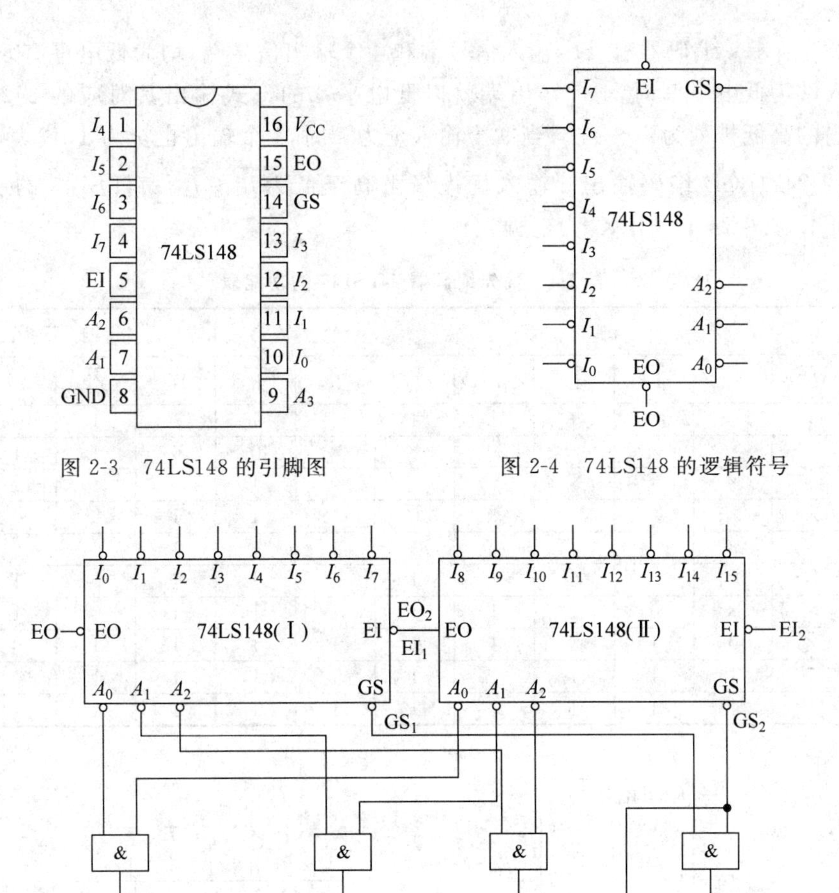

图 2-3 74LS148的引脚图

图 2-4 74LS148的逻辑符号

图 2-5 16线-4线优先编码器

(1) 当 $EI_2=1$ 时，$EO_2=1$，从而使 $EI_1=1$，这时74LS148(Ⅰ)、74LS148(Ⅱ)均禁止编码，它们的输出端 $A_2A_1A_0$ 都为111。由电路图可知，$GS=GS_1 \cdot GS_2=1$，表示此时整个电路的输出代码无效。当 $EI_2=0$ 时，74LS148(Ⅱ)允许编码，但若无有效输入信号，即均无编码请求，则 $EO_2=0$，从而使 $EI_1=0$，允许74LS148(Ⅰ)编码。这时74LS148(Ⅱ)的 $A_2A_1A_0=111$，使与门 C、B、A 都打开，C、B、A 的状态取决于74LS148(Ⅰ)的 $A_2A_1A_0$，而 $D=GS_2$，总是等于1，所以输出代码在1111～1000之间变化，其反码为0000～0111。如果 I_0 单独有效，输出为1111，反码为0000；如果 I_7 及任意其他输入同时有效，因 I_7 优先级别最高，则输出为1000，反码为0111。

(2) 当 $EI_2=0$，且存在有效输入信号(至少一个输入为低电平)时，$EO_2=1$，从而 $EI_1=1$，74LS148(Ⅱ)编码，74LS148(Ⅰ)禁止编码，其输出 $A_2A_1A_0=111$。显然，74LS148(Ⅱ)的编码级别优先于74LS148(Ⅰ)。此时 $D=GS_2=0$，C、B、A 取决于74LS148(Ⅱ)的 $A_2A_1A_0$，输出代码在0111～0000之间变化，其反码为1000～1111。整个电路实现了16位输入的优先编码，其中 I_{15} 具有最高的优先级别，优先级别从 I_{15}～I_0 依次递减。

3. 10线-4线优先编码器74LS147

优先编码器74LS147为10线-4线8421BCD码优先编码器，其功能见表2-4，逻辑符号如图 2-6 所示。编码器有 9 个输入信号端和 4 个输出信号端，均为低电平有效，即当某一个输入端为低电平 0 时，4 个输出端就以低电平 0 的形式输出其对应的 8421BCD 编码。输出的高低排列为$\overline{Y_3}\sim\overline{Y_0}$。当 9 个输入全为 1 时，4 个输出也全为 1，代表输入十进制数 0 的 8421BCD 编码输出。输入优先级由高至低为$\overline{I_9}\sim\overline{I_1}$。74LS147 的引脚图如图 2-7 所示，其中第 15 脚 NC 为空脚。

表 2-4 优先编码器 74LS147 的功能表

输入									输出			
$\overline{I_1}$	$\overline{I_2}$	$\overline{I_3}$	$\overline{I_4}$	$\overline{I_5}$	$\overline{I_6}$	$\overline{I_7}$	$\overline{I_8}$	$\overline{I_9}$	$\overline{Y_3}$	$\overline{Y_2}$	$\overline{Y_1}$	$\overline{Y_0}$
1	1	1	1	1	1	1	1	1	1	1	1	1
×	×	×	×	×	×	×	×	0	0	1	1	0
×	×	×	×	×	×	×	0	1	0	1	1	1
×	×	×	×	×	×	0	1	1	1	0	0	0
×	×	×	×	×	0	1	1	1	1	0	0	1
×	×	×	×	0	1	1	1	1	1	0	1	0
×	×	×	0	1	1	1	1	1	1	0	1	1
×	×	0	1	1	1	1	1	1	1	1	0	0
×	0	1	1	1	1	1	1	1	1	1	0	1
0	1	1	1	1	1	1	1	1	1	1	1	0

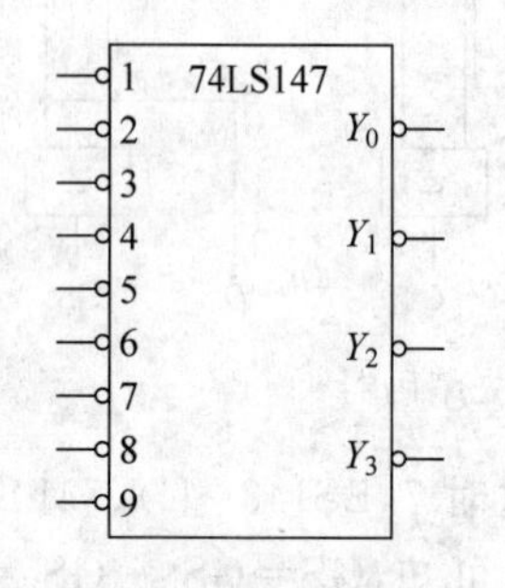

图 2-6 74LS147 的逻辑符号

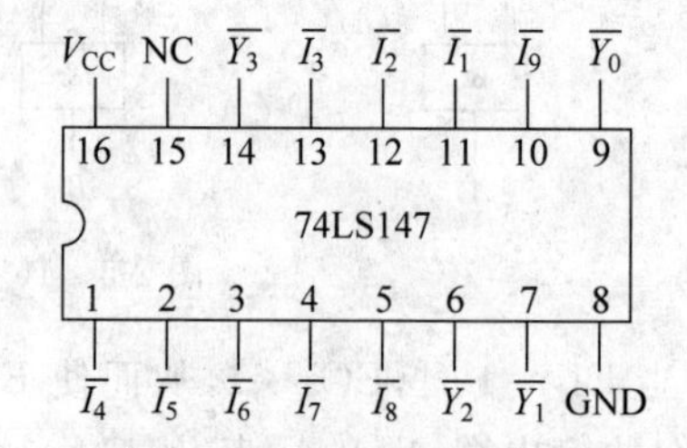

图 2-7 74LS147 的引脚图

思考

1. 普通编码器和优先编码器有什么区别？
2. 查阅资料，了解其他型号的编码器，并总结它们的特点。

2.2 译码器

学习目标

(1) 了解译码器的基本概念。
(2) 熟悉译码器的工作原理。
(3) 掌握译码器的使用方法。
(4) 掌握译码器实现组合逻辑函数的方法。

译码器是一个多输入、多输出的组合逻辑电路。它的作用是把给定的代码进行“翻译”,变成相应的状态,使输出通道中相应的一路有信号输出。译码器在数字系统中有广泛的用途,不仅用于代码的转换、终端的数字显示,还用于数据分配、存储器寻址和组合控制信号等。不同的功能可选用不同种类的译码器。

译码器可分为通用译码器和显示译码器两类。通用译码器又分为变量译码器(二进制译码器)和代码变换译码器(二—十进制译码器)。

2.2.1　二进制译码器

把二进制代码的各种状态,按照其原意翻译成对应输出信号的电路,称为二进制译码器。显然,若二进制译码器的输入端有 n 个,则输出端有 $N=2^n$ 个,且对应于输入代码的每一种状态。2^n 个输出中只有一个为1,其余全为0,称为输出高电平有效;2^n 个输出中只有一个为0,其余全为1,称为输出低电平有效。因为二进制译码器可以译出输入变量的全部状态,故又称其为变量译码器。

1. 3线-8线译码器74LS138

表2-5所示为3线-8线译码器74LS138的逻辑功能表。当 $S_1=1$,$\overline{S_2}+\overline{S_3}=0$ 时,器件使能端有效,译码器能正常译码。地址码所指定的输出端有信号(为0)输出,其他所有输出端均无信号(全为1)输出。当 $S_1=0$,$\overline{S_2}+\overline{S_3}=\times$ 时,或 $S_1=\times$,$\overline{S_2}+\overline{S_3}=1$ 时,译码器被禁止,所有输出同时为1。图2-8所示为74LS138译码器的引脚图。

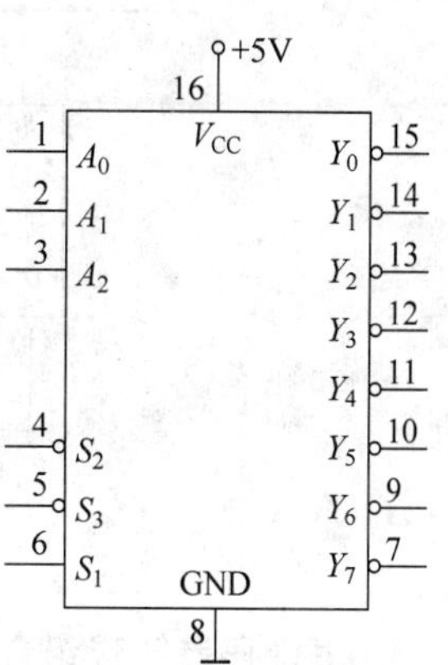

图2-8　74LS138的引脚图

表2-5　3线-8线译码器74LS138的逻辑功能表

输入					输出							
S_1	$\overline{S_2}+\overline{S_3}$	A_2	A_1	A_0	$\overline{Y_0}$	$\overline{Y_1}$	$\overline{Y_2}$	$\overline{Y_3}$	$\overline{Y_4}$	$\overline{Y_5}$	$\overline{Y_6}$	$\overline{Y_7}$
1	0	0	0	0	0	1	1	1	1	1	1	1
1	0	0	0	1	1	0	1	1	1	1	1	1
1	0	0	1	0	1	1	0	1	1	1	1	1
1	0	0	1	1	1	1	1	0	1	1	1	1
1	0	1	0	0	1	1	1	1	0	1	1	1
1	0	1	0	1	1	1	1	1	1	0	1	1
1	0	1	1	0	1	1	1	1	1	1	0	1
1	0	1	1	1	1	1	1	1	1	1	1	0
0	×	×	×	×	1	1	1	1	1	1	1	1
×	1	×	×	×	1	1	1	1	1	1	1	1

根据表2-5,可以得出74LS138的输出逻辑函数式为:

$$\overline{Y_0}=\overline{\overline{A_2}\,\overline{A_1}\,\overline{A_0}}=\overline{m_0},\quad \overline{Y_1}=\overline{\overline{A_2}\,\overline{A_1}A_0}=\overline{m_1}$$

$$\overline{Y_2}=\overline{\overline{A_2}A_1\overline{A_0}}=\overline{m_2},\quad \overline{Y_3}=\overline{\overline{A_2}A_1A_0}=\overline{m_3}$$

$$\overline{Y_4}=\overline{A_2\,\overline{A_1}\,\overline{A_0}}=\overline{m_4},\quad \overline{Y_5}=\overline{A_2\,\overline{A_1}A_0}=\overline{m_5}$$

$$\overline{Y_6}=\overline{A_2A_1\overline{A_0}}=\overline{m_6},\quad \overline{Y_7}=\overline{A_2A_1A_0}=\overline{m_7}$$

2. 4 线-16 线译码器(基于 74LS138)

如图 2-9 所示,将 2 片 74LS138 译码器通过使能端适当级联,便可实现 4 线-16 线的译码器。4 位输入为 $D_3 \sim D_0$,16 位输出为$\overline{Z_0} \sim \overline{Z_{15}}$。工作原理如下。

当 $D_3=0$ 时,74LS138(2)禁止译码,74LS138(1)进行译码。根据 $D_2D_1D_0$ 的取值组合,选取一路输出,完成 0000～0111 的译码工作。

当 $D_3=1$ 时,74LS138(1)禁止译码,74LS138(2)进行译码。根据 $D_2D_1D_0$ 的取值组合,选取一路输出,完成 1000～1111 的译码工作。

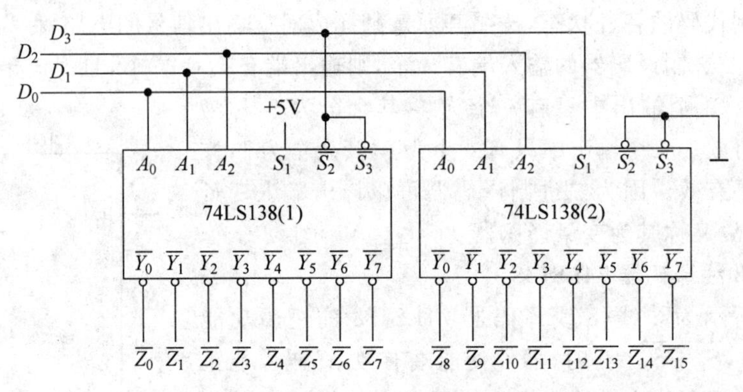

图 2-9 4 线-16 线译码器

3. 用译码器实现组合逻辑函数

由于二进制译码器的输出为输入变量的全部最小项,即每一个输出对应一个最小项,而任何一个逻辑函数都可变换为最小项之和的标准与或式,因此,用译码器和门电路可实现任何单输出或多输出的组合逻辑函数。

【例 2-1】 用译码器和门电路实现逻辑函数 $Z=\overline{A}\,\overline{B}\,\overline{C}+\overline{A}\,\overline{B}C+\overline{A}B\overline{C}+ABC$。

解:

① 根据逻辑函数选用译码器。由于逻辑函数 Z 中有 A、B、C 3 个变量,故应选用 3 线-8 线译码器 74LS138。其输出为低电平有效。

② 写出 Z 的标准与或表达式为

$$
\begin{aligned}
Z &= \overline{A}\,\overline{B}\,\overline{C}+\overline{A}\,\overline{B}C+\overline{A}B\overline{C}+ABC \\
&= m_0+m_1+m_2+m_7 \\
&= \overline{\overline{m_0+m_1+m_2+m_7}} \\
&= \overline{\overline{m_0}\cdot\overline{m_1}\cdot\overline{m_2}\cdot\overline{m_7}} \\
&= \overline{\overline{Y_0}\cdot\overline{Y_1}\cdot\overline{Y_2}\cdot\overline{Y_7}}
\end{aligned}
$$

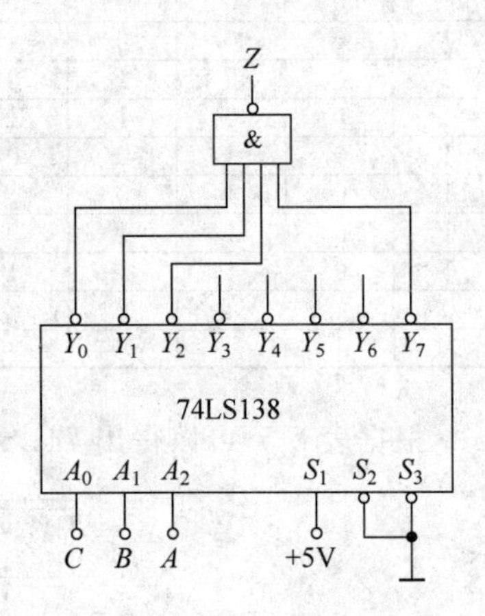

图 2-10 例 2-1 的连线图

③ 将输入变量 A、B、C 分别与译码器输入端 A_2、A_1、A_0 相对应,可获得逻辑函数 Z 的连线图,如图 2-10 所示。

2.2.2 二—十进制译码器

二—十进制译码器的功能是将 8421BCD 码 0000～1001 转换为对应 0～9 十进制代码的输出信号。这种译码器应有 4 个输入端，10 个输出端，它的功能表见表 2-6。其输出为低电平有效。

表 2-6 二—十进制译码器的功能表

输入				输出									
A_3	A_2	A_1	A_0	$\overline{Y_0}$	$\overline{Y_1}$	$\overline{Y_2}$	$\overline{Y_3}$	$\overline{Y_4}$	$\overline{Y_5}$	$\overline{Y_6}$	$\overline{Y_7}$	$\overline{Y_8}$	$\overline{Y_9}$
0	0	0	0	0	1	1	1	1	1	1	1	1	1
0	0	0	1	1	0	1	1	1	1	1	1	1	1
0	0	1	0	1	1	0	1	1	1	1	1	1	1
0	0	1	1	1	1	1	0	1	1	1	1	1	1
0	1	0	0	1	1	1	1	0	1	1	1	1	1
0	1	0	1	1	1	1	1	1	0	1	1	1	1
0	1	1	0	1	1	1	1	1	1	0	1	1	1
0	1	1	1	1	1	1	1	1	1	1	0	1	1
1	0	0	0	1	1	1	1	1	1	1	1	0	1
1	0	0	1	1	1	1	1	1	1	1	1	1	0

表 2-6 中左边是输入的 8421BCD 码，右边是译码输出。输入端的高低位排列顺序由高到低为 A_3～A_0。输入的 8421BCD 码中 1010～1111 共 6 种状态没有使用，处于无效状态，在正常工作状态下不会出现，化简时可以作为随意项处理。实际二—十进制译码器集成电路芯片在使用时，输入端输入无效代码时，译码器不予响应。

对于$\overline{Y_0}$输出，从功能表可以得出$\overline{Y_0}=\overline{\overline{A_3}\,\overline{A_2}\,\overline{A_1}\,\overline{A_0}}$，当 $A_3A_2A_1A_0=0000$ 时，它对应于十进制数 0，输出$\overline{Y_0}=0$，其余输出端输出高电平 1；当 $A_3A_2A_1A_0=1001$ 时，它对应于十进制数 9，输出$\overline{Y_9}=0$，其余输出端输出高电平 1。以此类推，输入端输入不同的代码，输出端对应相应的十进制端输出低电平 0。

图 2-11 所示为 8421BCD 码输入的集成 4 线-10 线译码器 74LS42 的引脚图和逻辑符号。74LS42 的输出为反变量，即为低电平有效。

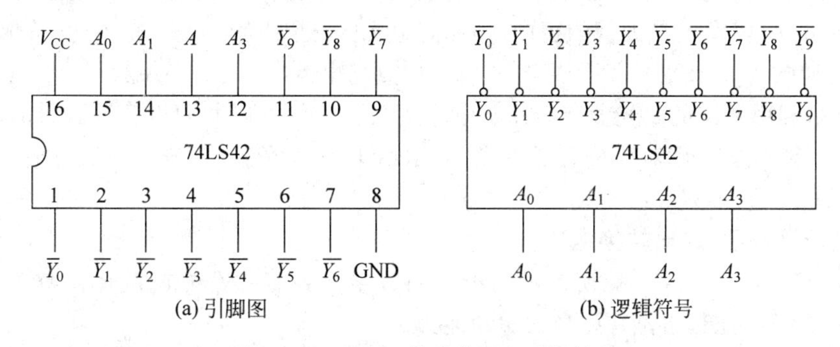

(a) 引脚图 (b) 逻辑符号

图 2-11 74LS42 的引脚图和逻辑符号

2.2.3 数码显示译码器

在数字系统中，经常需要将用二进制代码表示的数字、符号和文字等直观地显示出来，供人们直接读取结果，或用以监视数字系统的工作情况。用来驱动各种显示器件，从而将用二进制代码表示的数字、文字、符号翻译成人们习惯的形式直观地显示出来的电路，称为显示译码器。数码显示译码器通常由数码显示器和译码器完成。

1. 数码显示器

数码显示器按显示方式分为分段式、点阵式和重叠式，按发光材料分为半导体显示器、荧光显示器、液晶显示器和气体放电显示器。目前工程上应用较多的是分段式半导体显示器，通常称为七段发光二极管显示器(LED)，以及液晶显示器(LCD)。LED主要用于显示数字和字母，LCD可以显示数字、字母、文字和图形等。

LED数码管是目前最常用的数字显示器，图2-12 (a)、(b)为共阴管的连接电路和引脚图，图2-12(c)、(d)为共阳管的连接电路和引脚图。

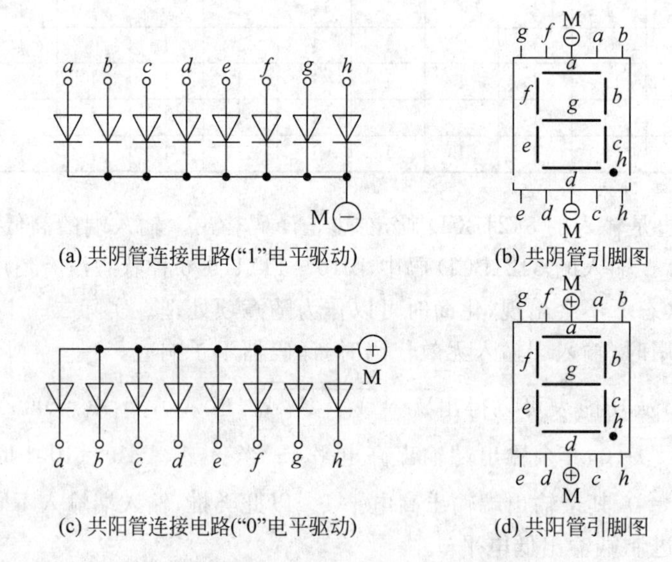

(a) 共阴管连接电路(“1”电平驱动)　(b) 共阴管引脚图

(c) 共阳管连接电路(“0”电平驱动)　(d) 共阳管引脚图

图2-12 LED的连接电路和引脚图

一个LED数码管可用来显示一位十进制数(0～9)和一个小数点。小型数码管(0.5寸和0.36寸)每段发光二极管的正向压降，随显示光(通常为红、绿、黄、橙色)的颜色不同略有差别，通常为2～2.5V，每个发光二极管的点亮电流在5～10mA。

LED是利用不同的发光段组合来显示不同的数字的。以共阴极显示器为例，若*a*、*b*、*c*、*d*、*g*各段接高电平，则对应的各段发光，显示出十进制数字3；若*b*、*c*、*f*、*g*各段接高电平，则显示出十进制数字4。

2. 显示译码器(代码转换器)

LED数码管显示BCD码所表示的十进制数字需要有一个专门的译码器，该译码器不但要完成译码功能，还要有相当的驱动能力。

此类译码器型号有74LS47(共阳)、74LS48(共阴)、CC4511(共阴)等。此处介绍CC4511 BCD码锁存/七段译码/驱动器，引脚图如图2-13所示。用它可以驱动共阴极LED数码管。

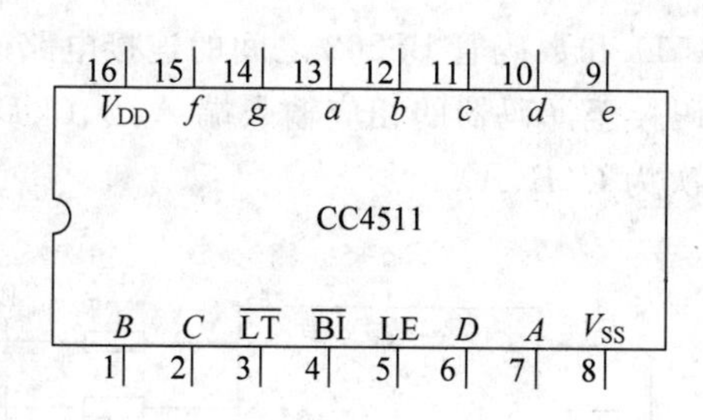

图 2-13　CC4511 引脚图

其中，A、B、C、D 为 BCD 码输入端，a、b、c、d、e、f、g 为译码输出端，输出“1”有效，用来驱动共阴极 LED 数码管。

$\overline{LT}$为测试输入端，$\overline{LT}=0$ 时，译码输出全为“1”。$\overline{BI}$为消隐输入端，$\overline{BI}=0$ 时，译码输出全为“0”。LE 为锁定端，LE=1 时，译码器处于锁定(保持)状态，译码输出保持在LE=0 时的数值，LE=0 为正常译码。

表 2-7 为 CC4511 功能表。CC4511 内接有上拉电阻，故只需在输出端与数码管笔段之间串入限流电阻即可工作。译码器还有拒伪码功能，当输入码超过 1001 时，输出全为“0”，数码管熄灭。

表 2-7　CC4511 的功能表

输入							输出							
LE	$\overline{BI}$	$\overline{LT}$	D	C	B	A	a	b	c	d	e	f	g	显示字形
×	×	0	×	×	×	×	1	1	1	1	1	1	1	8
×	0	1	×	×	×	×	0	0	0	0	0	0	0	消隐
0	1	1	0	0	0	0	1	1	1	1	1	1	0	0
0	1	1	0	0	0	1	0	1	1	0	0	0	0	1
0	1	1	0	0	1	0	1	1	0	1	1	0	1	2
0	1	1	0	0	1	1	1	1	1	1	0	0	1	3
0	1	1	0	1	0	0	0	1	1	0	0	1	1	4
0	1	1	0	1	0	1	1	0	1	1	0	1	1	5
0	1	1	0	1	1	0	0	0	1	1	1	1	1	6
0	1	1	0	1	1	1	1	1	1	0	0	0	0	7
0	1	1	1	0	0	0	1	1	1	1	1	1	1	8
0	1	1	1	0	0	1	1	1	1	0	0	1	1	9
0	1	1	1	0	1	0	0	0	0	0	0	0	0	消隐
0	1	1	1	0	1	1	0	0	0	0	0	0	0	消隐
0	1	1	1	1	0	0	0	0	0	0	0	0	0	消隐
0	1	1	1	1	0	1	0	0	0	0	0	0	0	消隐
0	1	1	1	1	1	0	0	0	0	0	0	0	0	消隐
0	1	1	1	1	1	1	0	0	0	0	0	0	0	消隐
1	1	1	×	×	×	×	锁存							锁存

图 2-14 为译码器 CC4511 和数码管 BS202 之间的连接电路。实验时，只要接通 +5V 电源，将十进制数的 BCD 码接至译码器的相应输入端 A、B、C、D，即可显示 0～9 的数字（注意最高位为 D，下面依次为 C、B、A）。

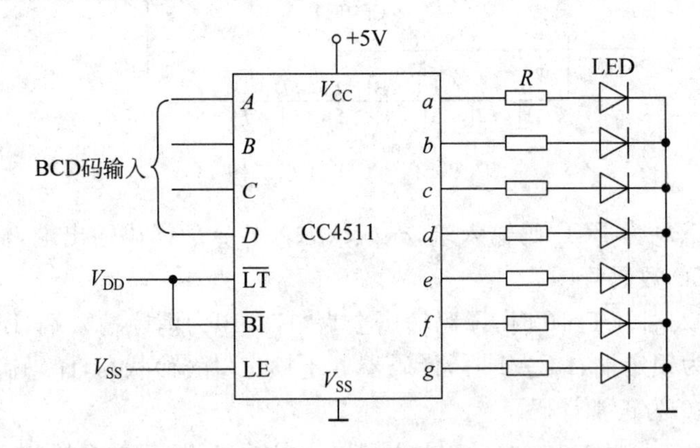

图 2-14 CC4511 与 LED 的连接电路

思考

1. 译码器和编码器之间有什么关系？
2. 二进制译码器、二—十进制译码器、数码显示译码器三者之间有什么区别？
3. n 位二进制译码器有多少个输入端和多少个输出端？
4. 如何用万用表判别数码管的共阴、共阳特性？

2.3 数据选择器与分配器

学习目标

(1) 掌握数据选择器的工作原理及使用方法。

(2) 掌握数据分配器的工作原理及使用方法。

在多路数据传输过程中，经常需要将其中一路信号挑选出来进行传输，这就需要用到数据选择器。在数据选择器中，通常用地址输入信号来完成挑选数据的任务。如一个 4 选 1 的数据选择器，应有 2 个地址输入端，它共有 $2^2=4$ 种不同的组合，每一种组合可选择对应的一路输出数据。而数据分配器的功能正好和数据选择器相反，它根据地址码的不同，将一路数据分配到相应的一个输出端输出。

2.3.1 数据选择器

数据选择器又称为多路选择器或多路开关，它是多输入、单输出的组合逻辑电路，其作用是通过选择把多个通道的数据传送到唯一的公共数据通道中去。实现数据选择功能的逻辑电路称为数据选择器，它的作用相当于多个输入的单刀多掷开关，4 选 1 数据选择器的功能示意图如图 2-15 所示。在选择控制变量 A_1、A_0 的作用下，选择输入数据 D_0～D_3 中的某一个为输出数据 Y。

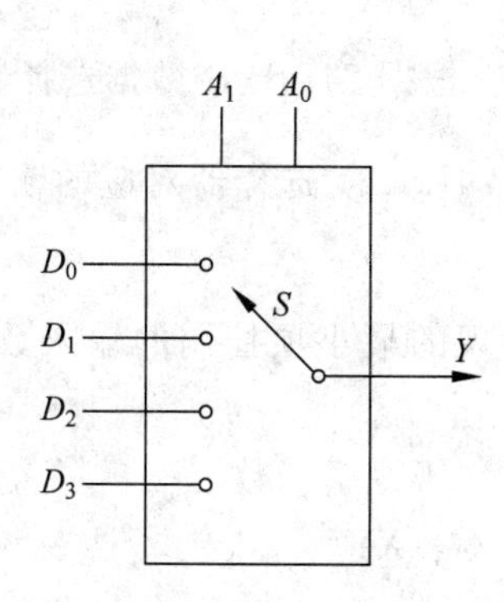

图 2-15　4 选 1 数据选择器功能示意图

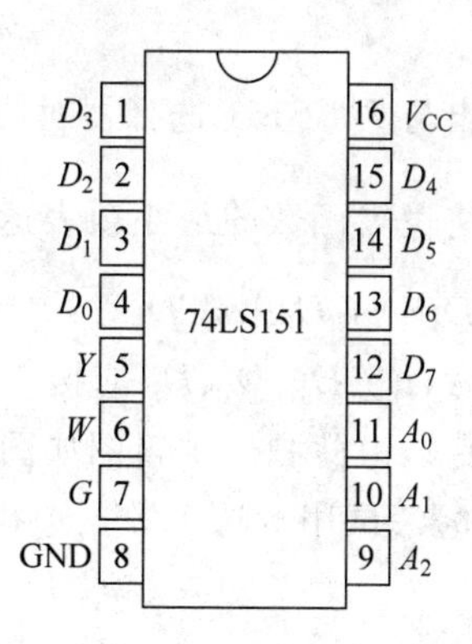

图 2-16　74LS151 的引脚图

1. 8 选 1 数据选择器 74LS151

图 2-16 所示为常用的集成 8 选 1 数据选择器 74LS151 的引脚图，它有 3 个地址输入端 A_2、A_1、A_0，8 个数据输入端 $D_0 \sim D_7$，具有 2 个互补输出端，同相输出端 Y 和反相输出端 W，其功能见表 2-8。该电路的输入使能端 G 为低电平有效。

表 2-8　74LS151 的功能表

输　入				输　出	
使能	选择			Y	W
G	A_2	A_1	A_0		
1	×	×	×	0	1
0	0	0	0	D_0	$\overline{D_0}$
0	0	0	1	D_1	$\overline{D_1}$
0	0	1	0	D_2	$\overline{D_2}$
0	0	1	1	D_3	$\overline{D_3}$
0	1	0	0	D_4	$\overline{D_4}$
0	1	0	1	D_5	$\overline{D_5}$
0	1	1	0	D_6	$\overline{D_6}$
0	1	1	1	D_7	$\overline{D_7}$

由表 2-8 可写出 8 选 1 数据选择器的输出逻辑函数 Y 的表达式为

$$Y = \sum_{i=0}^{7} D_i m_i$$

其中，m 为 A_2、A_1、A_0 的最小项，$D_0 \sim D_7$ 为 8 个输入数据。例如，当 $A_2A_1A_0 = 010$ 时，根据最小项性质，只有 $m_2 = 1$，其余都为 0，所以 $Y = D_2$，即 D_2 的数据传送到输出端。

2. 8 选 1 数据选择器实现组合逻辑函数

【例 2-2】 试用 8 选 1 数据选择器 74LS151 实现逻辑函数

$$Y = \overline{A}BC + A\overline{B}\overline{C} + AB\overline{C} + ABC$$

解：

① 写出与 74LS151 选择器对应的输出形式。根据 74LS151 数据选择器的功能 $Y=\sum_{i=0}^{7}D_i m_i$，将逻辑函数的最小项表达式转换为与 74LS151 选择器对应的输出形式为 $Y=m_3D_3+m_4D_4+m_6D_6+m_7D_7$。

② 显然，D_3、D_4、D_6、D_7 应接 1，式中没有出现的最小项控制的输入数据端 D_0、D_1、D_2、D_5 应接 0，由此画出逻辑图如图 2-17 所示。

【例 2-3】 试用 8 选 1 数据选择器 74LS151 实现逻辑函数

$$L=\overline{X}YZ+X\overline{Y}Z+XY$$

解：

① 写出函数 L 的最小项表达式 $L=\overline{X}YZ+X\overline{Y}Z+XYZ+XY\overline{Z}$。

② 写出与 74LS151 选择器对应的输出形式。将逻辑函数的最小项表达式转换为与 74LS151 选择器对应的输出形式为 $Y=m_3D_3+m_5D_5+m_6D_6+m_7D_7$。

③ 显然，D_3、D_5、D_6、D_7 应接 1，式中没有出现的最小项控制的输入数据端 D_0、D_1、D_2、D_4 应接 0，由此画出逻辑图如图 2-18 所示。

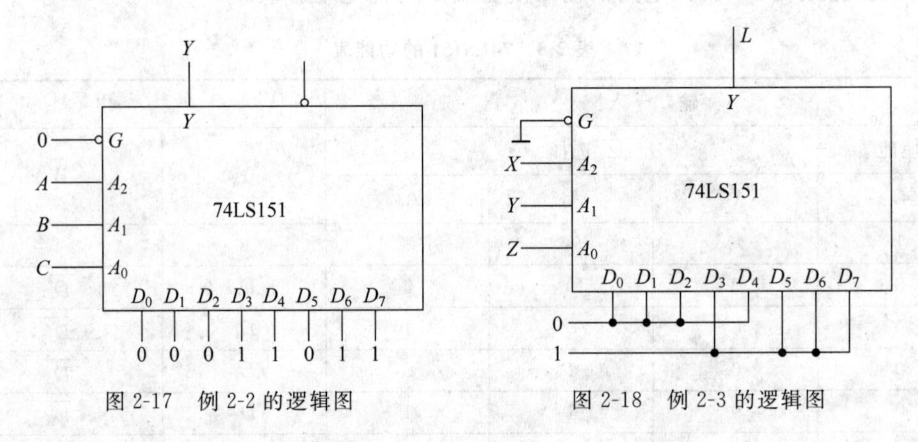

图 2-17 例 2-2 的逻辑图　　图 2-18 例 2-3 的逻辑图

【例 2-4】 用数据选择器实现逻辑函数

$$F(A,B,C,D)=\sum m(0,3,4,5,9,10,11,12,13)$$

解：

① 函数 F 的输入变量有 4 个，可选用 8 选 1 数据选择器 74LS151。

② 设分别用 74LS151 的 3 个地址变量 A_2、A_1、A_0 表示函数 F 的输入变量 A、B、C，即设 $A_2=A$、$A_1=B$、$A_0=C$。

③ 分别以 A、B、C 为变量画出函数 F 的卡诺图，如图 2-19(a)所示。以 A_2、A_1、A_0 为变量画出 8 选 1 数据选择器 74LS151 的卡诺图，如图 2-19(b)所示。

④ 比较两张卡诺图，得出：

$$D_0=\overline{D},\quad D_1=D,\quad D_2=1,\quad D_3=0,$$
$$D_4=D,\quad D_5=1,\quad D_6=1,\quad D_7=0$$

⑤ 画出 74LS151 实现该函数的逻辑图，如图 2-20 所示。

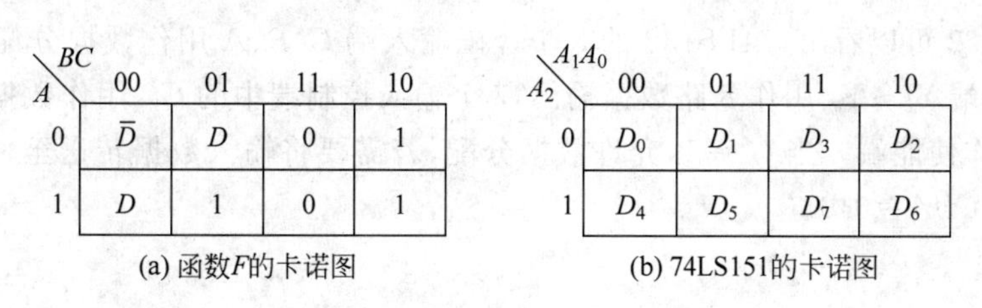

图 2-19　例 2-4 的卡诺图

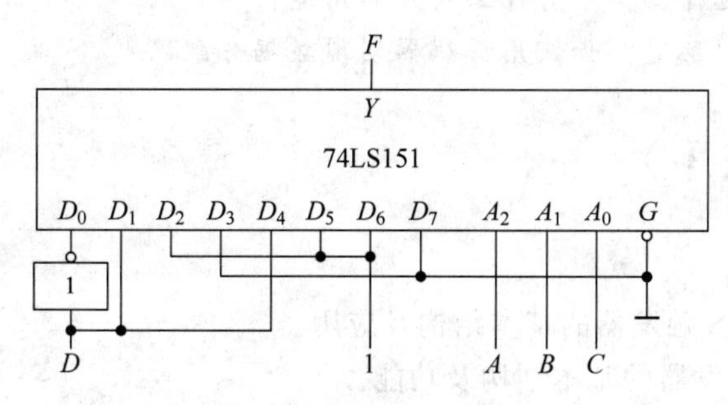

图 2-20　例 2-4 的连接图

2.3.2　数据分配器

在数据传送过程中，有时需要将某一路数据分配到不同的数据通道上，实现这种功能的电路称为数据分配器，也称为多路分配器。数据分配器的逻辑功能是将 1 个输入数据传送到多个输出端中的某 1 个输出端，具体传到哪一个输出端，是由一组选择控制信号确定的。

图 2-21 所示为 4 路数据分配器的功能示意图，图中 S 相当于一个由信号 A_1A_0 控制的单刀多掷输出开关，输入数据 D 在地址输入 A_1A_0 的控制下，传送到输出 $Y_0 \sim Y_3$ 不同数据通道上。例如，$A_1A_0=01$，开关 S 合向 Y_1，输入数据 D 被传送到 Y_1 通道上。

目前，市场上没有专用的数据分配器器件，实际使用中，通常用译码器来实现数据分配的功能。例如，用 74LS138 译码器可以实现 8 路数据分配的功能，其逻辑原理如图 2-22 所示。

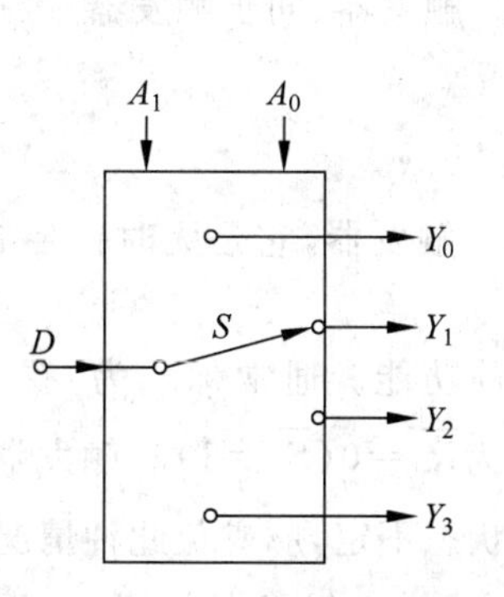

图 2-21　4 路数据分配器的功能示意图

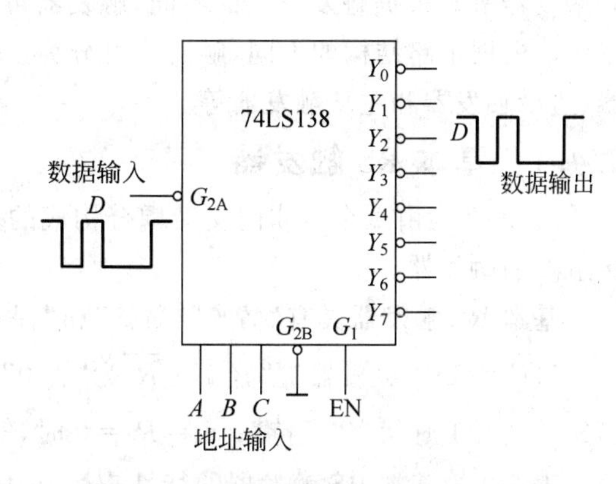

图 2-22　8 路数据分配器的逻辑图

由图 2-22 可以看出，74LS138 的 3 个译码输入端 C、B、A 用作数据分配器的地址输入，8 个输出端 $Y_0 \sim Y_7$ 用作 8 路数据输出，3 个输入控制端中的 G_{2A} 用作数据输入端，G_{2B} 接地，G_1 用作使能端。当 $G_1=1$，允许数据分配，若需要将输入数据转送至输出端 Y_2，地址输入应为 $CBA=010$。

思考

1. 什么叫数据选择器？它有什么特点和用途？
2. 什么叫数据分配器？如何用译码器实现数据分配器？

2.4 触发器（Ⅰ）

学习目标

(1) 掌握基本 RS 触发器的基本结构及应用。
(2) 掌握同步触发器的基本结构及功能。
(3) 掌握描述同步触发器逻辑功能的方法。
(4) 掌握八 D 锁存器的逻辑功能。

在数字系统中，常常需要记忆和存储各种数据和信息，实现这些记忆和存储的电路叫作双稳态触发器，简称触发器。

触发器具有两个稳定状态，用以表示逻辑状态“1”和“0”，在一定的外界信号作用下，可以从一个稳定状态翻转到另一个稳定状态。它是一个具有记忆功能的二进制信息存储器件，是构成各种时序电路的最基本的逻辑单元。

当 $Q=1, \bar{Q}=0$ 时，称触发器的状态为 1 状态，也称触发器置位(S)。

当 $Q=0, \bar{Q}=1$ 时，称触发器的状态为 0 状态，也称触发器复位(R)。

触发器的逻辑功能可以用特性表、激励表（驱动表）、特性方程、状态转换图和波形图（时序图）来描述。

根据逻辑功能的不同，触发器可分为：RS 触发器、D 触发器、JK 触发器、T 触发器和 T′触发器等。根据触发方式的不同，触发器可分为：电平触发器、边沿触发器和主从触发器等。根据电路结构的不同，触发器可分为：基本 RS 触发器、同步触发器、维持阻塞触发器、边沿触发器和主从触发器等。

2.4.1 基本 RS 触发器

图 2-23 为由 2 个与非门交叉耦合构成的基本 RS 触发器，它是无时钟控制低电平直接触发的触发器。

基本 RS 触发器具有“置 0”“置 1”和“保持”三种功能。通常称 $\overline{S_d}$ 为“置 1”端，因为 $\overline{S_d}=0(\overline{R_d}=1)$ 时触发器被“置 1”；$\overline{R_d}$ 为“置 0”端，因为 $\overline{R_d}=0(\overline{S_d}=1)$ 时触发器被“置 0”，当 $\overline{S_d}=\overline{R_d}=1$ 时状态“保持”；$\overline{S_d}=\overline{R_d}=0$ 时，触发器状态不定，应避免此种情况发生。

表 2-9 为基本 RS 触发器的特性表。从表中可以看出：触发器的现态用 Q^n 表示，它是指触发器输入信号（$\overline{S_d}$、$\overline{R_d}$）变化前的状态；触发器的次态用 Q^{n+1} 表示，它是指触发器

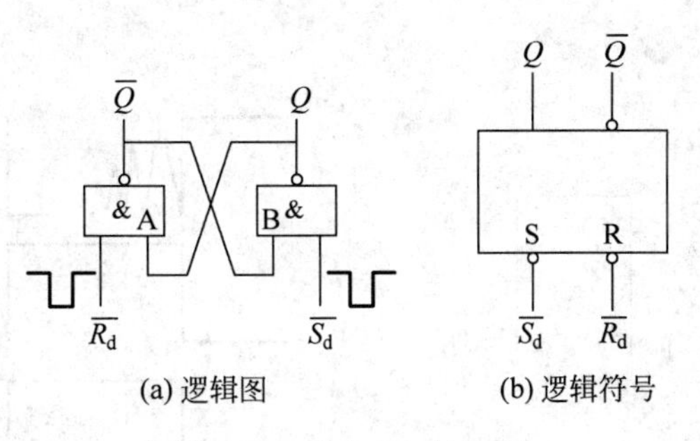

图 2-23　基本 RS 触发器

输入信号($\overline{S_d}$、$\overline{R_d}$)变化后的状态。触发器次态 Q^{n+1} 与输入信号及电路原有状态(现态)之间关系的真值表称作特性表。

表 2-9　基本 RS 触发器的特性表

$\overline{R_d}$	$\overline{S_d}$	Q^n	Q^{n+1}	说　明
0	0	0	×	触发器状态不定
0	0	1	×	
0	1	0	0	触发器"置 0"
0	1	1	0	
1	0	0	1	触发器"置 1"
1	0	1	1	
1	1	0	0	触发器"保持"
1	1	1	1	

【例 2-5】　用基本 RS 触发器消去机械开关的抖动。

解: 机械开关 K 闭合时,$V_O=0$,但由于振动,开关一会儿闭合,一会儿断开,使得 V_O 在几十 ms 内,时而等于 0,时而等于 1(见图 2-24)。

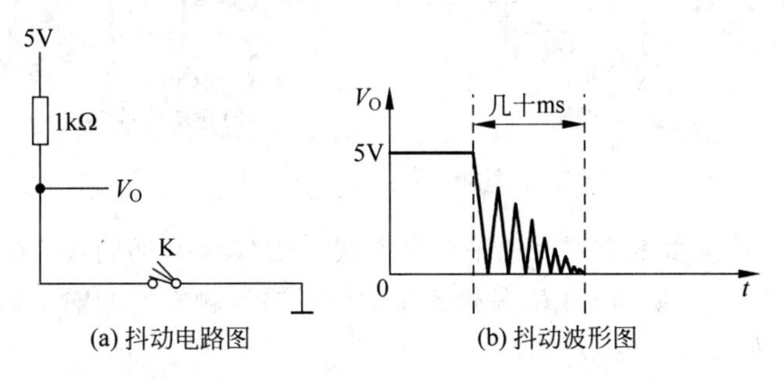

图 2-24　机械开关抖动现象

消去机械开关的振动电路如图 2-25 所示。

当开关由 A 到 B,$\overline{S_d}=0$,$\overline{R_d}=1$,$V_O=1$。若振动 $\overline{S_d}=1$,$\overline{R_d}\,\overline{S_d}=11$,$V_O=1$ 不变。当开关由 B 到 A,$\overline{R_d}=0$,$\overline{S_d}=1$,$V_O=0$。若振动 $\overline{R_d}=1$,$\overline{R_d}\,\overline{S_d}=11$,$V_O=0$ 不变。

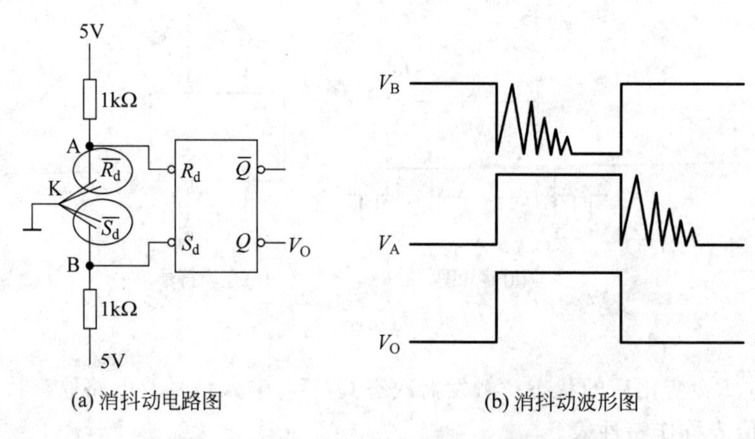

(a) 消抖动电路图　　(b) 消抖动波形图

图 2-25　基本 RS 触发器消除机械开关的抖动

2.4.2　同步触发器

在实际应用中，通常要求触发器的状态翻转在统一的时间节拍下完成，为此，需要加入一个时钟控制端 CP，只有在 CP 端出现时钟脉冲时，触发器的状态才能发生变化。具有时钟控制端的触发器称为时钟触发器或同步触发器。

1. 同步 RS 触发器

图 2-26 所示为同步 RS 触发器的逻辑电路和逻辑符号。从图中可以看出，同步 RS 触发器在基本 RS 触发器的基础上增加了两个时钟脉冲 CP 控制的门 G_3、G_4，图中 CP 为时钟脉冲输入端，简称钟控端或 CP 端，R 和 S 为信号输入端。

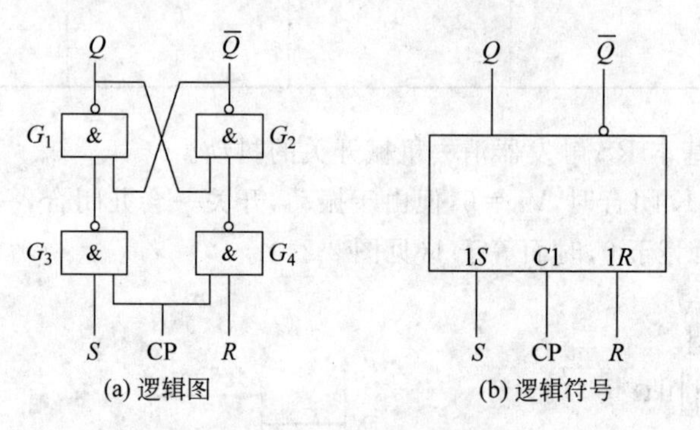

(a) 逻辑图　　(b) 逻辑符号

图 2-26　同步 RS 触发器

同步 RS 触发器的触发方式为电平触发方式。在 CP=0 期间，G_3、G_4 门被封锁，触发器状态不变。在 CP=1 期间，由 R 端和 S 端的信号决定触发器的输出状态。而触发器的动作时间是由时钟脉冲 CP 控制的。

表 2-10 为同步 RS 触发器的特性表。由此表可以列出同步 RS 触发器的驱动表(见表 2-11)，驱动表又称激励表。驱动表对时序逻辑电路的分析和设计是很有用的。

由表 2-10 所列的逻辑关系写成逻辑函数式，则得到：

$$Q^{n+1} = S + \bar{R}Q^n,\quad \text{RS} = 0\text{(约束条件)};\quad \text{(CP} = 1\text{ 期间有效)}$$

表 2-10　同步 RS 触发器的特性表

R	S	Q^n	Q^{n+1}	说　明
0	0	0	0	触发器保持原状态不变
0	0	1	1	
0	1	0	1	触发器置 1
0	1	1	1	
1	0	0	0	触发器置 0
1	0	1	0	
1	1	0	×	触发器状态不定
1	1	1	×	

表 2-11　同步 RS 触发器的驱动表

Q^n	→	Q^{n+1}	R	S
0		0	×	0
0		1	0	1
1		0	1	0
1		1	0	×

图 2-27 给出了同步 RS 触发器的状态转换图。该图标示了在时钟脉冲作用下，输出状态与控制输入端之间的关系。

图 2-28 给出了同步 RS 触发器的波形图(时序图)。

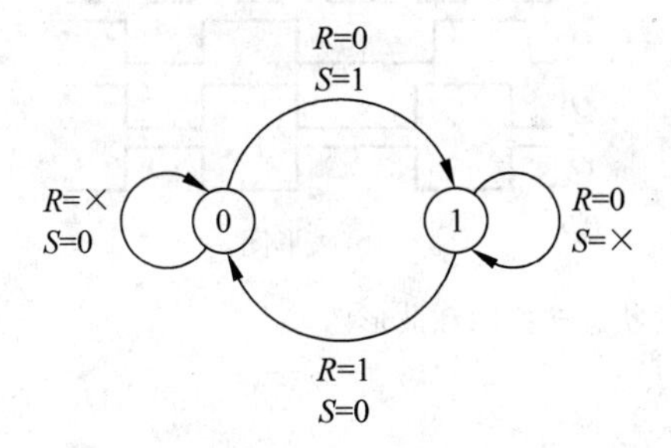

图 2-27　同步 RS 触发器的状态转换图

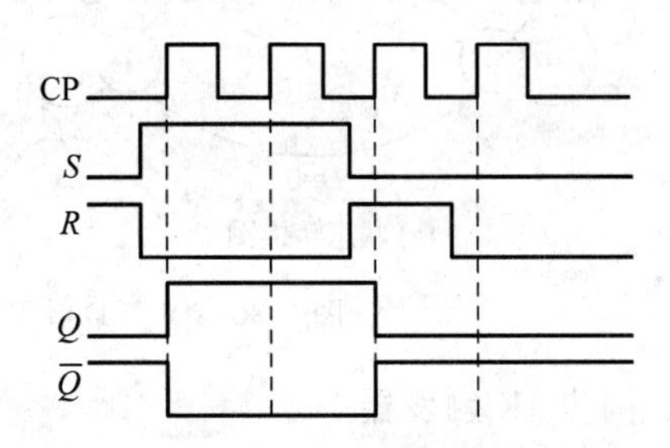

图 2-28　同步 RS 触发器的波形图

2. 同步 D 触发器

为了避免同步 RS 触发器同时出现 R 和 S 都为 1 的情况，可在 R 和 S 之间接入非门 G_5，如图 2-29(a)所示。这种单输入的触发器称为 D 触发器。图 2-29(b)所示为其逻辑符号，D 为信号输入端。

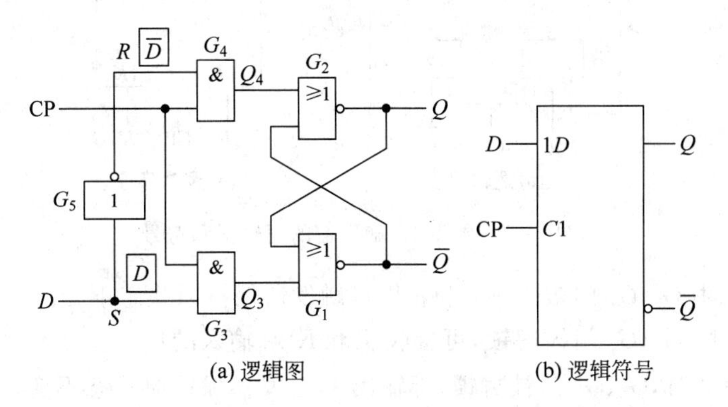

(a) 逻辑图　(b) 逻辑符号

图 2-29　同步 D 触发器

在 CP＝0 时，G_3、G_4 门被封锁，输出都为 1，触发器保持原状态不变，即不受输入信号 D 的控制。

在 CP=1 时，G_3、G_4 门被解锁，可接收 D 端输入的信号。若 $D=1$ 时，$\overline{D}=0$，触发器翻到 1 状态，即 $Q^{n+1}=1$；若 $D=0$ 时，$\overline{D}=1$，触发器翻到 0 状态，即 $Q^{n+1}=0$。由此可以得到同步 D 触发器的特性表(见表 2-12)。由表 2-12 得到同步 D 触发器的驱动表(见表 2-13)。

表 2-12 同步 D 触发器的特性表

D	Q^n	Q^{n+1}	说　明
0	0	0	输出状态和 D 相同
0	1	0	输出状态和 D 相同
1	0	1	输出状态和 D 相同
1	1	1	输出状态和 D 相同

表 2-13 同步 D 触发器的驱动表

Q^n	→	Q^{n+1}	D
0		0	0
0		1	1
1		0	0
1		1	1

根据表 2-12 可得到同步 D 触发器的特性方程：$Q^{n+1}=D$(CP=1 期间有效)，图 2-30 为同步 D 触发器的状态转换图和波形图。

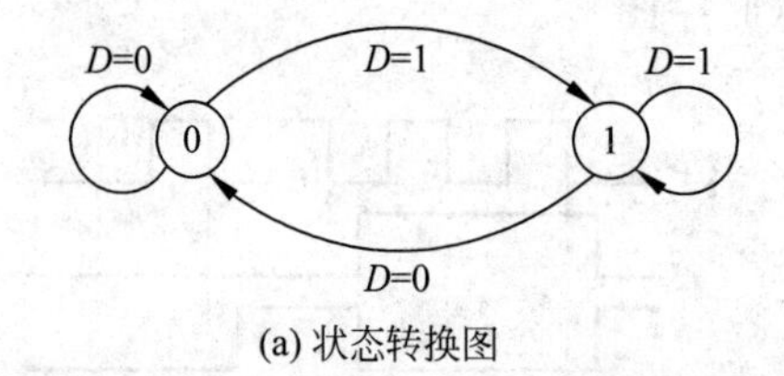

(a) 状态转换图

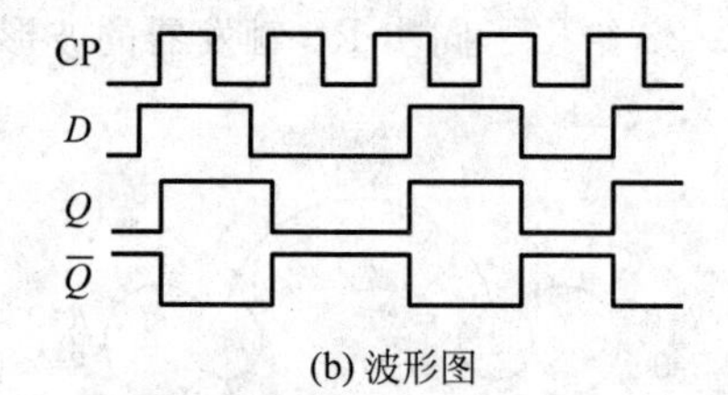

(b) 波形图

图 2-30 同步 D 触发器的状态转换图和波形图

3. 同步 JK 触发器

克服同步 RS 触发器在 R 和 S 都为 1 时出现不稳定状态的另一个方法是将触发器输出端 Q 和 $\overline{Q}$ 的状态反馈到输入端。如图 2-31 所示，J 和 K 为信号输入端。

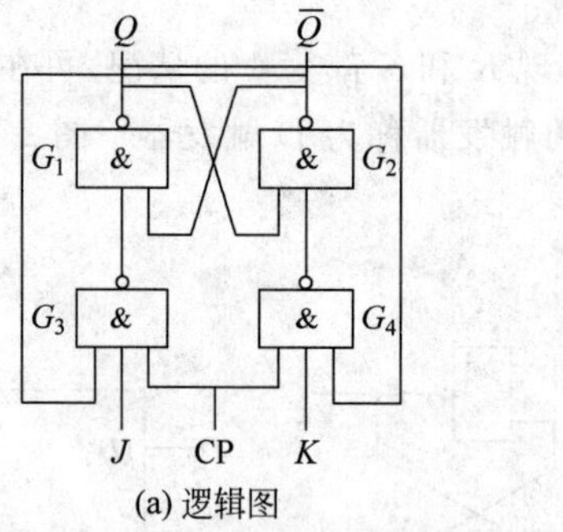

(a) 逻辑图

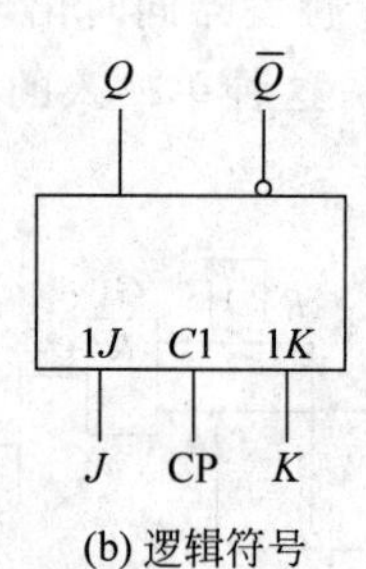

(b) 逻辑符号

图 2-31 同步 JK 触发器的逻辑图和符号

当 CP=0 时，G_3、G_4 门被封锁，都输出 1，触发器保持原状态不变。

在 CP=1 时，G_3、G_4 门被解锁，可接收 J 和 K 端输入的信号。

当 $J=K=0$ 时，G_3、G_4 门被封锁，都输出 1，触发器保持原状态不变。即 $Q^{n+1}=Q^n$。

当 $J=1$、$K=0$ 时，若 $Q^n=0$，$\overline{Q^n}=1$，则 $Q^{n+1}=1$；若 $Q^n=1$，$\overline{Q^n}=0$，则 $Q^{n+1}=1$。可见，$J=1$、$K=0$ 时，触发器翻转到和 J 相同的 1 状态。

同理，当 $J=0$、$K=1$ 时，触发器翻转到 0 状态。

当 $J=1$、$K=1$ 时，触发器的状态由 Q 和 $\overline{Q}$ 端的反馈信号决定。若 $Q^n=0$，则 $Q^{n+1}=1$；若 $Q^n=1$，则 $Q^{n+1}=0$。可见，在 $J=1$、$K=1$ 时，每输入一个脉冲 CP，触发器的状态变化一次，电路处于计数状态，这时 $Q^{n+1}=\overline{Q^n}$。

表 2-14 和表 2-15 给出了同步 JK 触发器的特性表和驱动表。根据特性表，得到同步 JK 触发器的特征方程为：$Q^{n+1}=J\overline{Q^n}+\overline{K}Q^n$（CP=1 期间有效）。图 2-32 为同步 JK 触发器的状态转换图。

表 2-14 同步 JK 触发器的特性表

J	K	Q^n	Q^{n+1}	说　明
0	0	0	0	触发器保持
0	0	1	1	原状态不变
0	1	0	0	触发器置 0
0	1	1	0	（和 J 的状态相同）
1	0	0	1	触发器置 1
1	0	1	1	（和 J 的状态相同）
1	1	0	1	每输入一个脉冲，触发
1	1	1	0	器的状态变化一次

表 2-15 同步 JK 触发器的驱动表

Q^n → Q^{n+1}		J	K
0	0	0	×
0	1	1	×
1	0	×	1
1	1	×	0

以上几种触发器均为同步触发器，它们存在一个共同问题：空翻。在一个时钟周期的整个高电平期间或整个低电平期间都能接收输入信号并改变状态，我们把这种触发方式称为电平触发。由此引起的在一个时钟脉冲周期中，触发器发生多次翻转的现象叫作空翻。空翻是一种有害的现象，它使得时序电路不能按时钟节拍工作，造成系统的误动作，如图 2-33 所示。

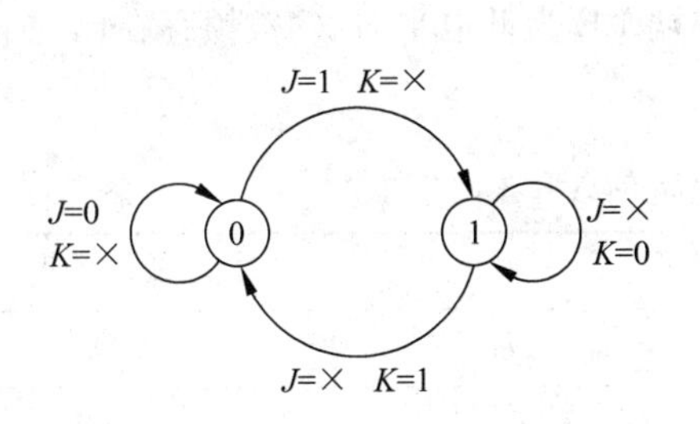

图 2-32 同步 JK 触发器的状态转换图

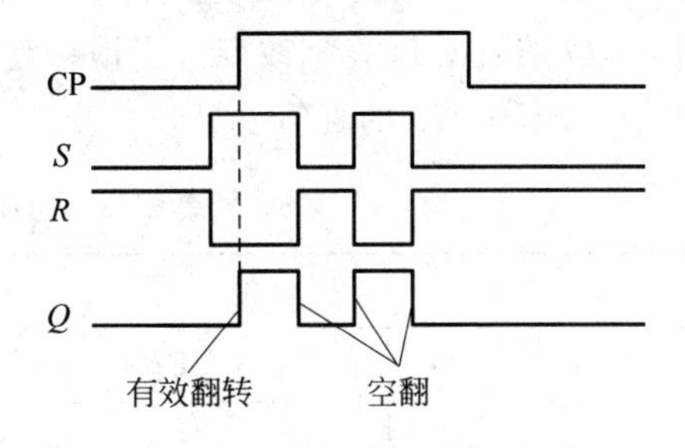

图 2-33 同步 RS 触发器的空翻

造成空翻现象的原因是同步触发器结构不完善，在项目 3 中将介绍几种无空翻的触发器，它们都是从结构上采取措施，从而克服了空翻现象。

2.4.3 八 D 触发锁存器

74HC373 为三态输出的八 D 锁存器，是高速 CMOS 器件，功能与 74LS373 相同，两者可以互换。74HC373 的内部逻辑图、引脚图如图 2-34(a)和图 2-34(b)所示。

从图 2-34(a)中可以看出，当三态允许控制端 OE 为低电平时，$O_0\sim O_7$ 为正常逻辑状态，可用来驱动负载或总线。当三态允许控制端 OE 为高电平时，$O_0\sim O_7$ 呈高阻态，即不

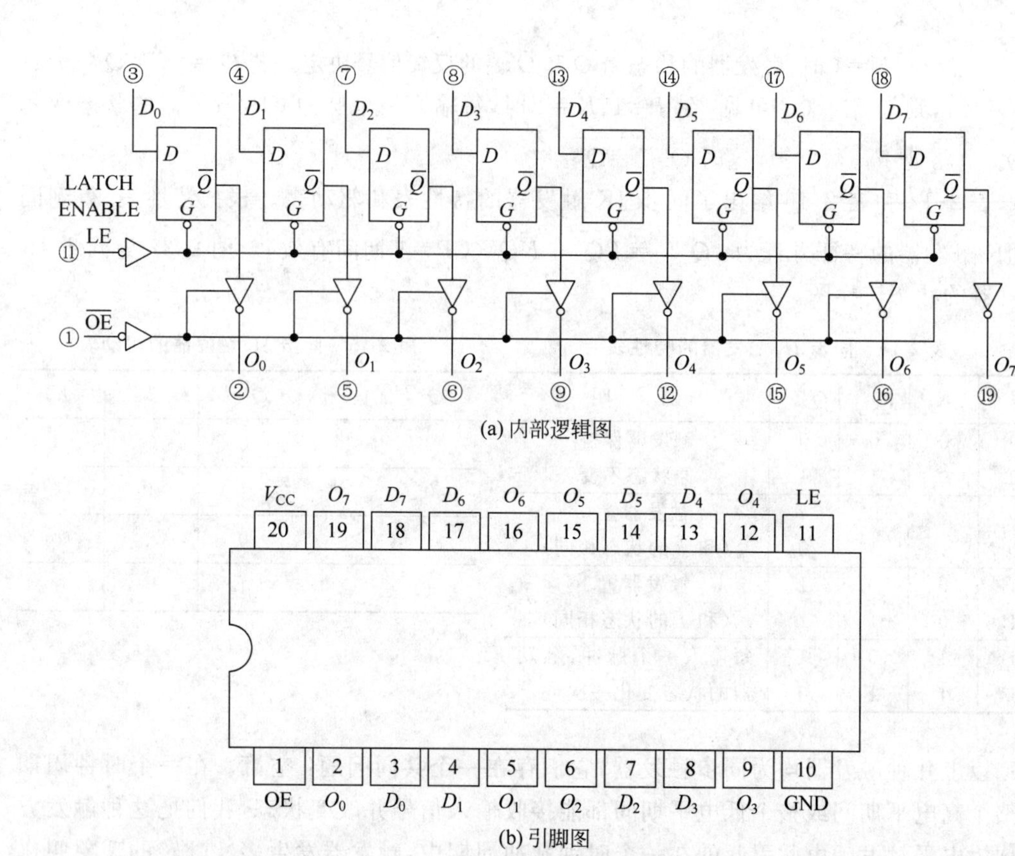

(a) 内部逻辑图

(b) 引脚图

图 2-34　74HC373 的内部逻辑图和引脚图

驱动总线，也不为总线的负载，但锁存器内部的逻辑操作不受影响。当锁存允许端 LE 为高电平时，O 随数据 D 发生改变。当锁存允许端 LE 为低电平时，O 被锁存在已建立的数据电平中。74HC373 的真值表见表 2-16。

表 2-16　74HC373 的真值表

输　入			输　出
$\overline{\text{OE}}$	LE	D_n	O_n
L	H	H	H
L	H	L	L
L	L	L^*	L
L	L	H^*	H
H	×	×	高阻

注：L^* 和 H^* 分别表示门控电平 LE 由高变低之前瞬间 D_n 的逻辑电平。

思考

1. 基本 RS 触发器的电路结构是什么？请说明它的逻辑功能。
2. 与基本 RS 触发器相比，同步 RS 触发器在电路结构上有什么特点？

3. 同步D触发器、同步JK触发器各自的特征方程是什么？它们的电路结构有什么特点？

4. 什么是空翻现象？如何避免？

5. 八D锁存器的逻辑功能是什么？

2.5 能力训练任务

学习目标

(1) 掌握仿真软件 Multisim 10 测试编码器、译码器等常用器件的方法。

(2) 掌握译码器实现组合逻辑函数的仿真测试。

(3) 掌握触发器的逻辑功能仿真测试。

(4) 掌握8路抢答器的仿真测试。

2.5.1 编码器的仿真测试

1. 8线-3线优先编码器的逻辑功能测试

仿真步骤如下。

(1) 启动 Multisim 10，单击元器件工具条上的“Place TTL(放置晶体管逻辑元件)”按钮，从弹出的对话框“系列”中选择74LS，再在“元件”栏中选取74LS148N，如图2-35所示，单击“确定”按钮。

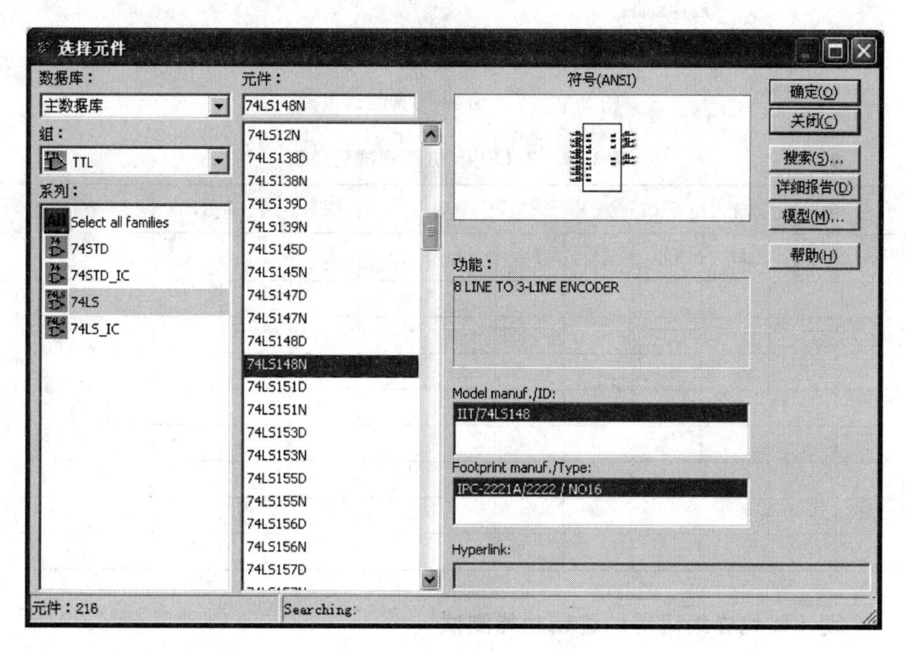

图2-35 “选择元件”对话框

(2) 单击元器件工具条上的“Place Signal Source(放置信号源)”按钮，分别放置电源VCC和地DGND。

(3) 单击元器件工具条上的“Place Indicator(放置指示器)”按钮，在“元件”栏中选取 PROBE_DIG_RED 共计 5 个，其中 X_1、X_2、X_3 连接输出端 A_2、A_1、A_0，X_4、X_5 连接 GS、EO。

(4) 单击元器件工具条上的“Place Basic(放置基础元件)”按钮，从弹出的对话框“系列”中选择 SWITCH，再在“元件”栏中选取 SPDT，共放置 9 个开关，其中 8 个开关作为 74LS148 的 8 个输入端，另外一个开关用来控制 EI 端。

(5) 连接所有元器件(见图 2-36)，开启仿真开关进行测试。

(6) 变化各开关的状态，记录探针的情况，完成表 2-17。

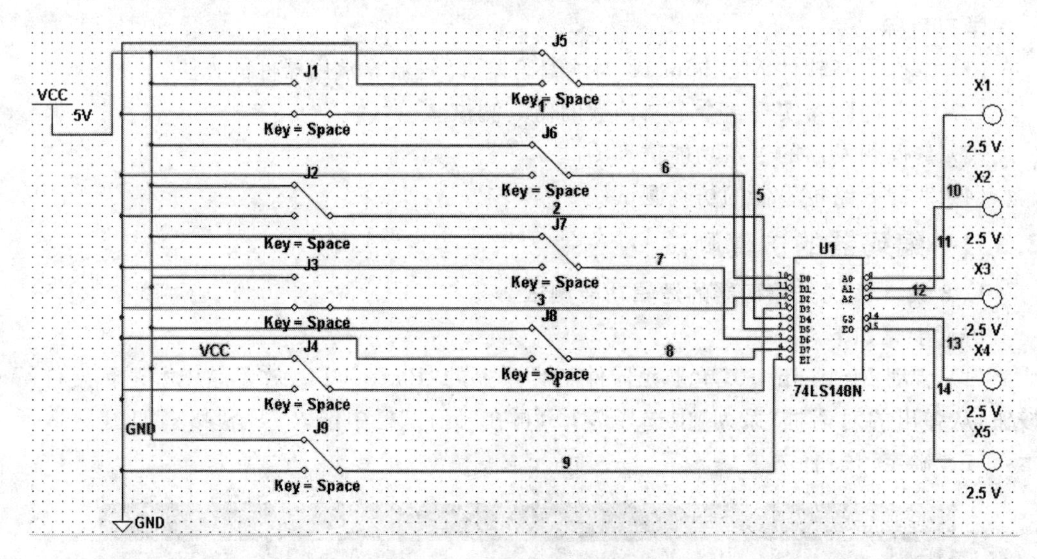

图 2-36　74LS148 仿真测试电路

表 2-17　74LS148 仿真测试记录表

输入电平(1 或 0)									探针电平(1 或 0)			输出代码		
EI	D_0	D_1	D_2	D_3	D_4	D_5	D_6	D_7	X_3	X_2	X_1	A_2	A_1	A_0

2. 16 线-4 线优先编码器的逻辑功能测试

仿真步骤如下。

(1) 参考图 2-5，单击元器件工具条上的“Place TTL(放置晶体管逻辑元件)”按钮，选择放置 2 片 74LS148、电源和地。

(2) 单击元器件工具条上的“Place Basic(放置基础元件)”按钮，调出 17 个开关，其中

16 个作为输入信号,剩下一个开关用来控制 EI_2。

(3) 单击元器件工具条上的“Place Indicator(放置指示器)”按钮,放置 5 个探针,其中 4 个作为输出信号,剩下一个用来标示 GS 的状态。

(4) 因图 2-5 中还有 4 个二输入与门,所以要调用一片 CC4081 四-二输入与门。

(5) 参考图 2-5 连接所有元器件(见图 2-37),开启仿真开关,进行测试,记录相关数据,完成表 2-18。

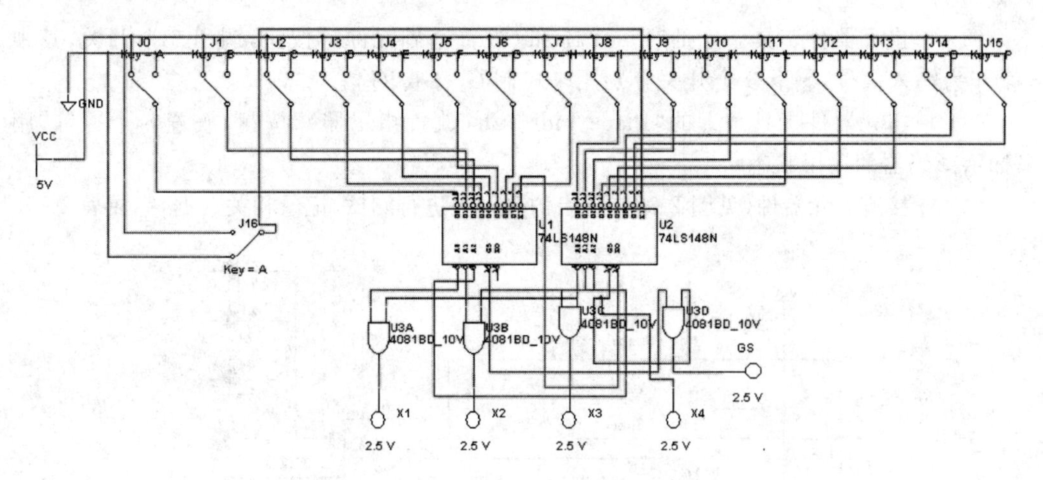

图 2-37　16 线-4 线优先编码器

表 2-18　16 线-4 线优先编码器仿真测试记录表

输入电平(1 或 0)																	探针电平(输出代码)			
EI_2	J_0	J_1	J_2	J_3	J_4	J_5	J_6	J_7	J_8	J_9	J_{10}	J_{11}	J_{12}	J_{13}	J_{14}	J_{15}	X_4	X_3	X_2	X_1

2.5.2 译码器的仿真测试

1. 3 线-8 线译码器的逻辑功能测试

仿真步骤如下。

(1) 启动 Multisim 10,单击元器件工具条上的“Place TTL(放置晶体管逻辑元件)”按钮,从弹出的对话框“系列”中选择 74LS,再在“元件”栏中选取 74LS138N,同时调出电源和地。

(2) 单击元器件工具条上的“Place Basic(放置基础元件)”按钮,调出 6 个开关,其中 3 个作为输入信号,剩下 3 个开关分别用来控制 G_1、G_{2A}、G_{2B}。

(3) 单击元器件工具条上的“Place Indicator(放置指示器)”按钮,放置 8 个探针,用来标示译码器的输出状态。

(4) 连接所有元器件(见图 2-38),开启仿真开关进行测试,记录相关数据,完成表 2-19。

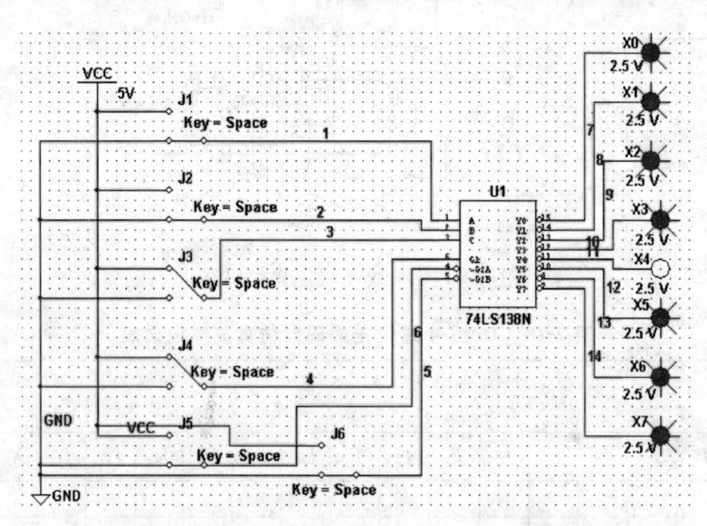

图 2-38 3 线-8 线译码器 74LS138 的逻辑功能测试图

表 2-19 74LS138 逻辑功能仿真测试记录表

输入电平(1 或 0)						探针电平(输出代码)(1 或 0)							
G_1	G_{2A}	G_{2B}	C	B	A	X_7	X_6	X_5	X_4	X_3	X_2	X_1	X_0

2. 4 线-16 线译码器的逻辑功能测试

仿真步骤如下。

(1) 单击元器件工具条上的“Place TTT(放置晶体管逻辑元件)”按钮，调出 2 片 74LS138N、电源和地。

(2) 单击元器件工具条上的“Place Basic(放置基础元件)”按钮，调出 4 个开关作为输入信号 D_3、D_2、D_1、D_0。

(3) 单击元器件工具条上的“Place Indicator(放置指示器)”按钮，放置 16 个探针，用来标示译码器的输出状态。

(4) 参考图 2-9，完成所有元器件的连线(见图 2-39)，开启仿真开关进行测试，变化 4 个开关的状态，记录相关数据，完成表 2-20。

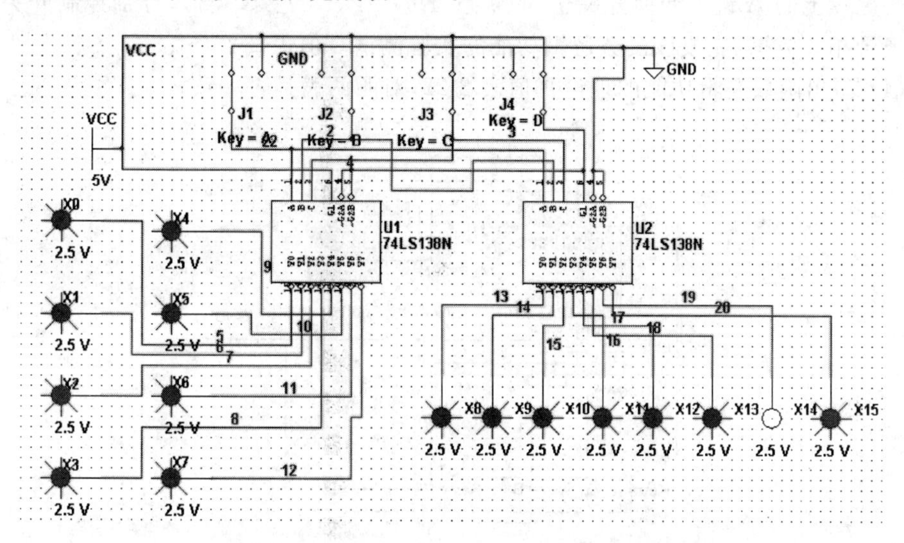

图 2-39　4 线-16 线译码器的逻辑功能测试图

表 2-20　4 线-16 线译码器的仿真测试记录表

输入开关电平 (1 或 0)				探针电平(输出代码) (1 或 0)															
J_4	J_3	J_2	J_1	X_0	X_1	X_2	X_3	X_4	X_5	X_6	X_7	X_8	X_9	X_{10}	X_{11}	X_{12}	X_{13}	X_{14}	X_{15}

3. 译码器实现组合逻辑函数的仿真测试

以例 2-1 用译码器和门电路实现逻辑函数 $Z=\overline{A}\overline{B}\overline{C}+\overline{A}\overline{B}C+\overline{A}B\overline{C}+ABC$ 为例，用仿真软件进行测试。

仿真步骤如下。

(1) 根据函数表达式 $Z=\overline{A}\overline{B}\overline{C}+\overline{A}\overline{B}C+\overline{A}B\overline{C}+ABC$，得知这是个 3 变量的函数，因此，从软件中调出 1 片 74LS138N 即可，同时，放置好电源和地。

(2) 参考图 2-10，得知还需调用一个四输入的与非门 74LS20，同时放置 1 个探针以代表输出，放置 3 个开关以代表输入。

(3) 连接好所有元器件(见图 2-40)，开启仿真开关进行测试，变化 3 个开关状态(Key=A 代表键盘上的 A 键可变换开关 J_1 的状态，Key=B、Key=C 类似，分别控制开关 J_2 和 J_3)，记录相关数据，完成该函数逻辑功能的实验测试真值表 2-21。

(4) 写出函数逻辑功能的理论真值表 2-22，对照两表是否一致。

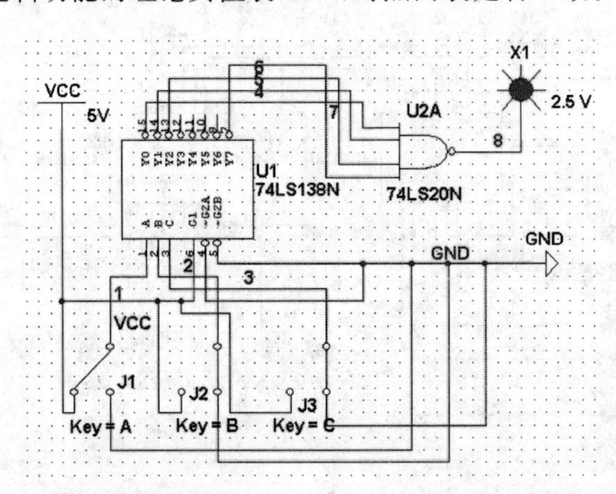

图 2-40 逻辑函数 Z 的仿真测试图

表 2-21 逻辑函数 Z 的理论真值表

输入			输出
A	B	C	Z

表 2-22 逻辑函数 Z 的实验真值表

输入			输出
J_3	J_2	J_1	Z

2.5.3 综合应用编码器和译码器的仿真测试

1. 先编码再译码的逻辑功能测试

以 8 个输入量为例，先应用 74LS148 对其进行编码，得到 3 个输出量，然后将这 3 个输出量接入74LS138后得到8个经过译码器译码的输出量,将这8个输出量接8个探针,其显示的电平状态应该与最初的8个输入量的状态是一致的。

仿真步骤如下。

(1) 启动Multisim 10,从元器件工具条上调出1个74LS138N、1个74LS148N,同时调出电源、地。

(2) 从工具栏中调出8个开关作为输入信号,8个探针作为输出信号。

(3) 如图2-41所示,连接所有元器件进行测试。从图中可以看出,当开关 J_1 为低电平时(其他开关均为高电平),74LS148的输出 $\overline{A_2}\,\overline{A_1}\,\overline{A_0}=110$,所以74LS138的3个输入 $CBA=110$,因此看到探针 X_6 为低电平。

(4) 变化其他开关状态,记录相关数据,完成表2-23。

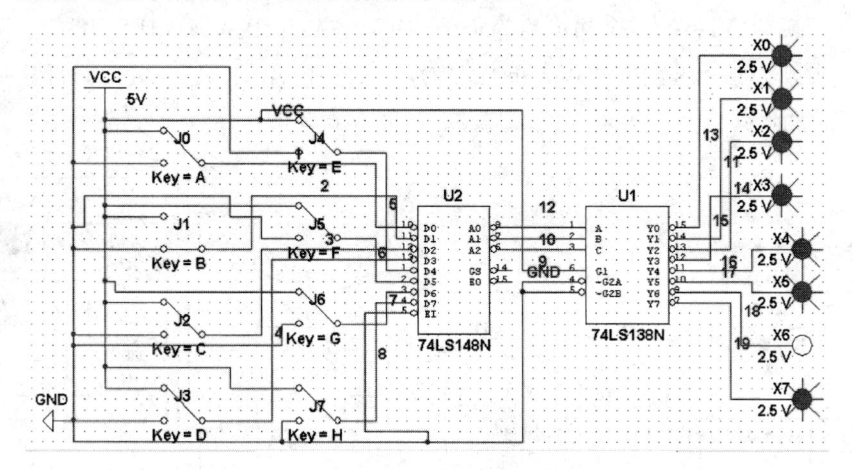

图2-41 先编码再译码的仿真测试图

表2-23 先编码再译码的仿真测试记录表

输入开关电平状态(1或0)								$\overline{A_2}\,\overline{A_1}\,\overline{A_0}$ 或 CBA 电平状态			输出探针电平状态(1或0)							
J_0	J_1	J_2	J_3	J_4	J_5	J_6	J_7				X_0	X_1	X_2	X_3	X_4	X_5	X_6	X_7

2. 先译码再编码的逻辑功能测试

以3个输入变量为例,先应用74LS138对其进行译码,得到8个输出量,然后再将这8个输出量接入74LS148后得到3个经过编码器编码的数据,将这个数据接入显示译码器(数码管),在数码管上显示的数值应该与最初的3个输入变量组合得到的值一致。

仿真步骤如下。

(1) 从元器件工具条上调出 1 个 74LS138N、1 个 74LS148N，同时调出电源、地。

(2) 从工具栏中调出 3 个开关作为输入信号，1 个显示译码器 4511BD_5V 驱动显示数码，1 个共阴极数码管(SEVEN_SEG_COM_K)作为数码的显示端(注意：SEVEN_SEG_COM_A 是共阳极数码管)。

(3) 如图 2-42 所示，连接所有元器件。注意：因为 74LS148 只有 3 个输出 A_2、A_1、A_0，而 4511BD_5V 有 4 个输入 DD、DC、DB、DA(DD 为最高位，DA 为最低位)，因此，在连线时需要把 DD 位悬空或接地。

(4) 开启仿真开关进行测试。从图 2-42 可看出，当前 3 个开关 $J_1J_2J_3=000$，经过 74LS138 译码后，$\overline{Y_7}=0$，其余输出均等于 1。因 $Y_0\sim Y_7$ 依次接入 74LS148 的 8 个输入端 $D_0\sim D_7$，所以 74LS148 的 8 个输入也只有 $D_0=0$，因此，$\overline{A_2}\,\overline{A_1}\,\overline{A_0}=111$，经过数码管最终显示为 7。变化其他开关状态，记录相关数据，完成表 2-24。

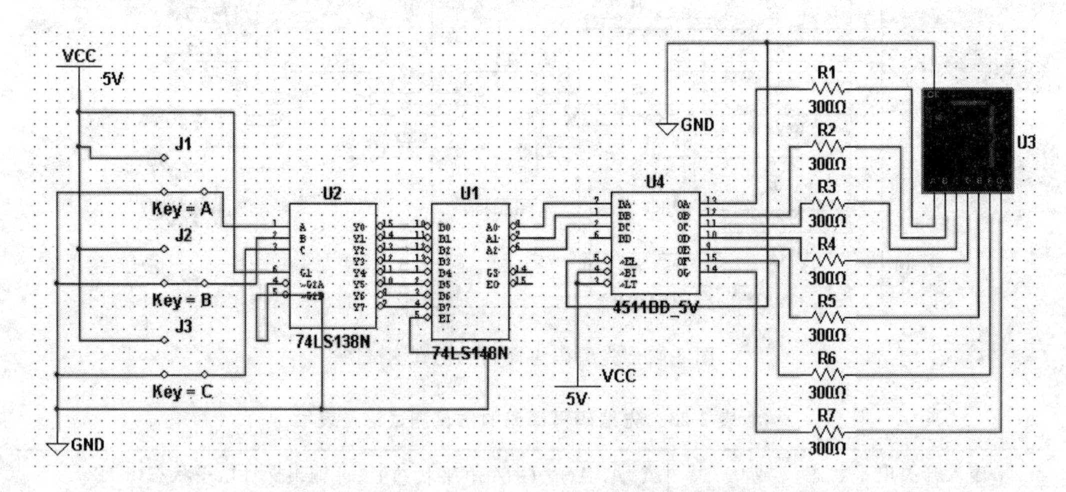

图 2-42 先译码再编码的仿真测试图

表 2-24 先译码再编码的仿真测试记录表

输入开关电平状态			74LS148 输出 $\overline{A_2}\,\overline{A_1}\,\overline{A_0}$ 电平状态			数码管显示数字
J_3	J_2	J_1	$\overline{A_2}$	$\overline{A_1}$	$\overline{A_0}$	

(5) 理想状态下，当 $J_1J_2J_3=000$ 时，经过译码、编码处理后，数码管最好显示为 0。所以在图 2-42 的基础上稍作改进，如图 2-43 所示，在原图中 74LS148 的 3 个输出端后分别增加 1 个反相器 74LS04，然后再接入 4511BD_5V，这样当 $J_1J_2J_3=000$ 时，数码管才会显示 0。变化其他开关状态，记录数据，完成表 2-25。

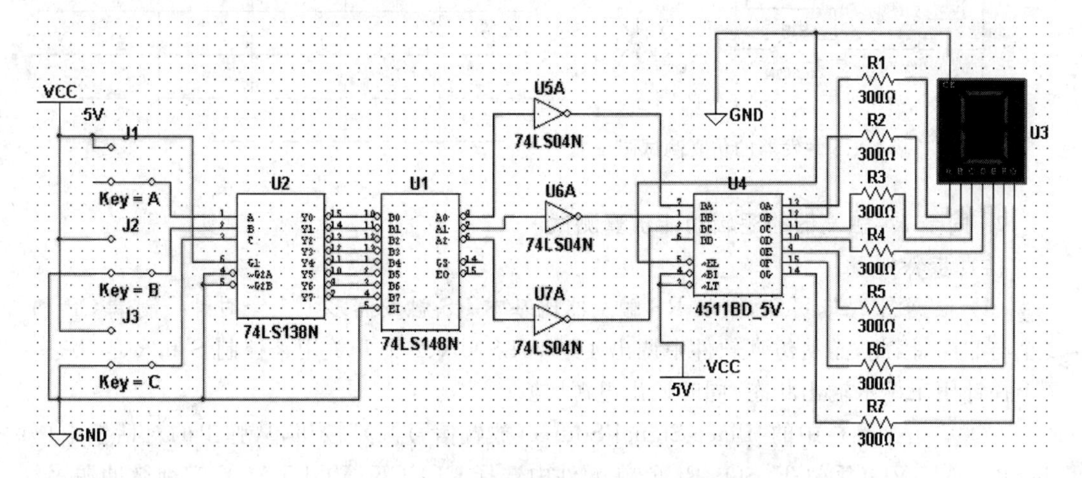

图 2-43　改进后的先译码再编码仿真测试图

表 2-25　改进后的先译码再编码的仿真测试记录表

输入开关电平状态			4511 输入端 DC、DB、DA 的电平状态			数码管显示数字
J_3	J_2	J_1	DC	DB	DA	

2.5.4　触发器的逻辑功能仿真测试

1. 基本 RS 触发器的逻辑功能仿真测试

仿真步骤如下。

(1) 启动 Multisim 10，根据图 2-23 可知，基本 RS 触发器由 2 个与非门交叉耦合而成，且无时钟控制端。因此，只需从元器件工具条上调出 2 组 74LS00N、2 个开关用来控制 $\overline{S_d}$ 和 $\overline{R_d}$ 的状态，2 个探针用来标示输出状态，同时调出电源、地即可。

(2) 连接好所有的元器件，如图 2-44 所示，SD′和 RD′分别代表 $\overline{S_d}$ 和 $\overline{R_d}$，开关 X_1 代表 Q，X_2 代表 $\overline{Q}$(图中用 Q' 代替)开启仿真开关进行测试，记录数据完成表 2-26。

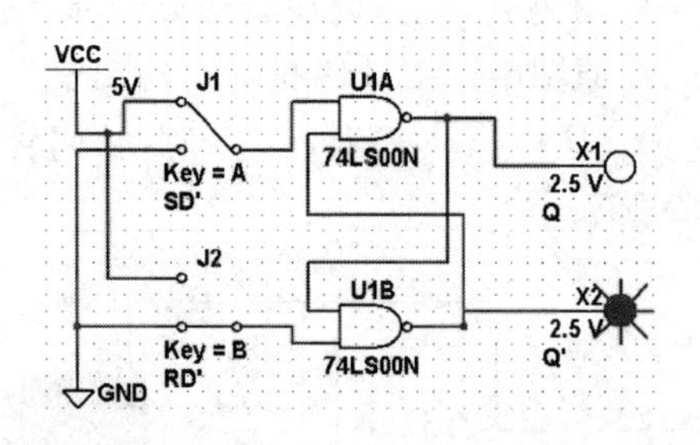

图 2-44　基本 RS 触发器的仿真测试图

表 2-26　基本 RS 触发器的测试记录表

输入信号		输出信号		功能说明
J_1(SD′)	J_2(RD′)	$X_1(Q)$	$X_2(Q')$	

2. 同步 RS 触发器的逻辑功能仿真测试

仿真步骤如下。

(1) 根据图 2-26 可知，同步 RS 触发器比基本 RS 触发器多了 1 个时钟控制端 CP 和 2 个与非门，因此，需从仿真软件中调出 4 组 74LS00N、2 个开关用来控制 S 和 R 的状态，2 个探针用来标示输出状态，同时调出电源、地。

(2) 单击工具栏中的“Place Signal Source(放置信号源)”按钮，从弹出的对话框中单击 SIGNAL_VOLTAGE_SOURCE，在元件中选择 CLOCK_VOLTAGE 时钟脉冲源，设置为 200Hz、5V。

(3) 从工具条中调出示波器，用来观测相关输出端的波形。

(4) 连接好所有的元器件，如图 2-45 所示，开关 J_1 代表 S 端，开关 J_2 代表 R 端，开关 X_1 端代表 Q，X_2 代表 $\bar{Q}$(图中用 Q'代替)。

(5) 开启仿真开关进行测试，从图 2-45 中可以看出，2 个开关的电平状态分别为 $J_1=1$，$J_2=0$，示波器 A 端接脉冲源 CP，B 端接 Q(为方便观测示波器显示波形，这里可在未开启仿真开关的情况下，选中 B 端连线，并右击，在弹出的快捷菜单中选择“图块颜色”修改线条颜色，如图 2-46 所示)，双击示波器，可观察 CP 与 Q 之间的关系(见图 2-47)。变化开关状态，记录数据完成表 2-27。

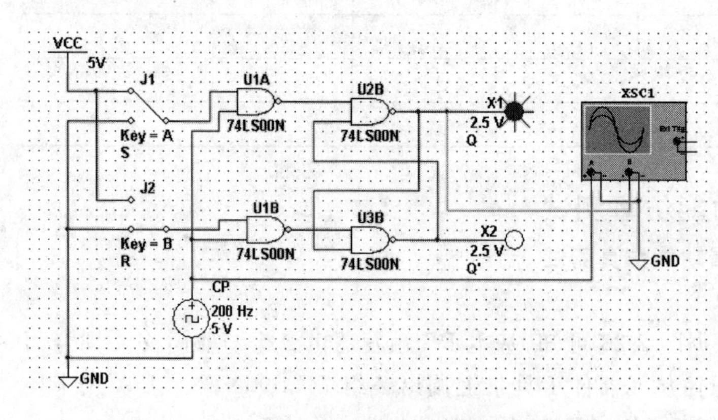

图 2-45　同步 RS 触发器的仿真测试图

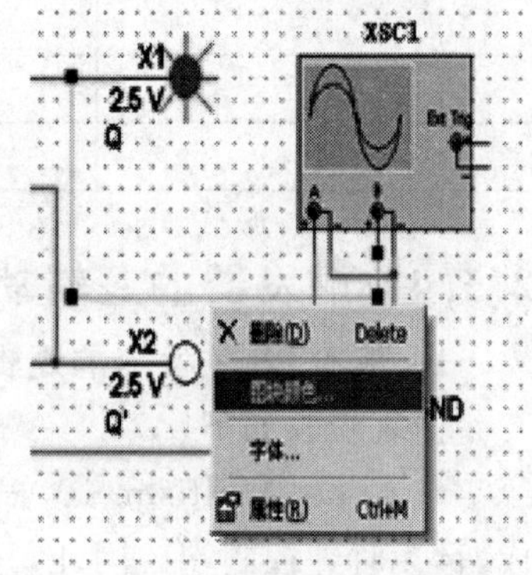

图 2-46　修改线条颜色

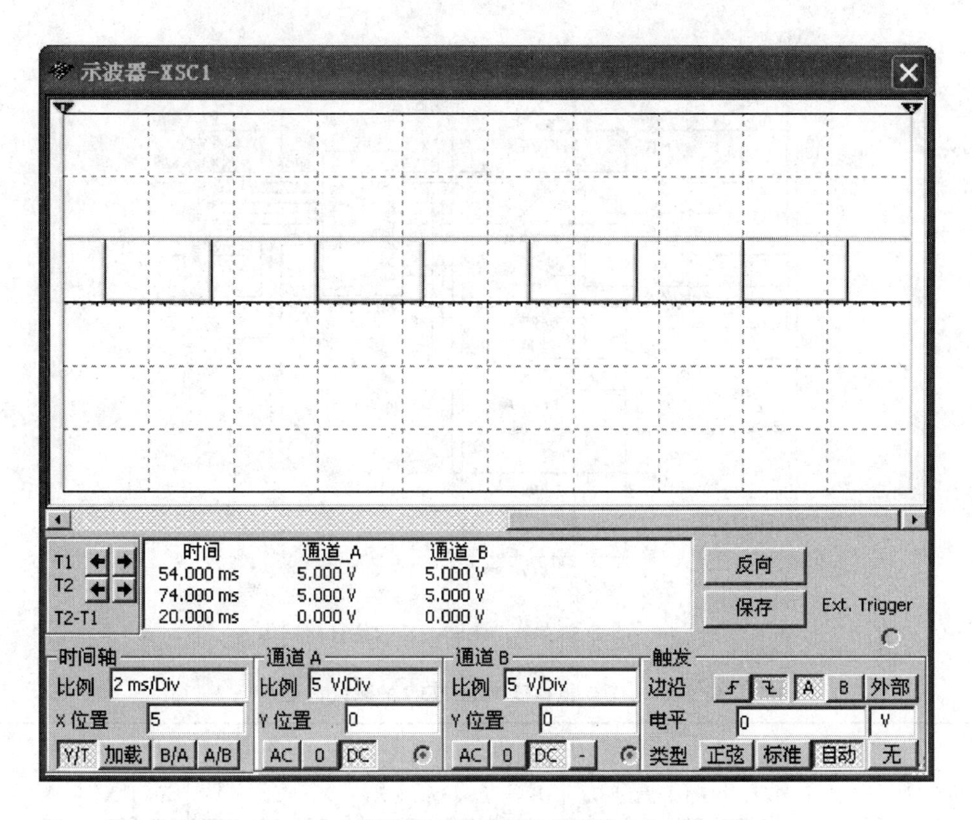

图 2-47　示波器显示波形

表 2-27　同步 RS 触发器的测试记录表

输入信号		输出信号		功能说明
$J_1(S)$	$J_2(R)$	$X_1(Q)$	$X_2(Q')$	

3. 八 D 锁存器的逻辑功能仿真测试

仿真步骤如下。

(1) 根据图 2-34 可知，八 D 锁存器 74HC373 有 8 个输入和 8 个输出，因此在从元器件工具条上调出 74LS373N(与 74HC373 功能相似)的同时，需调出 10 个开关(8 个用来控制输入，2 个开关分别用来控制三态允许控制端 OE 和锁存允许端 LE)和 8 个探针，同时调出电源、地。

(2) 连接好所有的元器件(见图 2-48)，开启仿真开关进行测试，变化开关状态，记录数据完成表 2-28。

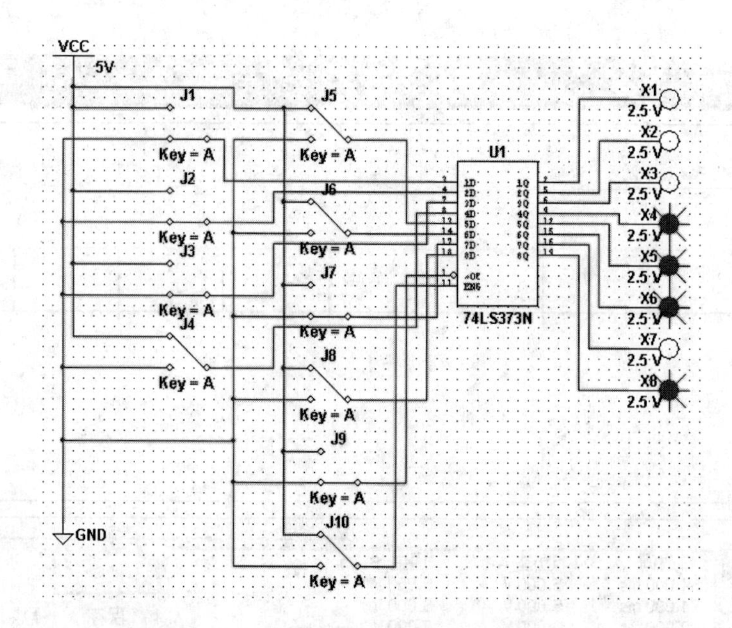

图 2-48 八 D 锁存器 74LS373N 的仿真测试图

表 2-28 八 D 锁存器 74LS373N 的测试记录表

输入开关电平状态										输出探针电平状态							
J_9(OE)	J_{10}(LE)	J_1	J_2	J_3	J_4	J_5	J_6	J_7	J_8	X_1	X_2	X_3	X_4	X_5	X_6	X_7	X_8

2.5.5 8 路抢答器电路的仿真测试

8 路抢答器电路具有以下功能。

(1) 抢答器可以同时供 8 位选手进行抢答,分别由 8 个开关控制。

(2) 抢答器设置 1 个系统清除和抢答控制开关,由主持人控制。

(3) 抢答器具有锁存与显示功能,即系统能锁定先抢答选手的编号并显示出来,直到主持人将系统清除为止。

8 路抢答器的总体设计图如图 2-49 所示。

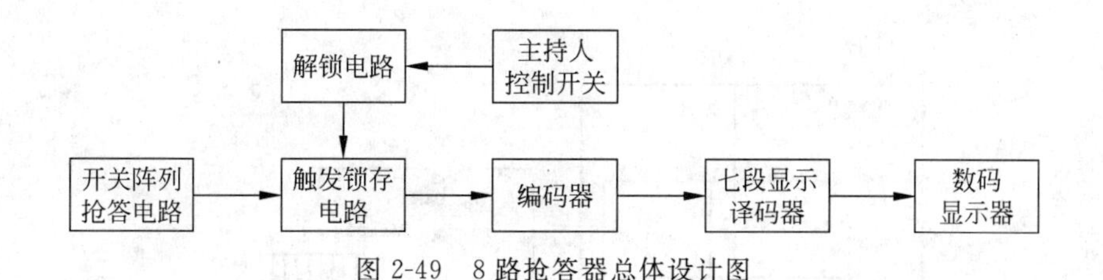

图 2-49　8路抢答器总体设计图

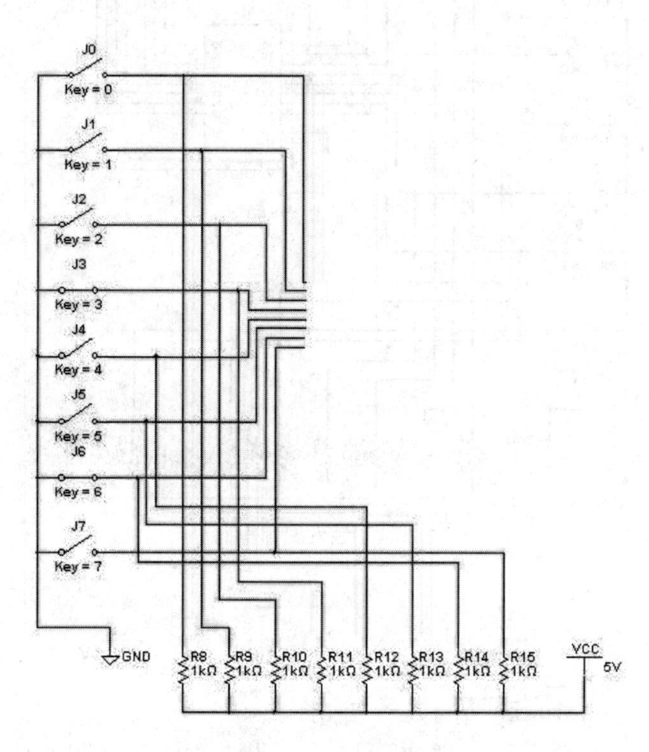

图 2-50　开关阵列抢答电路

1. 开关阵列抢答电路

开关阵列抢答电路由8路开关组成，每一位竞赛者与一组开关相对应。开关应为常开型，当按下开关时，开关闭合；当松开开关时，开关自动断开。如图2-50所示，开关阵列抢答电路中$R_8 \sim R_{15}$为上拉和限流电阻，当任一开关按下时，相应的输出为低电平，否则为高电平。

2. 触发锁存抢答电路

图2-51所示为触发锁存电路，74LS373N为八D锁存器(8个输入$1D \sim 8D$、8个输出$1Q \sim 8Q$)。当所有开关均未按下时，锁存器输出全为高电平，经八输入与非门(74LS30N)和非门(74LS04N)后的反馈信号仍为高电平，该信号作为锁存器使能端控制信号，使锁存器处于等待接收触发输入状态；当任一开关按下时，输出信号中必有一路为低电平，则反馈信号变为低电平，锁存器刚刚接收到的开关被锁存，这时其他开关信息的输入将被封锁。由此可见，触发锁存电路是实现抢答器功能的关键。

3. 触锁电路

当电路被触发锁存后，若要进行下一轮的重新抢答，则需将锁存器解锁，可将锁存允

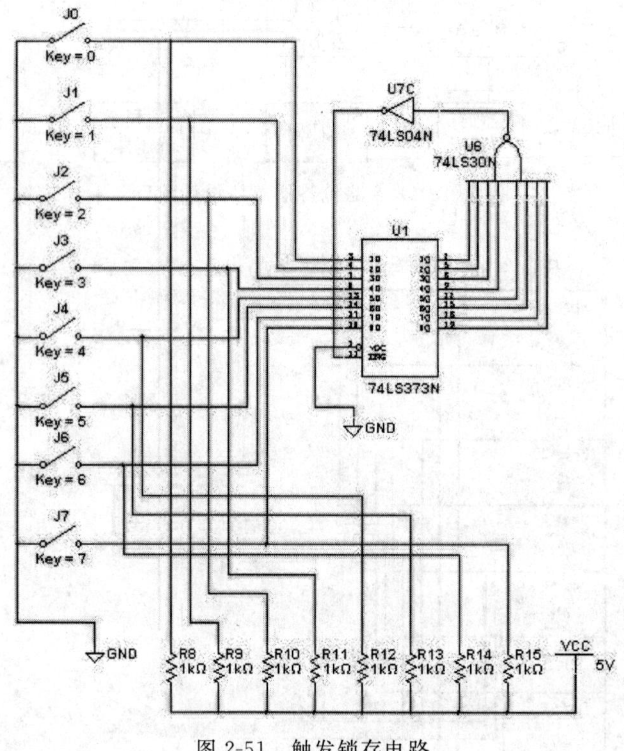

图 2-51　触发锁存电路

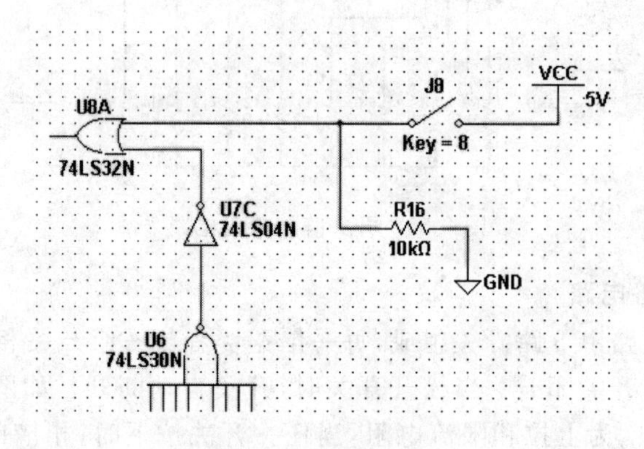

图 2-52　解锁电路

许端强迫置 1 或置 0(根据芯片而定),使锁存处于待接收状态,具体实现方法如图 2-52 所示。选择 74LS32 或门构成解锁电路,将解锁开关信号与锁存器反馈信号相“或”后再加到锁存器的锁存允许端,当解锁开关 J_8 信号为 1 时,锁存器锁存允许端输入为 1,使锁存器重新处于信号待接收状态。

仿真步骤如下。

(1) 根据总体设计图 2-49,同时参考图 2-51 和图 2-52,从仿真软件中调出 1 个八 D 锁存器 74LS373N、1 个 74LS30N、1 个 74LS32、4 个 74LS04N、1 个 74LS148N、1 个 4511BC_5V、1 个共阴极数码管(SEVEN_SEG_COM_K)、8 个阻值为 1kΩ 的上拉电阻、1 个 10kΩ 的下拉电阻、7 个 0.3kΩ 的限流电阻、9 个开关(8 个控制输入,1 个为主持人控

制开关）及电源、地。

(2) 连接所有元器件(见图 2-53)，开启仿真开关进行测试。图中，当开关 J_6 按下后(需再按一次弹出)代表 6 号选手抢答，经过 74LS373N 触发后，74LS373N 的输出端 7D 的电平为 0，其余均为 1，再经过编码器和显示译码器处理后，最终数码管显示数值 6，此时，若按下 J_6 以外的其他 7 个输入开关，数码管数值都不会发生变化；若按下主持人控制开关 J_8，则 74LS373N 的锁存允许端为 1，使锁存器重新处于信号待接收状态。

(3) 输出端变化输入开关及主持人控制开关，记录数码管显示值，完成表 2-29。

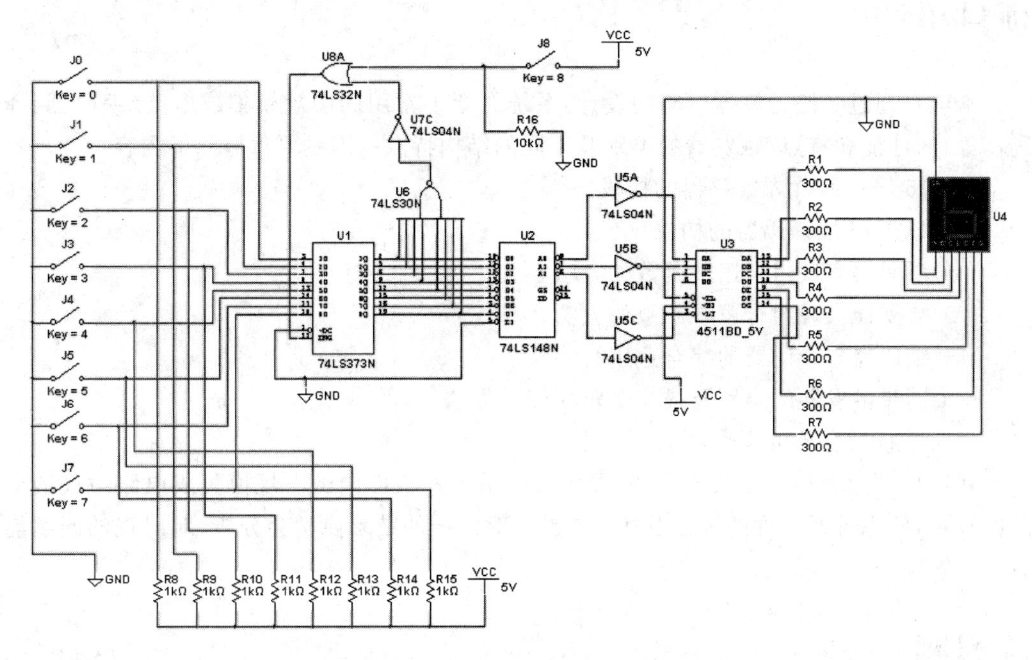

图 2-53　8 路抢答器电路仿真测试图

表 2-29　8 路抢答器仿真测试记录表

8 位选手抢答开关电平状态								主持人控制开关 J_8 电平状态	数码管显示数值
J_0	J_1	J_2	J_3	J_4	J_5	J_6	J_7	J_8	

思考

1. 如何用二输入与非门 74LS00 实现八输入与非门 74LS30 的逻辑功能？

2. 常用的显示译码器型号有哪些？若数码管为共阳特性，要显示数码该如何选择显示译码器？

3. 如何实现同步 D 触发器、同步 JK 触发器的逻辑功能测试？

项目小结

本项目通过 8 路抢答器电路的设计，系统介绍了常用的中规模集成电路(编码器、译码器等)的性能和特点、触发器的类别及不同的结构特点。需主要掌握以下内容。

(1) 16 线-4 线优先编码器的构成。

(2) 4 线-16 线译码器的构成。

(3) 译码器实现组合逻辑函数的方法。

(4) 数据器实现组合逻辑函数的方法。

(5) 编码器与译码器的综合运用。

(6) 同步触发器的类别及描述逻辑功能的方法。

(7) 八 D 锁存器的逻辑功能。

在项目的能力训练任务部分，要重点掌握用仿真软件调试中规模集成电路组成的电路的技巧，熟悉各元器件的选取及使用方法；对调试的结果要学会分析，对出现的问题能有效地解决。

练习题

1. 用译码器 74LS138 和与非门实现下列函数。

(1) $F=AB+BC$　　(2) $F=ABC+A\bar{C}D$

(3) $F=A\bar{B}+AC$　　(4) $F=\bar{B}+C$

(5) $F=\bar{A}\bar{B}+AB\bar{C}$　　(6) $F=\bar{B}C+AB$

2. 用 8 选 1 数据选择器 74LS151 实现下列函数。

(1) $Y=A\oplus B\oplus C$

(2) $Y=\bar{A}\bar{B}+\bar{A}C+BC$

(3) $Y(A,B,C,D)=\sum m(0,2,3,5,6,8,10,12)$

(4) $Y(A,B,C,D)=\sum m(0,2,5,7,9,10,12,15)$

(5) $Y=A\bar{B}+B\bar{C}+C\bar{D}+D\bar{A}$

(6) $Y=(A+\bar{B}+D)(\bar{A}+C)$

3. 由 3 线-8 线译码器 74LS138(输出低电平有效)和 4 选 1 数据选择器(74LS153)组成如图 2-54 所示的电路，B_1、B_2 和 C_1、C_2 为二组二进制数，试列出真值表，并说明功能。

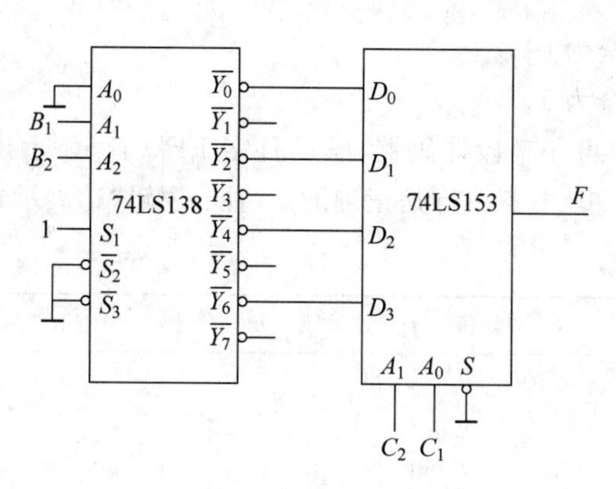

图 2-54

4. 设计一个监视交通信号灯工作状态的逻辑电路。正常情况下，红、黄、绿灯只有一个亮，否则视为故障状态，发出报警信号，提醒有关人员修理。要求：①用3线-8线译码器实现；②用4选1数据选择器实现。

5. 分别用74LS153(4选1数据选择器)和74LS151(8选1数据选择器)实现函数$F=AB+BC+AC$。

6. 74LS151的连接方式和各输入端的输入波形分别如图2-55和图2-56所示，画出输出端Y的波形。

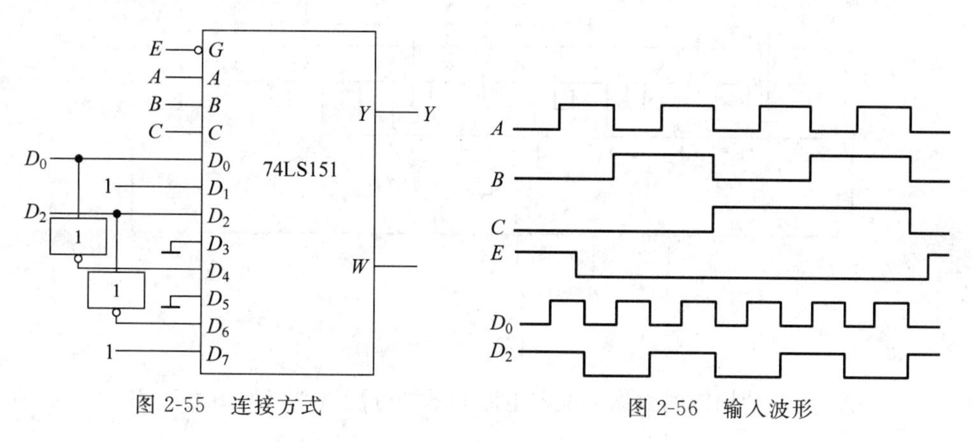

图 2-55 连接方式　　图 2-56 输入波形

7. 已知同步D触发器的输入信号波形，如图2-57所示，画出输出Q端和$\overline{Q}$端的信号波形。

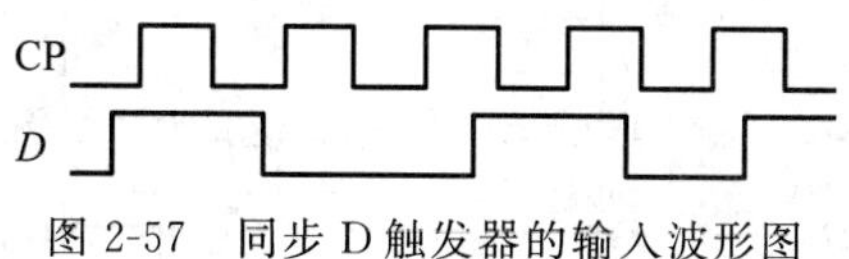

图 2-57 同步D触发器的输入波形图

8. 8线-3线优先编码器74LS148在下列输入情况下，确定芯片输出端的状态。

(1) 6=0,3=0,其余为1；

(2) EI=0,6=0,其余为1；

(3) EI=0,6=0,7=0,其余为1；

(4) EI=0,0～7 全为 0；

(5) EI=0,0～7 全为 1。

9. 已知 8421BCD 可用 7 段译码器，驱动日字 LED 管，显示出十进制数字。指出下列变换真值表(见表 2-30)中哪一行是正确的。(注：逻辑“1”表示灯亮)

表 2-30

	D	C	B	A	a	b	c	d	e	f	g^*
0	0	0	0	0	0	0	0	0	0	0	0
4	0	1	0	0	0	1	1	0	0	1	1
7	0	1	1	1	0	0	0	1	1	1	1
9	1	0	0	1	0	0	0	0	1	0	0

10. 已知某仪器面板有 10 只 LED 构成的条式显示器。它受 8421BCD 码驱动，经译码而点亮，如图 2-58 所示。当输入 $DCBA$=0111 时，试说明该条式显示器点亮的情况。

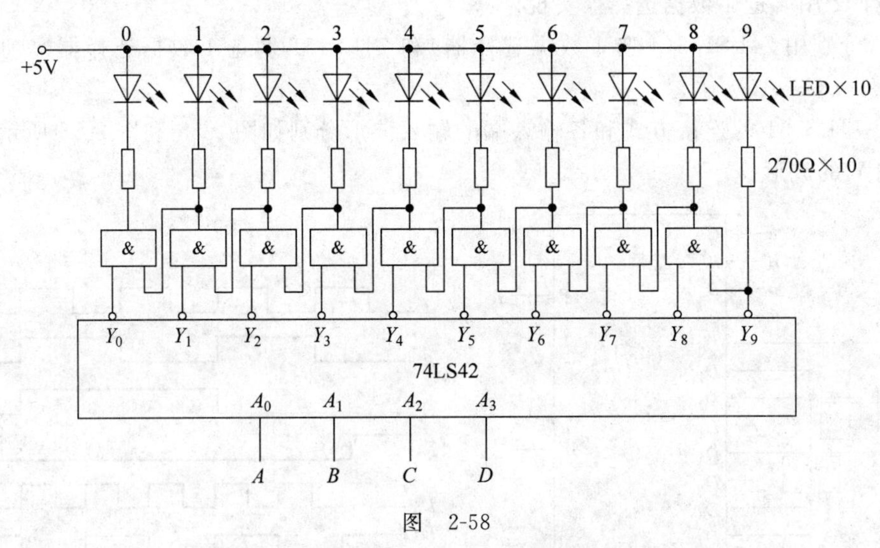

图 2-58

11. 74LS138 芯片构成的数据分配器电路和脉冲分配器电路如图 2-59 和图 2-60 所示。

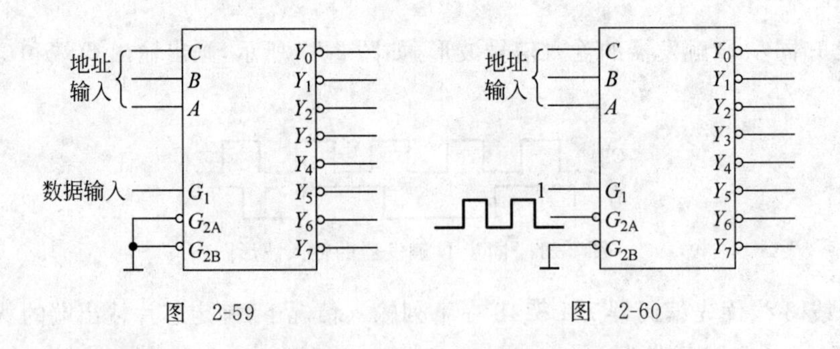

图 2-59　　图 2-60

(1) 图 2-59 电路中，数据从 G_1 端输入，分配器的输出端得到的是什么信号？

(2) 图 2-60 电路中，G_{2A} 端加脉冲，芯片的输出端应得到什么信号？

12. 用8选1数据选择器74LS151构成如图2-61所示电路，要求：

(1) 写出输出 F 的逻辑表达式；

(2) 用译码器74LS138和或门实现该电路。

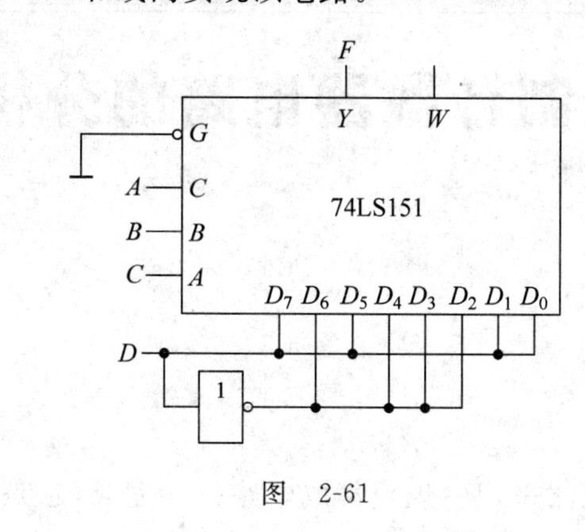

图　2-61

项目 3

可控多进制计数器电路的分析与设计

项目介绍

可控多进制计数器电路采用中规模集成电路设计完成，它是一个可切换的七进制、九进制、七十九进制加法计数器，要求如下。

(1) 用开关切换 3 种进制计数状态：七进制、九进制、七十九进制。

(2) 数码管显示数据。

(3) 计数脉冲由外部提供。

项目教学目标

(1) 掌握边沿触发器的分类、结构及工作原理。

(2) 掌握同步、异步时序电路的分析与设计方法。

(3) 掌握仿真软件 Multisim 10 测试同步加、减法计数器的方法。

(4) 掌握仿真软件 Multisim 10 测试异步加、减法计数器的方法。

(5) 掌握仿真软件 Multisim 10 调试可控多进制计数器的方法。

3.1 触发器(Ⅱ)

学习目标

(1) 知道边沿触发器的概念，了解边沿触发器的类别。

(2) 掌握边沿 D 触发器的结构特点及工作原理，知道常用集成边沿 D 触发器的功能特点。

(3) 掌握边沿 JK 触发器的结构特点及工作原理，知道常用集成边沿 JK 触发器的功能特点。

(4) 熟悉边沿 T 触发器和 T′触发器的结构特点。

逻辑电路有两大类：一类是组合逻辑电路；另一类是时序逻辑电路。组合逻辑电路的输出只与当时的输入有关，而与电路以前的状态无关。时序逻辑电路是一种与时序有关的逻辑电路，它主要由存储电路和组合逻辑电路两部分组成，如图 3-1 所示。时序逻辑电路的特点是：在任何时刻，电路产生的稳定输出信号不仅与该时刻电路的输入信号有关，而且还与电路过去的状态有关。时序逻辑电路的状态是由存储电路来记忆和表示的，因此，在时序电路中，触发器是必不可少的。

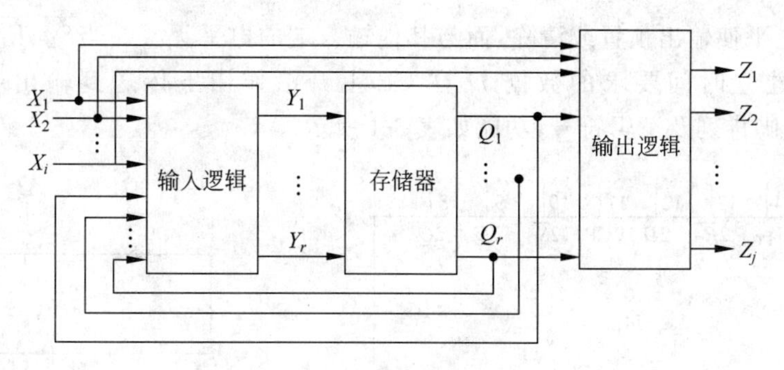

图 3-1　时序逻辑电路的结构图

项目 2 中介绍了同步触发器因结构的不完善而导致空翻现象的发生。在项目 3 中将继续介绍另外一种触发器——边沿触发器，这种触发器只有在时钟脉冲 CP 上升沿或下降沿到来时才接收输入信号，这时，电路会根据输入信号改变输出状态，从而提高触发器的工作可靠性和抗干扰能力，有效克服空翻。边沿触发器主要有边沿 D 触发器、边沿 JK 触发器、边沿 T 触发器和边沿 T′触发器。

3.1.1　边沿 D 触发器

边沿 D 触发器（又称维持阻塞触发器）是利用触发器翻转时内部产生的反馈信号使触发器翻转后的状态 Q^{n+1} 得以维持，并阻止其向下一个状态转换（即空翻）而实现克服空翻和振荡。

1. 逻辑功能

图 3-2 所示为边沿 D 触发器的逻辑符号，为信号输入端，框内“＞”表示动态输入，它表明时钟脉冲 CP 上升沿触发，若在“＞”前面有个“∘”，则表示时钟脉冲 CP 下降沿触发。

边沿触发器的逻辑功能与同步 D 触发器相同，特性表、驱动表和特性方程都一致，但边沿 D 触发器只有上升沿或下降沿到达时才有效。它的特性方程如下：

$$Q^{n+1} = D \quad \text{(CP 上升沿或下降沿到达时有效)}$$

图 3-3 所示为上升沿触发的边沿 D 触发器的波形图。从图中可以看出，输出端 Q 的状态只有在 CP 上升沿时刻才会改变，很好地克服了空翻。

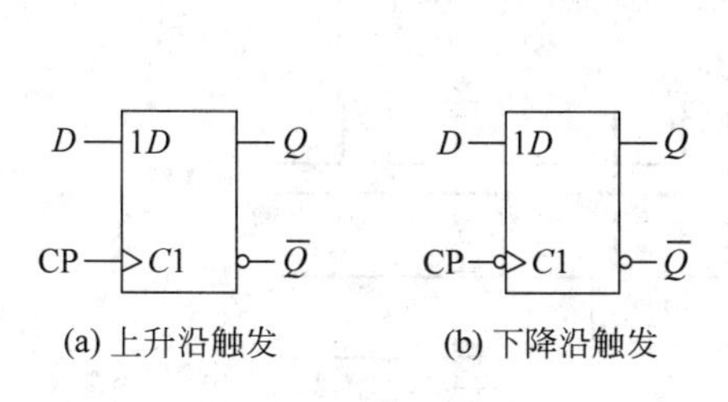

图 3-2　边沿 D 触发器的逻辑符号

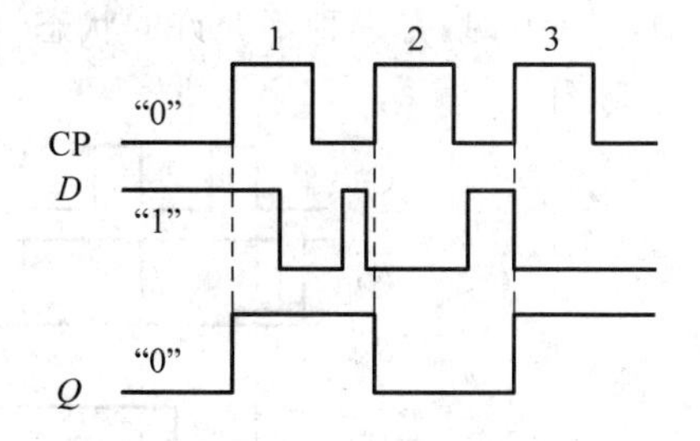

图 3-3　边沿 D 触发器的波形图

2. 集成边沿 D 触发器 74LS74

74LS74 是一种上升沿触发的双 D 触发器。它有 2 个独立的边沿 D 触发器，每个触发器有数据输入(D)、置位输入($\overline{S_D}$)、复位输入($\overline{R_D}$)、时钟输入(CP)和数据输出(Q、$\overline{Q}$)。$\overline{S_D}$、$\overline{R_D}$的低电平使输出预置或清除，而与其他输入端的电平无关。当$\overline{S_D}$、$\overline{R_D}$均无效(高电平)时，符合建立时间要求的数据 D 在 CP 上升沿作用下传送到输出端。图 3-4 为 74LS74 的引脚排列及逻辑符号，功能如表 3-1 所示。

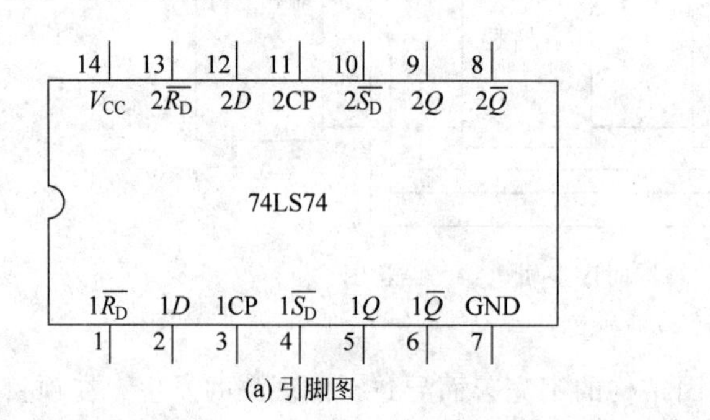

(a) 引脚图

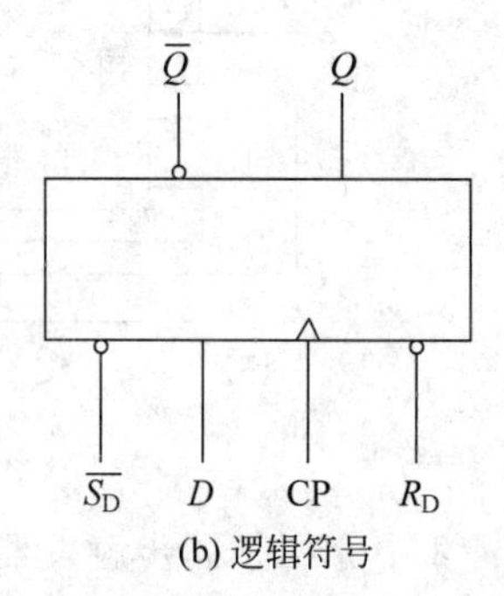

(b) 逻辑符号

图 3-4　74LS74 的引脚图和逻辑符号

表 3-1　74LS74 的功能表

输入				输出		功能说明
$\overline{S_D}$	$\overline{R_D}$	CP	D	Q^{n+1}	$\overline{Q^{n+1}}$	
0	1	×	×	1	0	异步置 1
1	0	×	×	0	1	异步置 0
0	0	×	×	ϕ	ϕ	不允许
1	1	↑	1	1	0	置 1
1	1	↑	0	0	1	置 0
1	1	×	×	Q^n	$\overline{Q^n}$	保持

从表 3-1 中可以看出，$\overline{S_D}$和$\overline{R_D}$端的信号对触发器的控制作用要优先于 CP 信号。当$\overline{R_D}=0$、$\overline{S_D}=1$ 时，触发器置 0，$Q^{n+1}=0$，与 CP 和 D 无关，这也是异步置 0 的原因。$\overline{R_D}$称为异步置 0 端；当$\overline{R_D}=1$、$\overline{S_D}=0$ 时，触发器置 1，$\overline{S_D}$称为异步置 1 端；当$\overline{R_D}=1$、$\overline{S_D}=1$ 时，若 CP 处于上升沿，则 $Q^{n+1}=D$，若 CP 处于低电平、高电平或下降沿时，则 $Q^{n+1}=Q^n$。当$\overline{R_D}=0$、$\overline{S_D}=0$ 时，是一种不允许的状态。图 3-5 为具有异步输入的上升沿触发的 JK 触发器的波形图。

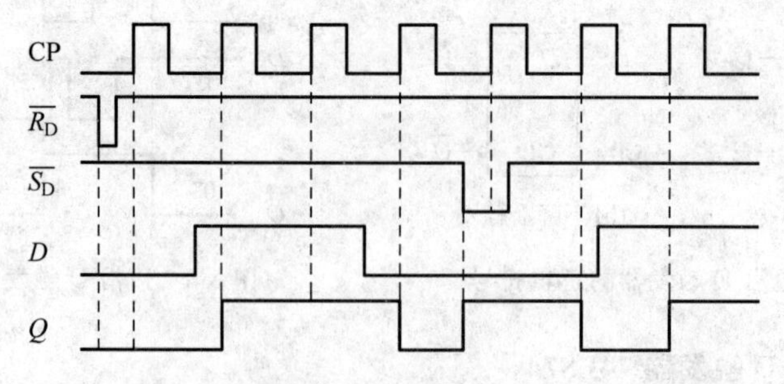

图 3-5　具有异步输入的上升沿触发的 JK 触发器波形图

3.1.2　边沿 JK 触发器

1. 逻辑功能

图 3-6 所示为边沿 JK 触发器的逻辑符号，J、K 为信号输入端，框内“>”表示动态输入，它表明时钟脉冲 CP 上升沿触发，若在“>”前面有个“∘”，则表示时钟脉冲 CP 下降沿触发。

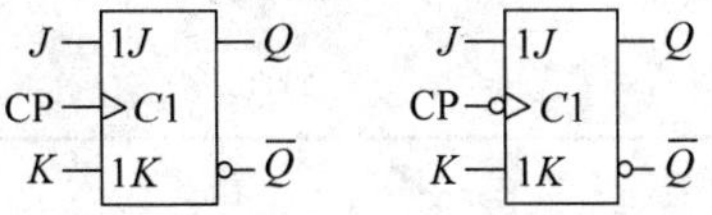

(a) 上升沿触发　　(b) 下降沿触发

图 3-6　边沿 JK 触发器的逻辑符号

边沿 JK 触发器的逻辑功能与同步 JK 触发器的功能相同，因此，它们的特性表、驱动表和特性方程也相同。但边沿 JK 触发器只有在 CP 上升沿或下降沿到达时才有效。它的特性方程如下：

$$Q^{n+1} = J\overline{Q^n} + \overline{K}Q^n \quad \text{（CP 上升沿或下降沿到达时有效）}$$

图 3-7 所示为下降沿触发的 JK 触发器的波形图。

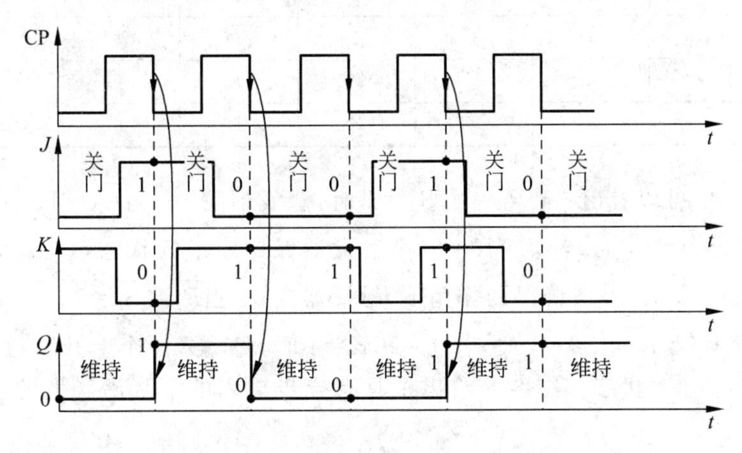

图 3-7　下降沿触发的 JK 触发器波形图

2. 集成下降沿触发的边沿 JK 触发器 74LS112

74LS112 内含两个独立的 JK 下降沿触发器，它的逻辑符号和引脚图如图 3-8 所示。每个触发器都有数据输入（J、K）、置位输入（$\overline{S_D}$）、复位输入（$\overline{R_D}$）、时钟输入（CP）和数据输

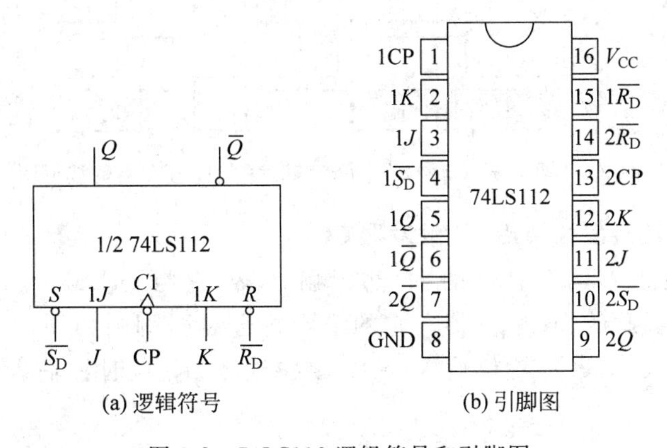

(a) 逻辑符号　　(b) 引脚图

图 3-8　74LS112 逻辑符号和引脚图

出(Q、$\bar{Q}$)。$\overline{S_D}$或$\overline{R_D}$的低电平使输出预置或清除,而与其他输入端的电平无关。当$\overline{S_D}$和$\overline{R_D}$均无效(高电平式)时,符合建立时间要求的 J 和 K 数据在 CP 下降沿作用下传送到输出端。74LS112 的功能表如表 3-2 所示。

表 3-2 74LS112 的功能表

输入					输出		功能说明
$\overline{R_D}$	$\overline{S_D}$	CP	J	K	Q^{n+1}	$\overline{Q^{n+1}}$	
0	1	×	×	×	0	1	异步置 0
1	0	×	×	×	1	0	异步置 1
1	1	↓	0	0	Q^n	$\overline{Q^n}$	保持
1	1	↓	0	1	0	1	置 0
1	1	↓	1	0	1	0	置 1
1	1	↓	1	1	$\overline{Q^n}$	Q^n	计数
1	1	1	×	×	Q^n	$\overline{Q^n}$	保持
0	0	×	×	×	1	1	不允许

从表 3-2 中可以看出:当$\overline{R_D}=0$、$\overline{S_D}=1$ 时,触发器置 0;当$\overline{R_D}=1$、$\overline{S_D}=0$ 时,触发器置 1;当$\overline{R_D}=\overline{S_D}=1$ 时,若 $J=K=0$,则触发器保持原来的状态不变;当$\overline{R_D}=\overline{S_D}=1$时,若 $J=0$、$K=1$ 时,在下降沿的作用下,触发器置 0;当$\overline{R_D}=\overline{S_D}=1$ 时,若 $J=1$、$K=0$时,触发器置 1;当$\overline{R_D}=\overline{S_D}=1$ 时,若 $J=1$、$K=1$ 时,每输入一个上升沿,触发器的状态变化一次,处于计数状态。图 3-9 给出了具有异步输入的下降沿触发的 JK 触发器的波形图。

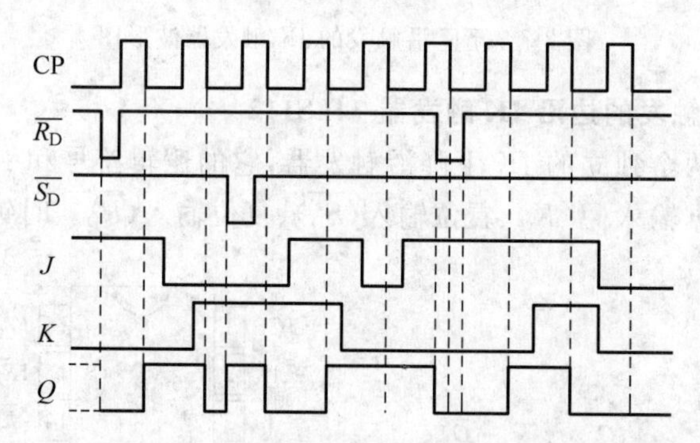

图 3-9 具有异步输入的下降沿触发的 JK 触发器的波形图

3. 集成上升沿触发的边沿 JK 触发器 CC4027

CC4027 内部也有两个独立的 JK 边沿触发器,它与 74LS112 不同的是,CC4027 是集成的上升沿触发的 JK 触发器。它的逻辑符号和引脚图如图 3-10 所示。每个触发器都有数据输入(J、K)、置位输入(S_D)、复位输入(R_D)、时钟输入(CP)和数据输出(Q、$\bar{Q}$)。

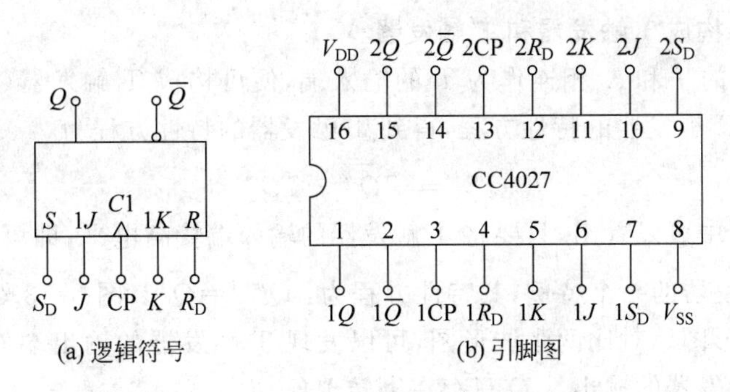

图3-10　CC4027的逻辑符号和引脚图

从表3-3可以看出，当$R_D=0$、$S_D=1$时，触发器置1；当$R_D=1$、$S_D=0$时，触发器置0；当$R_D=S_D=0$时，若$J=K=0$，在上升沿的作用下，触发器保持原来状态不变；当$R_D=S_D=0$时，若$J=0$、$K=1$，触发器置0；当$R_D=S_D=0$时，若$J=1$、$K=0$，触发器置1；当$R_D=S_D=0$时，若$J=K=1$，每输入一个上升沿，触发器的状态变化一次，处于计数状态。

表3-3　CC4027的功能表

输入					输出		功能说明
R_D	S_D	CP	J	K	Q^{n+1}	$\overline{Q^{n+1}}$	
0	1	×	×	×	1	0	异步置1
1	0	×	×	×	0	1	异步置0
1	1	×	×	×	1	1	不允许
0	0	↑	0	0	Q^n	$\overline{Q^n}$	保持
0	0	↑	0	1	0	1	置0
0	0	↑	1	0	1	0	置1
0	0	↑	1	1	$\overline{Q^n}$	Q^n	计数
0	0	×	×	×	Q^n	$\overline{Q^n}$	保持

3.1.3　边沿T触发器和T′触发器

在计数器中经常用到T触发器和T′触发器，它们主要由JK触发器或D触发器构成。在时钟脉冲CP的控制下，根据输入信号T的取值的不同，具有保持和翻转功能的电路，即当$T=0$时保持状态不变，$T=1$时具有一定翻转的电路，都称为T触发器。图3-11为T触发器的逻辑符号。

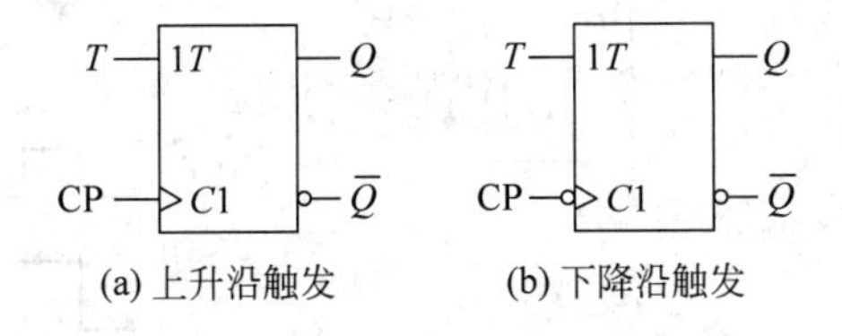

图3-11　T触发器的逻辑符号

1. JK 触发器构成 T 触发器和 T′触发器

将 JK 触发器的 J 和 K 相连作为 T 的输入端，便可构成 T 触发器(如图 3-12(a)所示)。将 T 代入 JK 触发器的特性方程，得到 T 触发器的特性方程为

$$Q^{n+1} = T\overline{Q^n} + \overline{T}Q^n$$

从图 3-12(b)中可以看出，只要将 T 触发器的输入端接高电平，即可构成 T′触发器。T′触发器是 T 触发器的一个特例，其特性方程为：$Q^{n+1}=\overline{Q^n}$。图 3-13 给出了 T 触发器和 T′触发器的波形图。对比两张波形图，可以发现 T 触发器的输出端 Q 存在保持和翻转的现象，而 T′触发器的输出端 Q 只存在翻转现象。

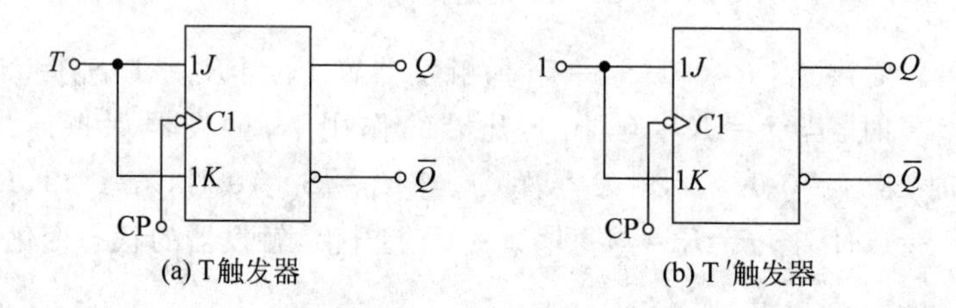

图 3-12 JK 触发器构成的 T 触发器和 T′触发器

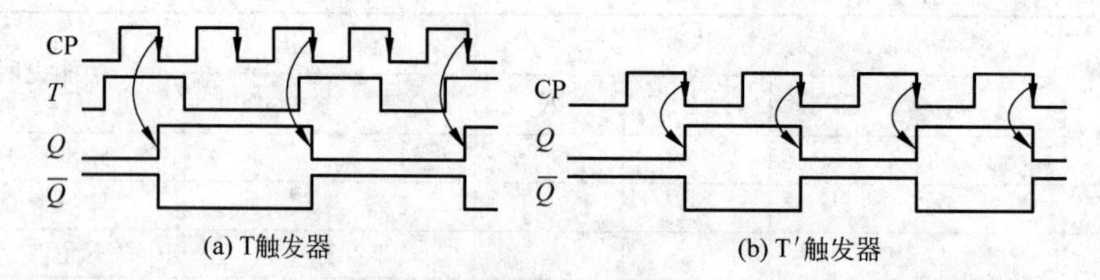

图 3-13 T 触发器和 T′触发器的波形图

2. D 触发器构成 T 触发器和 T′触发器

将 T 触发器的特性方程 $Q^{n+1}=T\overline{Q^n}+\overline{T}Q^n$ 与 D 触发器的特性方程 $Q^{n+1}=D$ 进行对比，要使两个方程相等，则 $D=T\overline{Q^n}+\overline{T}Q^n=T\oplus Q^n$。如图 3-14(a)所示为 D 触发器构成的 T 触发器。

当 $T=1$ 时，$D=\overline{Q^n}$，便可构成 T′触发器，如图 3-14(b)所示。事实上，D 触发器构成的 T′触发器是一个二分频电路，其波形图如图 3-15 所示。从图中可以看出 $T_Q=2T_{CP}$，得出 $F_Q=\frac{T_{CP}}{2}$，因此称作二分频电路。

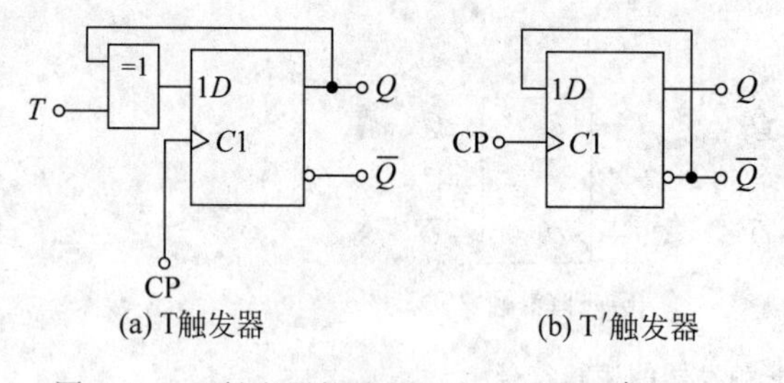

图 3-14 D 触发器构成的 T 触发器和 T′触发器

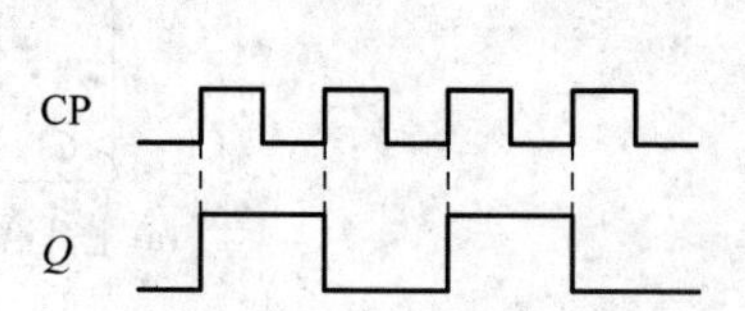

图 3-15 二分频电路的波形图

思考

1. 边沿触发器较同步触发器的优点是什么？
2. 边沿D触发器、边沿JK触发器各自的特征方程是什么？它们有什么特点？
3. 如何将边沿D触发器转换成T触发器和T′触发器？
4. T触发器和T′触发器的区别是什么？
5. 如何将边沿JK触发器转换成边沿D触发器？

3.2　时序逻辑电路的分析方法

学习目标

(1) 熟悉时序逻辑电路的分析步骤。

(2) 掌握同步时序逻辑电路的分析方法。

(3) 掌握异步时序逻辑电路的分析方法。

时序逻辑电路分同步时序逻辑电路和异步时序逻辑电路两大类。在同步时序逻辑电路中，各触发器由同一时钟脉冲触发，而在异步时序逻辑电路中，各触发器触发脉冲不相同，这是两类逻辑电路最大的区别。

时序逻辑电路的分析步骤如下。

(1) 写方程。

① 时钟方程。异步时序逻辑电路中各个触发器的时钟条件不同，因此需写出时钟方程。但同步时序逻辑电路可省略，因为它的各触发器的时钟条件都一样。

② 输出方程。时序逻辑电路的输出逻辑表达式，通常为现态和输入信号的函数。

③ 驱动方程。各触发器的输入端的逻辑表达式。

④ 状态方程。将驱动方程代入相应触发器的特性方程中，得到该触发器的状态方程，它表示了触发器次态和现态之间的关系。

(2) 列出状态转换真值表，画出状态转换图和时序图。将电路现态的各种取值代入状态方程和输出方程中进行计算，求出相应的次态和输出，从而列出状态转换真值表，画出现态与次态的关系图(即状态转换图)及时序图。

(3) 分析电路的逻辑功能，判断是否具有自启动功能。根据状态转换真值表，分析电路的逻辑功能。将无效状态(状态转换真值表中没有出现的状态)代入状态方程中进行计算，判断是否能回到有效状态(状态转换真值表中出现的状态)，若能，说明电路能自启动，否则电路不能自启动。

3.2.1　同步时序逻辑电路的分析

【例3-1】 试分析图3-16所示电路的逻辑功能，并画出状态转换图和时序图。

解：

① 写方程。

输出方程：
$$F=Q_1^nQ_3^n$$

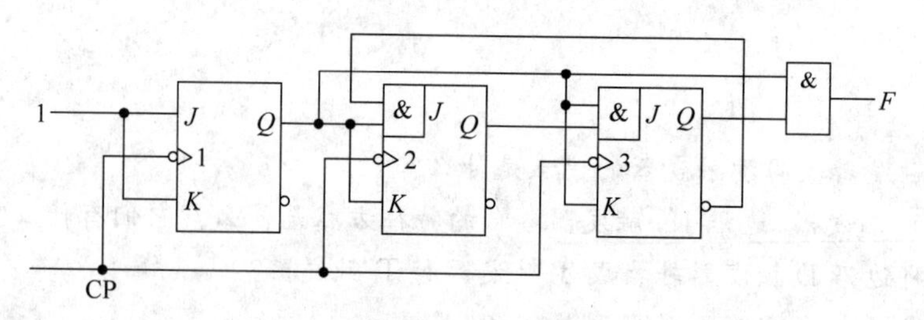

图 3-16 例 3-1 的时序逻辑电路

驱动方程：$\begin{cases} J_1=K_1=1 \\ J_2=Q_1^n\overline{Q_3^n},K_2=Q_1^n \\ J_3=Q_1^nQ_2^n,K_3=Q_1^n \end{cases}$

状态方程：将驱动方程代入触发器的特性方程 $Q^{n+1}=J\overline{Q^n}+\overline{K}Q^n$ 得到电路的状态方程为$\begin{cases} Q_1^{n+1}=\overline{Q_1^n} \\ Q_2^{n+1}=Q_1^n\overline{Q_2^n}\,\overline{Q_3^n}+\overline{Q_1^n}Q_2^n \\ Q_3^{n+1}=Q_1^nQ_2^n\overline{Q_3^n}+\overline{Q_1^n}Q_3^n \end{cases}$。

② 列出状态转换真值表，画出状态转换图和时序图。设电路的现态为 $Q_3^nQ_2^nQ_1^n=000$，代入输出方程和状态方程计算后得 $F=0$ 和 $Q_3^{n+1}Q_2^{n+1}Q_1^{n+1}=001$。若电路的现态为$Q_3^nQ_2^nQ_1^n=001$，再次代入两个方程计算后得 $F=0$ 和 $Q_3^{n+1}Q_2^{n+1}Q_1^{n+1}=010$，其余类推。由此得到表 3-4 所示的状态转换真值表。

表 3-4 例 3-1 的状态转换真值表

现态			次态			输出
Q_3^n	Q_2^n	Q_1^n	Q_3^{n+1}	Q_2^{n+1}	Q_1^{n+1}	F
0	0	0	0	0	1	0
0	0	1	0	1	0	0
0	1	0	0	1	1	0
0	1	1	1	0	0	0
1	0	0	1	0	1	0
1	0	1	0	0	0	1
1	1	0	1	1	1	0
1	1	1	0	0	0	1

根据表 3-4，可画出状态转换图和时序图，如图 3-17 所示。

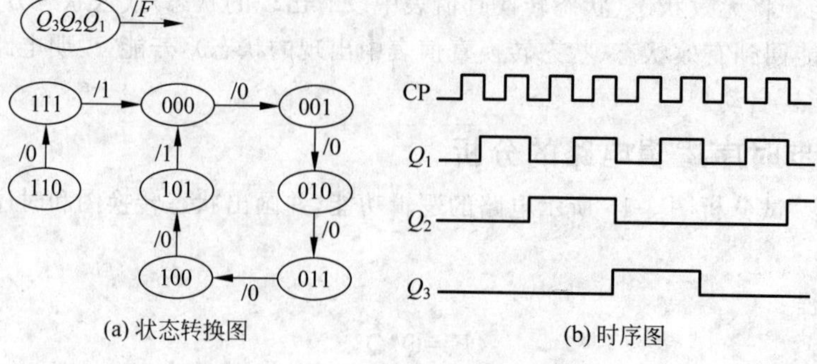

图 3-17 例 3-1 的状态转换图和时序图

③ 分析电路的逻辑功能，判断是否具有自启动功能。从表 3-4 中可见，每来一个 CP 脉冲，触发器作加 1 计算，每 6 个脉冲一个循环，所以这是一个六进制加法计数器。从图 3-17(a)可以看出，正常情况下，触发器状态在 000～101 循环，但若由于干扰使电路的状态为 110 或 111，也可以在 1～2 个时钟脉冲后回到以上的主循环，因此，该电路可以自启动。

3.2.2 异步时序逻辑电路的分析

【例 3-2】 试分析图 3-18 所示电路的逻辑功能，并画出状态转换图和时序图。

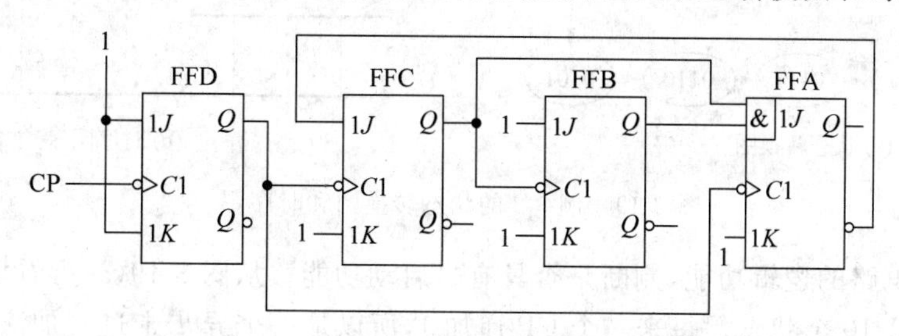

图 3-18　例 3-2 的时序逻辑电路

解：

① 写方程。时钟方程：$CP_D = CP, CP_A = CP_C = Q_D, CP_B = Q_C$；

驱动方程：$\begin{cases} J_D = K_D = 1 \\ J_C = \overline{Q_A^n}, K_C = 1 \end{cases}$，$\begin{cases} J_B = K_B = 1 \\ J_A = Q_B^n Q_C^n, K_A = 1 \end{cases}$

将驱动方程代入触发器的特性方程 $Q^{n+1} = J\overline{Q^n} + \overline{K}Q^n$ 得到电路的状态方程为

$$\begin{cases} Q_A^{n+1} = \overline{Q_A^n} Q_B^n Q_C^n (Q_D \text{ 下降沿有效}) \\ Q_B^{n+1} = \overline{Q_B^n} (Q_C \text{ 下降沿有效}) \end{cases}, \quad \begin{cases} Q_C^{n+1} = \overline{Q_A^n}\,\overline{Q_C^n} (Q_D \text{ 下降沿有效}) \\ Q_D^{n+1} = \overline{Q_D^n} (CP \text{ 下降沿有效}) \end{cases}$$

② 列出状态转换真值表，画出状态转换图和时序图。设电路的现态为 $Q_A^n Q_B^n Q_C^n Q_D^n = 0000$，代入状态方程得到状态转换真值表 3-5。

表 3-5　例 3-2 的状态转换真值表

现　态				次　态				时钟脉冲			
Q_A^n	Q_B^n	Q_C^n	Q_D^n	Q_A^{n+1}	Q_B^{n+1}	Q_C^{n+1}	Q_D^{n+1}	$CP_A = Q_D$	$CP_B = Q_C$	$CP_C = Q_D$	$CP_D = CP$
0	0	0	0	0	0	0	1	↑	↑	↑	↓
0	0	0	1	0	0	1	0	↓	↑	↓	↓
0	0	1	0	0	0	1	1	↑	↑	↑	↓
0	0	1	1	0	1	0	0	↓	↓	↓	↓
0	1	0	0	0	1	0	1	↑	↑	↑	↓
0	1	0	1	0	1	1	0	↓	↑	↓	↓
0	1	1	0	0	1	1	1	↑	↑	↑	↓
0	1	1	1	1	0	0	0	↓	↓	↓	↓
1	0	0	0	1	0	0	1	↑	↑	↑	↓
1	0	0	1	0	0	0	0	↓	↑	↓	↓

根据表 3-5 得知，1010～1111 这 6 种状态是无效状态，将这些无效状态代入状态方程，发现电路可以自动回到主循环，于是可画出状态转换图和时序图，如图 3-19 所示。

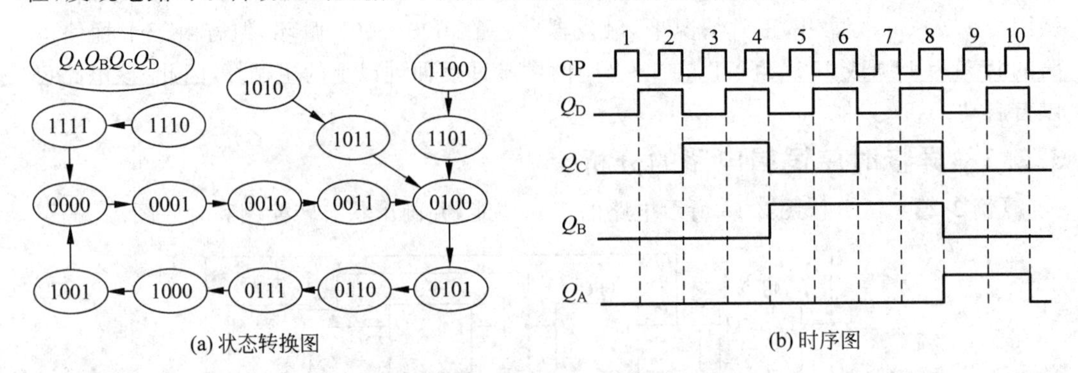

图 3-19　例 3-2 的状态转换图和时序图

③ 分析电路的逻辑功能，判断是否具有自启动功能。从图 3-19(a)可看出，触发器从 0000～1001 这 10 个状态是每来一个 CP 递加 1，所以是一个异步十进制加法计数器。根据图 3-19(a)所示，6 种无效状态均可回到主循环，因此，该电路能自启动。

思考

1. 描述时序逻辑电路的功能常用哪些方法？
2. 时序逻辑电路的分析步骤是什么？
3. 同步时序逻辑电路和异步时序逻辑电路的分析有什么区别？

3.3　同步计数器

学习目标

(1) 掌握同步二进制、十进制计数器的工作原理。
(2) 掌握集成同步二进制加法计数器的逻辑功能与工作原理。
(3) 掌握集成同步十进制加法计数器的逻辑功能与工作原理。
(4) 掌握异步置 0 法和同步置数法设计 N 进制计数器的方法。
(5) 掌握级联法设计大容量同步 N 进制计数器的方法。

3.3.1　同步二进制计数器

1. 4 位同步二进制加法计数器

【例 3-3】 图 3-20 所示为下降沿触发的 JK 触发器构成的 4 位二进制加法计数器。下面分析它的工作原理。

解：

① 写方程。输出方程：$CO=Q_3^nQ_2^nQ_1^nQ_0^n$；驱动方程：$\begin{cases}J_0=K_0=1\\J_1=K_1=Q_0^n\end{cases}$，$\begin{cases}J_2=K_2=Q_1^nQ_0^n\\J_3=K_3=Q_2^nQ_1^nQ_0^n\end{cases}$；

将驱动方程代入 JK 触发器的特性方程 $Q^{n+1}=J\overline{Q^n}+\overline{K}Q^n$ 中，得到状态方程：

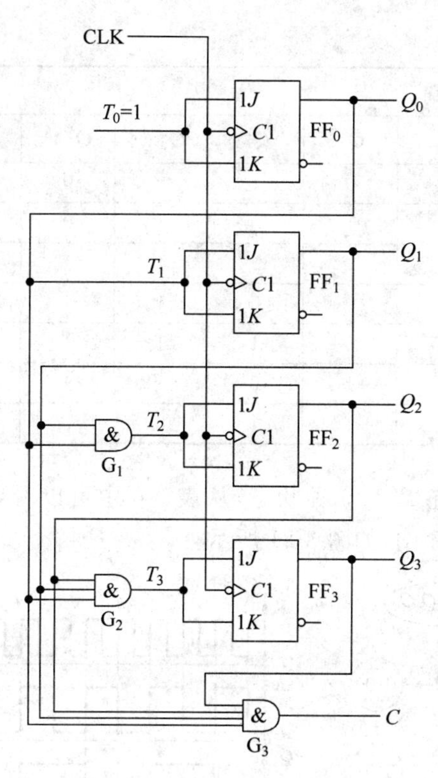

图 3-20　JK 触发器构成的 4 位同步二进制加法计数器

$$\begin{cases} Q_0^{n+1} = \overline{Q_0^n} \\ Q_1^{n+1} = Q_0^n\overline{Q_1^n} + \overline{Q_0^n}Q_1^n \end{cases}, \quad \begin{cases} Q_2^{n+1} = Q_1^nQ_0^n\overline{Q_2^n} + \overline{Q_1^n}\ \overline{Q_0^n}Q_2^n \\ Q_3^{n+1} = Q_2^nQ_1^nQ_0^n\overline{Q_3^n} + \overline{Q_2^n}\ \overline{Q_1^n}\ \overline{Q_0^n}Q_3^n \end{cases}$$

② 列出状态转换真值表，画出状态转换图和时序图。设计数器的初始状态为 $Q_3^nQ_2^nQ_1^nQ_0^n=0000$，代入输出方程和状态方程计算后得到 CO=0 和 $Q_3^nQ_2^nQ_1^nQ_0^n=0001$，然后再将 0001 作为现态代入 2 个方程计算，依此类推，得到状态转换真值表(见表 3-6)。

表 3-6　4 位同步二进制加法计数器的状态转换真值表

计数脉冲序号	现　态				次　态				输出
	Q_3^n	Q_2^n	Q_1^n	Q_0^n	Q_3^{n+1}	Q_2^{n+1}	Q_1^{n+1}	Q_0^{n+1}	CO
0	0	0	0	0	0	0	0	1	0
1	0	0	0	1	0	0	1	0	0
2	0	0	1	0	0	0	1	1	0
3	0	0	1	1	0	1	0	0	0
4	0	1	0	0	0	1	0	1	0
5	0	1	0	1	0	1	1	0	0
6	0	1	1	0	0	1	1	1	0
7	0	1	1	1	1	0	0	0	0
8	1	0	0	0	1	0	0	1	0

续表

计数脉冲序号	现态				次态				输出
	Q_3^n	Q_2^n	Q_1^n	Q_0^n	Q_3^{n+1}	Q_2^{n+1}	Q_1^{n+1}	Q_0^{n+1}	CO
9	1	0	0	1	1	0	1	0	0
10	1	0	1	0	1	0	1	1	0
11	1	0	1	1	1	1	0	0	0
12	1	1	0	0	1	1	0	1	0
13	1	1	0	1	1	1	1	0	0
14	1	1	1	0	1	1	1	1	0
15	1	1	1	1	0	0	0	0	1

4 位二进制计数器应有 $2^4=16$ 种状态，从表 3-6 中可以看出，该计数器没有无效状态。画出状态转换图和时序图，如图 3-21 所示。

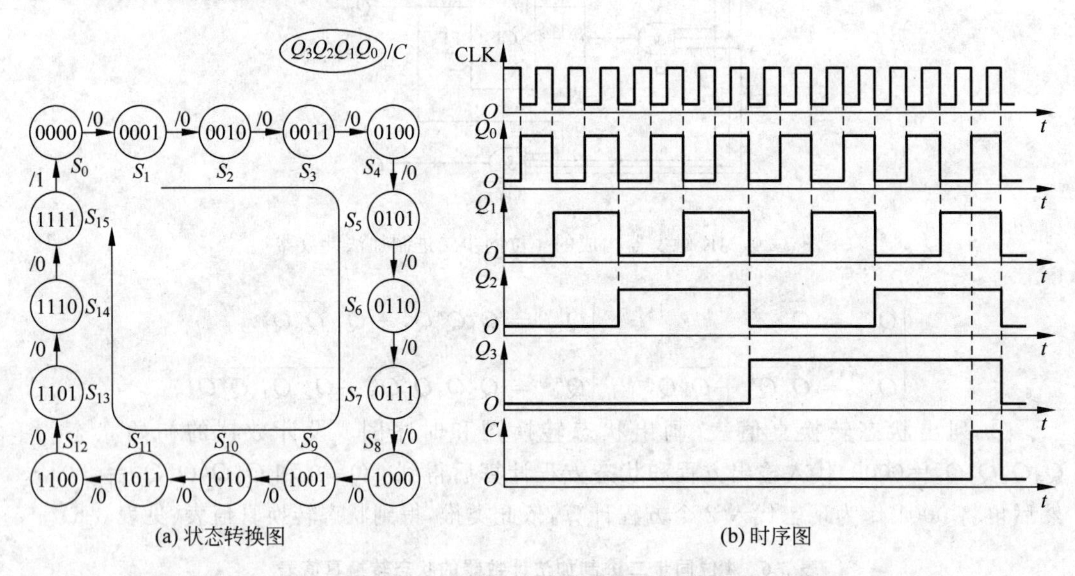

图 3-21　4 位同步二进制加法计数器的状态转换图和时序图

③ 分析电路的逻辑功能。从表 3-6 中可以看出，该电路为十六进制计数器。

2. 4 位同步二进制减法计数器

要实现 4 位二进制减法计数，电路的计数状态由 1111 变为 0000。一种实现方案是将图 3-20 所示的二进制加法计数器的输出由 Q 端改为 $\overline{Q}$ 端即可；另一种实现方案为图 3-22 所示，输出端仍为 Q 端，将同步二进制加法计数器的驱动方程改为：$\begin{cases} J_0=K_0=1 \\ J_1=K_1=\overline{Q_0^n} \end{cases}$，

$\begin{cases} J_2=K_2=\overline{Q_1^n}\,\overline{Q_0^n} \\ J_3=K_3=\overline{Q_2^n}\,\overline{Q_1^n}\,\overline{Q_0^n} \end{cases}$。

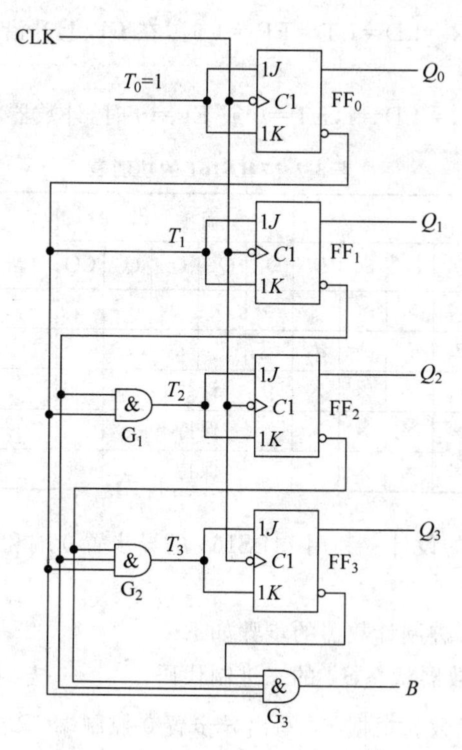

图 3-22　4 位同步二进制减法计数器

3. 集成 74LS161 同步二进制加法计数器

(1) 逻辑功能。74LS161 为集成 4 位同步二进制加法计数器，图 3-23 为它的引脚图和逻辑符号。图中$\overline{\mathrm{LD}}$为同步置数控制端，$\overline{\mathrm{CR}}$为异步置 0 控制端，ET 和 EP 为计数控制端，$D_0 \sim D_3$ 为并行数据输入端，$Q_0 \sim Q_3$ 为输出端，CO 为进位输出端。

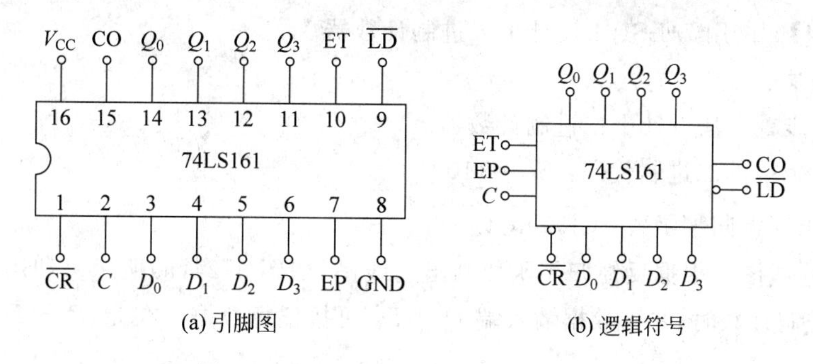

图 3-23　74LS161 的引脚图和逻辑符号

表 3-7 所示为 74LS161 的功能表。由该表可以知道 74LS161 的主要功能如下。

① 异步置 0。当清零端$\overline{\mathrm{CR}}=0$ 时，计数器被置 0，即 $Q_3Q_2Q_1Q_0=0000$。

② 同步并行置数。当$\overline{\mathrm{CR}}=1$、$\overline{\mathrm{LD}}=0$ 时，在 CP 上升沿的作用下，74LS161 输出端被置入并行输入端的数据 $d_3 \sim d_0$，即 $Q_3Q_2Q_1Q_0=d_3d_2d_1d_0$。

③ 计数功能。当$\overline{CR}=\overline{LD}=ET=EP=1$时，在 CP 上升沿的作用下，计数器进行二进制加法计数。

④ 保持功能。当$\overline{CR}=\overline{LD}=1$，ET=0 或 EP=0 时，计数器状态保持不变。

表 3-7　74LS161 的功能表

输入									输出					说明
$\overline{CR}$	$\overline{LD}$	EP	ET	CP	D_3	D_2	D_1	D_0	Q_3	Q_2	Q_1	Q_0	CO	
0	×	×	×	×	×	×	×	×	0	0	0	0	0	异步置 0
1	0	×	×	↑	d_3	d_2	d_1	d_0	d_3	d_2	d_1	d_0		$CO=ET\cdot Q_3Q_2Q_1Q_0$
1	1	1	1	↑	×	×	×	×	计数					$CO=Q_3Q_2Q_1Q_0$
1	1	0	×	×	×	×	×	×	保持					$CO=ET\cdot Q_3Q_2Q_1Q_0$
1	1	×	0	×	×	×	×	×	保持				0	

(2) N 进制计数器的设计。利用 74LS161 的异步置 0 端和同步置数端可以设计得到 N 进制计数器。

异步置 0 法设计 N 进制计数器的步骤如下。

① 写出 N 进制计数器状态 S_N 的二进制代码。

② 写出反馈归零函数。根据 S_N 写出异步置 0 控制端$\overline{CR}$的逻辑表达式。

③ 画连线图。根据反馈归零函数画连线图。

同步置数法设计 N 进制计数器的步骤如下。

① 写出 N 进制计数器状态 S_{N-1} 的二进制代码。

② 写出反馈置数函数。根据 S_N 写出同步置数控制端$\overline{LD}$的逻辑表达式。

③ 画连线图。根据反馈置数函数画连线图。

【例 3-4】 试用 74LS161 设计十二进制计数器。

设计方案：

(1) 异步置 0 法设计十二进制计数器。

① 写出 S_{12} 的二进制代码：$S_{12}=1100$。

② 写出反馈归零函数：$\overline{CR}=\overline{Q_3Q_2}$。

③ 画连线图。根据反馈归零函数画出连线图，如图 3-24(a)所示。利用异步置 0 法实现任意进制计数时，并行数据输入端 $D_0\sim D_3$ 可接任意数据。在此，$D_0\sim D_3$ 接地，也可接其他数据。

(2) 同步置数法设计十二进制计数器。

① 写出 S_{11} 的二进制代码：$S_{11}=1011$。

② 写出反馈置数函数：$\overline{LD}=\overline{Q_3Q_1Q_0}$。

③ 画连线图。根据反馈置数函数画出连线图，如图 3-24(b)所示。利用同步置数法实现任意进制计数时，并行数据输入端 $D_0\sim D_3$ 必须接地(即 $D_3D_2D_1D_0=0000$)。

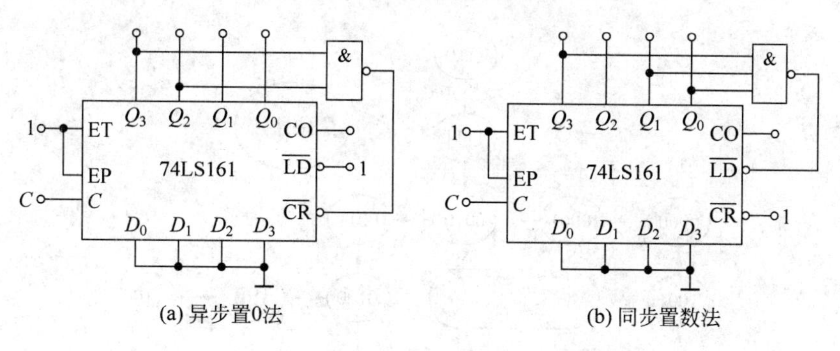

图3-24　用74LS161设计十二进制的两种方法

3.3.2　同步十进制计数器

1. 4位同步十进制加法计数器

在4位同步二进制加法计数器(即十六进制计数器)的基础上进行修改,将驱动方程改为:$\begin{cases} J_0=K_0=1 \\ J_1=K_1=\overline{Q_3^n}Q_0^n \end{cases}$,$\begin{cases} J_2=K_2=Q_1^nQ_0^n \\ J_3=K_3=Q_2^nQ_1^nQ_0^n+Q_3^nQ_0^n \end{cases}$。

当电路从初始状态0000开始计数,一直计到1001时,则在下一个CLK到来时,电路状态回到0000,形成主循环(见图3-25)。1010～1111这6个状态为无效状态,将它们代入状态方程,发现能回到主循环(见图3-26),所以电路能自启动。

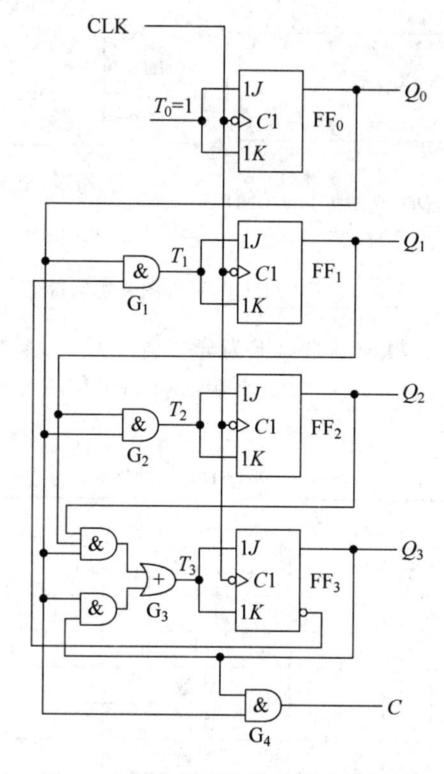

图3-25　4位同步十进制加法计数器

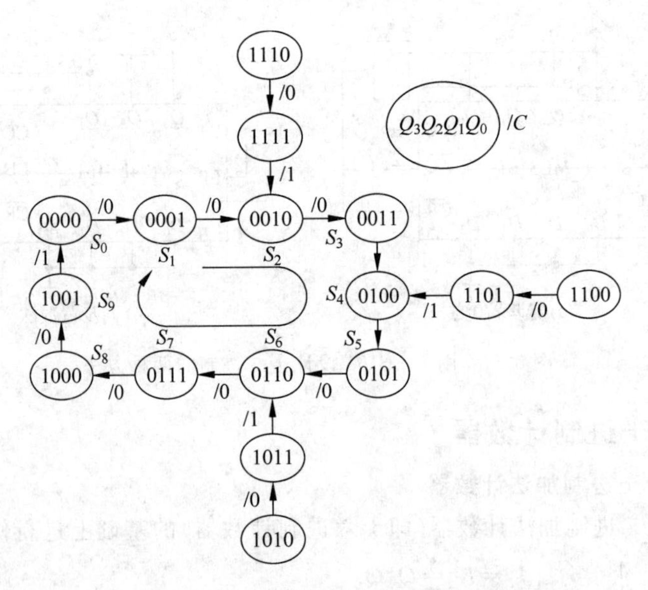

图 3-26 4 位同步十进制加法计数器的状态转换图

2. 集成 74LS160 同步十进制加法计数器

74LS160 为集成同步十进制加法计数器，图 3-27 为它的引脚图和逻辑符号。

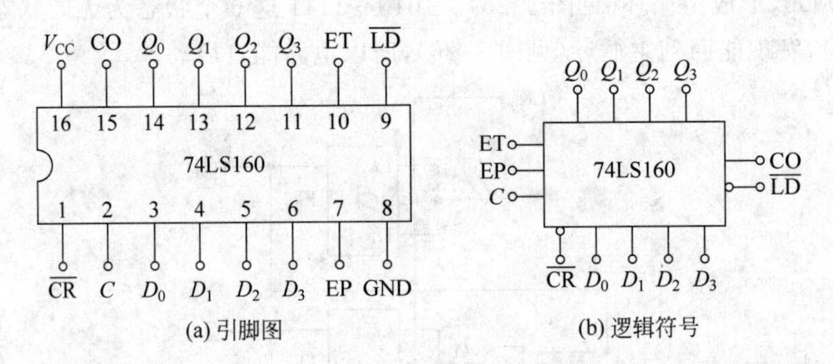

图 3-27 74LS160 的引脚图和逻辑符号

图 3-27 中$\overline{LD}$为同步置数控制端，$\overline{CR}$为异步置 0 控制端，ET 和 EP 为计数控制端，$D_0 \sim D_3$ 为并行数据输入端，$Q_0 \sim Q_3$ 为输出端，CO 为进位输出端。表 3-8 为 74LS160 的功能表。

表 3-8 74LS160 的功能表

输入									输出					说明
$\overline{CR}$	$\overline{LD}$	EP	ET	CP	D_3	D_2	D_1	D_0	Q_3	Q_2	Q_1	Q_0	CO	
0	×	×	×	×	×	×	×	×	0	0	0	0	0	异步置 0
1	0	×	×	↑	d_3	d_2	d_1	d_0	d_3	d_2	d_1	d_0		CO=ET · Q_3Q_0
1	1	1	1	↑	×	×	×	×	计数					CO=Q_3Q_0
1	1	0	×	×	×	×	×	×	保持					CO=ET · Q_3Q_0
1	1	×	0	×	×	×	×	×	保持				0	

从表3-8中可以看出74LS161的主要功能如下。

① 异步置0。当清零端$\overline{CR}$=0时，计数器被置0，即$Q_3Q_2Q_1Q_0$=0000。

② 同步并行置数。当$\overline{CR}$=1、$\overline{LD}$=0时，在CP上升沿的作用下，74LS160输出端被置入并行输入端的数据$d_3 \sim d_0$，即$Q_3Q_2Q_1Q_0=d_3d_2d_1d_0$。

③ 计数功能。当$\overline{CR}=\overline{LD}$=ET=EP=1时，在CP上升沿的作用下，计数器进行十进制加法计数。

④ 保持功能。当$\overline{CR}=\overline{LD}$=1，ET=0或EP=0时，计数器状态保持不变。

同74LS161一样，利用异步置0控制端$\overline{CR}$和同步置数控制端$\overline{LD}$也可以设计实现N进制计数器。可参考74LS161实现N进制计数器的方法。

【例3-5】 试用74LS160设计七进制计数器。

设计方案：

(1) 异步置0法设计七进制计数器。

① 写出S_7的二进制代码：S_7=0111。

② 写出反馈归零函数：$\overline{CR}=\overline{Q_2Q_1Q_0}$。

③ 画连线图。根据反馈归零函数画出连线图，如图3-28(a)所示。利用异步置0法实现任意进制计数时，并行数据输入端$D_0 \sim D_3$可接任意数据。

(2) 同步置数法设计七进制计数器。

① 写出S_7的二进制代码：S_7=0110。

② 写出反馈置数函数：$\overline{LD}=\overline{Q_2Q_1}$。

③ 画连线图。根据反馈置数函数画出连线图，如图3-28(b)所示。利用同步置数法实现任意进制计数时，并行数据输入端$D_0 \sim D_3$必须接地($D_3D_2D_1D_0$=0000)。

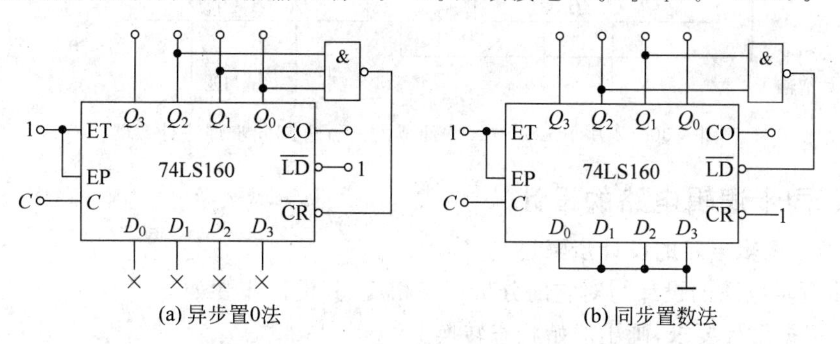

图3-28　74LS160实现七进制加法计数器的两种方法

3.3.3　级联法设计大容量同步N进制计数器

为了获得容量更大的N进制计数器，通常将多个集成同步计数器的级联端串联起来便可实现，这种方法称作级联法。

图3-29所示为由2片集成同步二进制加法计数器74LS161通过异步置0法级联成的六十进制同步加法计数器。

十进制数60对应的二进制数为00111100，所以，当计数器计到60时，计数器的状态

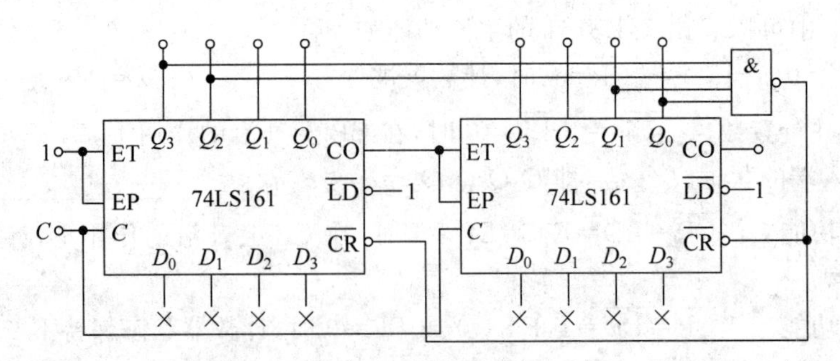

图 3-29　2 片 74LS161 级联而成的六十进制同步加法计数器(异步置 0)

为 $Q_3'Q_2'Q_1'Q_0'Q_3Q_2Q_1Q_0=00111100$，其反馈归零函数为 $\overline{CR}=\overline{Q_1'Q_0'Q_3Q_2}$，这时，四输入与非门输出低电平 0，使两片 74LS161 同时被置 0，从而实现了六十进制的加法计数。

图 3-30 所示为由两片 74LS160 级联而成的一百进制同步加法计数器。从图中可以看出：低位片 74LS160(1)在计到 9 以前，其进位输出 $CO=Q_3Q_0=0$，高位片 74LS160(2)的 EP＝ET＝0，高位片的输出端保持原状态不变。当低位片计到 9 时，其输出 $CO=Q_3Q_0=1$，即高位片的 EP＝ET＝1，这时，高位片才能接收 CLK 端的计数脉冲。所以，输入第 10 个计数脉冲时，低位片回到 0 状态，同时高位片加 1。以此类推，从而实现了一百进制的同步加法计数器。

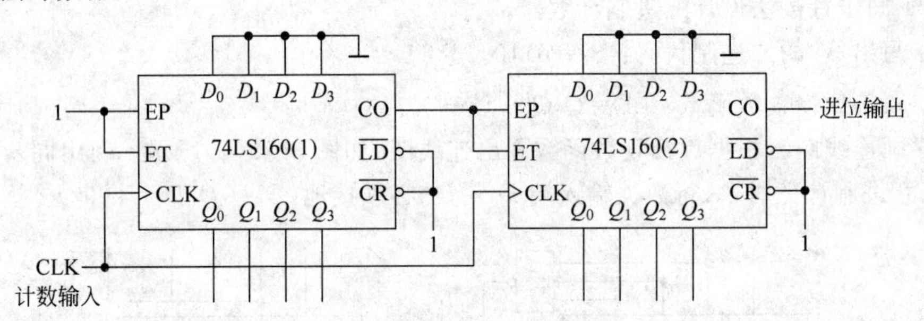

图 3-30　2 片 74LS160 级联而成的一百进制同步加法计数器

3.3.4　同步逻辑电路的设计

1. 同步逻辑电路的设计步骤

同步逻辑电路的设计与对它的分析正好相反，其设计步骤如下。

(1) 根据设计要求，画出原始状态转换图。

(2) 状态化简。在保证满足逻辑功能要求的前提下，电路越简单越好。所以，需将多余的重复状态合并为一个状态，得到最简的状态转换图。

(3) 状态分配，列出状态转换编码表。每个触发器表示一位二进制数，因此，触发器的数目 n 可按式 $2^n \geqslant N > 2^{n-1}$($N$ 为电路的状态数)确定。

(4) 确定触发器的类型，求出输出方程、驱动方程、状态方程。

(5) 根据驱动方程和输出方程画出逻辑图。

(6) 检查设计的电路有无自启动能力。

2. 同步时序逻辑电路的设计举例

【例 3-6】 试设计一个同步五进制加法计数器。

设计方案：

① 根据设计要求，画出原始状态转换图。同步五进制加法计数器共有 5 个状态 $S_0 \sim S_4$，画出状态转换图如图 3-31 所示。这 5 个状态已为最简，不需要再化简。

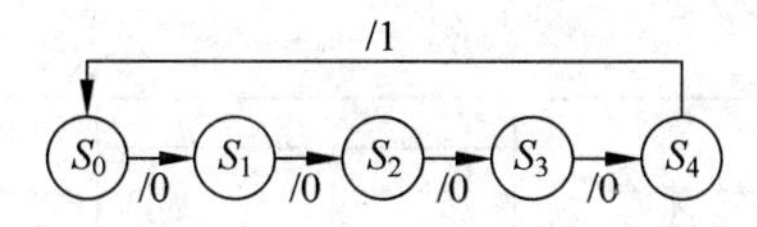

图 3-31　例 3-6 的状态转换图

② 状态分配，列出状态转换编码表。根据式 $2^n \geqslant N > 2^{n-1}$ 可确定，$N=5$ 时，$n=3$，所以需要 3 个触发器，即采用 3 位二进制编码。表 3-9 所示为状态转换编码表。

表 3-9　例 3-6 的状态转换编码表

状态转换顺序	现　态			次　态			输　出
	Q_2^n	Q_1^n	Q_0^n	Q_2^{n+1}	Q_1^{n+1}	Q_0^{n+1}	Y
S_0	0	0	0	0	0	1	0
S_1	0	0	1	0	1	0	0
S_2	0	1	0	0	1	1	0
S_3	0	1	1	1	0	0	0
S_4	1	0	0	0	0	0	1

③ 确定触发器的类型，求出输出方程、驱动方程、状态方程。由于 JK 触发器使用比较灵活，这里就选用 JK 触发器，根据表 3-9 画出各触发器的次态和输出函数的卡诺图，如图 3-32 所示。

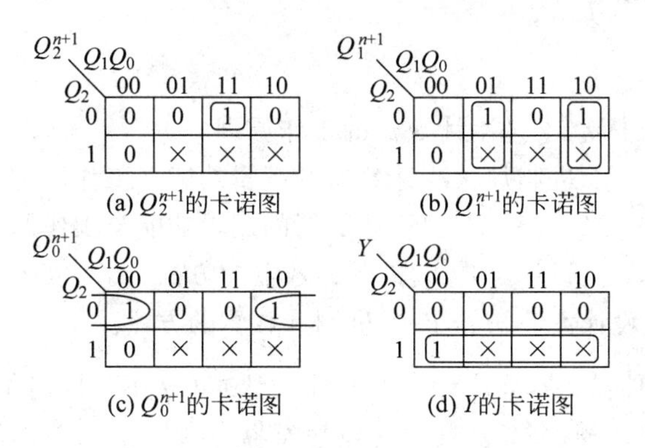

图 3-32　例 3-6 的计数器的次态和输出函数的卡诺图

根据图 3-32，得到输出方程：$Y=Q_2^n$；状态方程为：$\begin{cases} Q_2^{n+1}=\overline{Q_2^n}Q_1^nQ_0^n \\ Q_1^{n+1}=\overline{Q_1^n}Q_0^n+Q_1^n\overline{Q_0^n} \\ Q_0^{n+1}=\overline{Q_2^n}\,\overline{Q_0^n} \end{cases}$，将状态方程与

JK 触发器的特性方程 $Q^{n+1}=J\overline{Q^n}+\overline{K}Q^n$ 相比较，得到各触发器的驱动方程：$\begin{cases}J_0=\overline{Q_2^n}, K_0=1\\J_1=K_1=Q_0^n\\J_2=Q_1^nQ_0^n, K_2=1\end{cases}$。

④ 画出逻辑图。根据驱动方程和输出方程画出逻辑图，如图 3-33 所示。

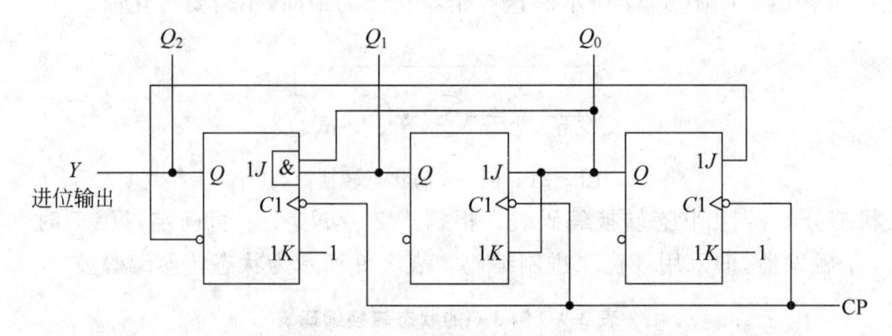

图 3-33 同步五进制加法计数器的逻辑图

⑤ 检查电路有无自启动能力。如果电路进入无效状态 101、110、111 时，将这些状态代入状态方程，分别进入有效状态 010、010、000，所以电路能够自启动。

思考

1. 试述用异步置 0 法和同步置数法设计 N 进制加法计数器的方法。
2. 试用 74LS161 设计七进制同步加法计数器。
3. 试用 2 片 74LS161 设计五十进制同步加法计数器。
4. 试设计一个同步五进制减法计数器。

3.4 异步计数器

学习目标

(1) 掌握异步二进制、十进制计数器的工作原理。
(2) 掌握集成异步二进制加减法计数器的逻辑功能与工作原理。
(3) 掌握集成异步二—五—十进制计数器的逻辑功能与工作原理。
(4) 掌握异步置 0 法设计异步 N 进制计数器的方法。
(5) 掌握级联法设计大容量异步 N 进制计数器的方法。

与同步计数器不同的是，异步计数器的计数脉冲 CP 不是同时加到各位触发器上，最低位触发器由计数脉冲触发翻转，其他各位触发器有时需由相邻低位触发器输出的进位脉冲来触发，因此各位触发器状态变换的时间先后不一，只有在前级触发器翻转后，后级触发器才能翻转。异步计数器的优点是电路结构简单。

3.4.1 异步二进制计数器

1. 异步二进制加法计数器

图 3-34 所示为由 3 个 D 触发器构成的 3 位异步二进制加法计数器。图中每个 D 触

发器都接成 T′触发器，用计数脉冲 CP 的上升沿触发。

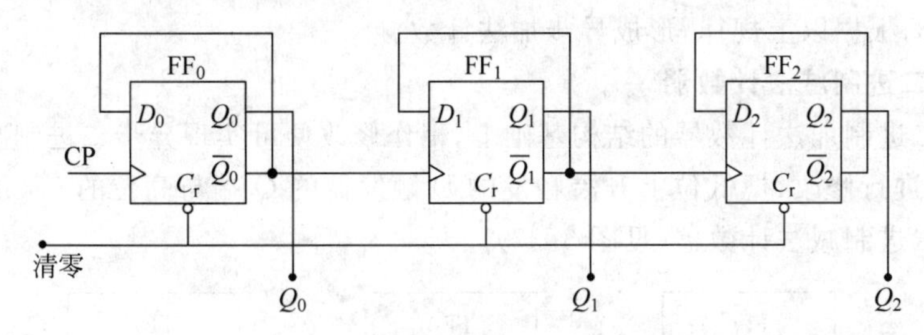

图 3-34　由上升沿触发的 D 触发器构成的 3 位异步二进制加法计数器

它的工作原理如下：计数前，在计数器的清零端 C_r 上加负脉冲，使各触发器都为 0 状态，即 $Q_2Q_1Q_0=000$。计数过程中，C_r 端为高电平。当输入第一个计数脉冲 CP 时，第一位触发器 FF_0 由 0 状态翻到 1 状态，$\overline{Q_0^n}$端输出负跃变，FF_1 不翻转，保持 0 状态，此时，计数器的状态为 $Q_2Q_1Q_0=001$。当输入第二个计数脉冲时，FF_0 由 1 状态翻到 0 状态，$\overline{Q_0^n}$端输出正跃变，FF_1 则由 0 状态翻转到 1 状态，$\overline{Q_1^n}$端输出负跃变，FF_2 保持 0 状态不变，此时，计数器的状态为 $Q_2Q_1Q_0=010$。当连续输入计数脉冲时，根据上述计数规律，只要低位触发器由 1 状态翻到 0 状态，相邻高位触发器的状态便改变。

图 3-35 所示为 3 位异步二进制加法计数器的工作波形，由该图可以看出，输入的计数脉冲每经一级触发器，其周期增加一倍，即频率降低一半。所以图 3-34 所示的计数器是一个 8 分频器。

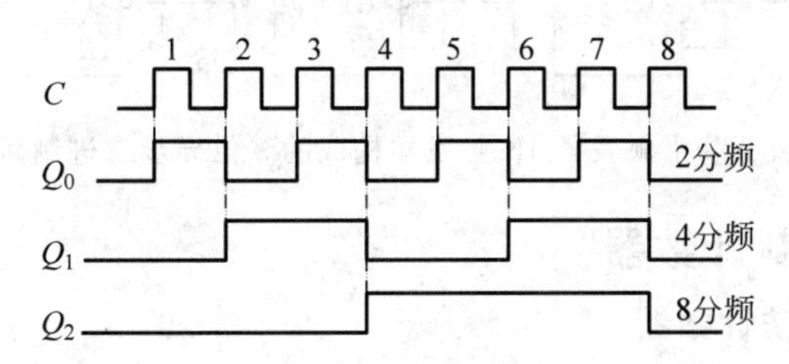

图 3-35　3 位异步二进制加法计数器的时序图

事实上，3 位异步二进制加法计数器也可以由 JK 触发器构成，如图 3-36 所示。每个 JK 触发器构成 T′触发器，将每个触发器的输出端 Q 接到高位触发器的时钟脉冲端即可。它的工作原理是：当输入第一个计数脉冲时，FF_0 由 0 状态翻到 1 状态，Q_0 端输出正跃变，FF_1 不翻转，保持 0 状态不变。这时，计数器的状态为 $Q_2Q_1Q_0=001$。当输入第二个计数脉

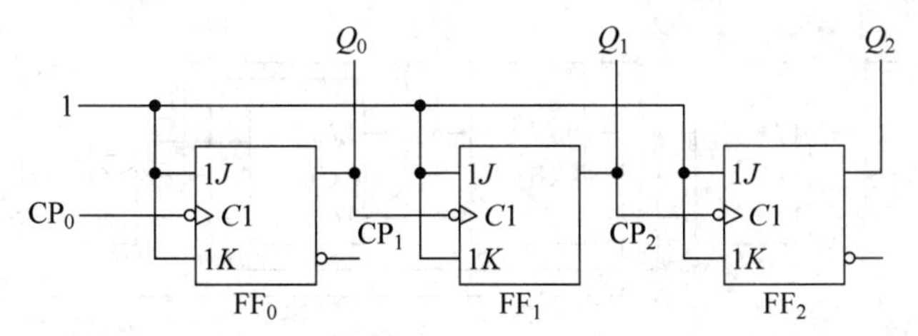

图 3-36　由下降沿触发的 JK 触发器构成的 3 位异步二进制加法计数器

冲时，FF_0 由 1 状态翻到 0 状态，Q_0 端输出负跃变，FF_1 由 0 状态翻到 1 状态，此时，$Q_2Q_1Q_0=010$，根据以上规律，形成异步加法计数。

2. 异步二进制减法计数器

在异步二进制加法计数器的结构基础上，稍作修改便可实现异步二进制减法计数器。若将图 3-34 进行修改，把低位上升沿触发的 D 触发器的 Q 端与高位的 CP 端相连接，即构成了异步二进制减法计数器（见图 3-37）。

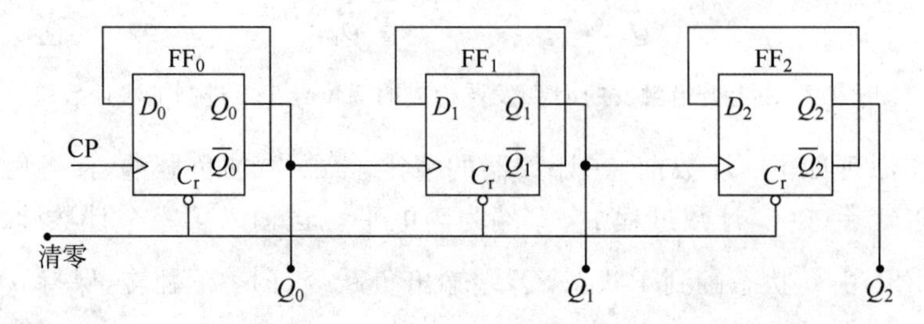

图 3-37 由上升沿触发的 D 触发器构成的 3 位异步二进制减法计数器

若在图 3-36 的基础上进行修改，把低位下降沿触发的 JK 触发器的 $\overline{Q}$ 端与高位的 CP 端相连接，也可构成异步二进制减法计数器（见图 3-38）。

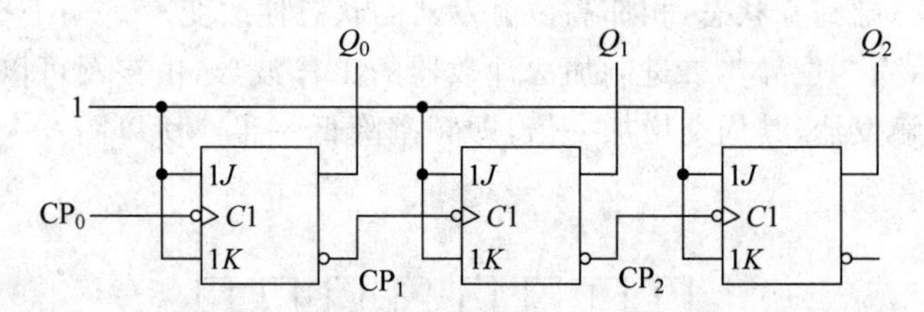

图 3-38 由下降沿触发的 JK 触发器构成的 3 位异步二进制减法计数器

3.4.2 异步十进制计数器

1. 异步十进制加法计数器

在图 3-36 的基础上，增加一个 JK 触发器，并稍作修改，可构成异步十进制加法计数器（见图 3-39），即实现 0000～1001 的计数。它的工作原理是：设计数器初始状态 $Q_3^nQ_2^nQ_1^nQ_0^n=0000$，由图 3-39 可知，$FF_0$ 和 FF_2 为 T′触发器。在 FF_3 为 0 状态时，$\overline{Q_3^n}=1$，这时 $J_1=\overline{Q_3^n}=1$，FF_1 也为 T′触发器。因此输入前 8 个计数脉冲时，计数器按异步二进制加法进行计数。输入第 7 个脉冲时，计数器的状态为 $Q_3^nQ_2^nQ_1^nQ_0^n=0111$，此时 $J_3=Q_2Q_1=1$，$K_3=1$。

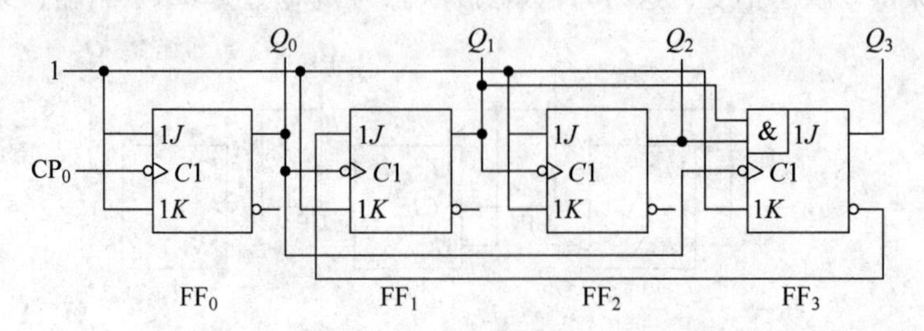

图 3-39 由下降沿触发的 JK 触发器构成的异步十进制加法计数器

当输入第8个脉冲时，FF_0 由1状态翻到0状态，Q_0 端发生负跃变，导致 FF_1 和 FF_3 均发生翻转，Q_1 端发生负跃变导致 FF_2 也会翻转，这时计数器的状态 $Q_3^nQ_2^nQ_1^nQ_0^n=1000$，$\overline{Q_3^n}=0$ 导致 $J_1=0$，所以 FF_1 保持原状态不变，从而 FF_2 状态也不变。当输入第9个脉冲时，计数器状态为 $Q_3^nQ_2^nQ_1^nQ_0^n=1001$，此时 $J_3=0$，$K_3=1$，FF_3 具备翻到0状态的条件，当输入第10个脉冲时，计数器从1001状态返回到0000状态，电路跳过了1010～1111六个状态，实现了十进制的加法计数。图3-40所示为十进制加法计数器的时序图。

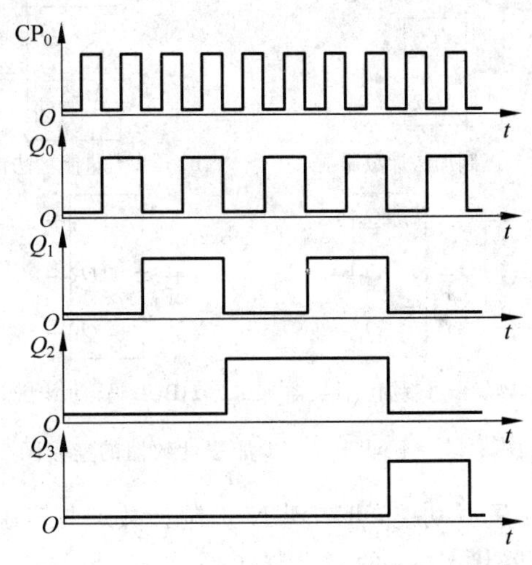

图3-40　异步十进制加法计数器的时序图

2. 集成异步计数器74LS290

74LS290内部含有两个独立的计数电路，由1个1位二进制计数器和1个异步五进制计数器构成，所以称之为二—五—十进制加法计数器。图3-41所示为74LS290的逻辑符号和结构图。

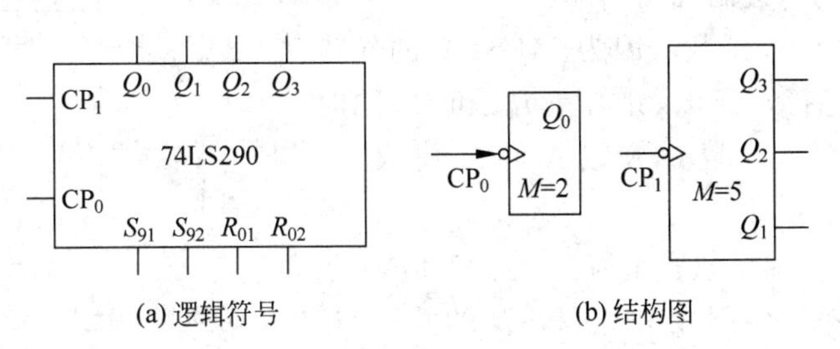

图3-41　74LS290的逻辑符号和结构图

从表3-10中可以看出，74LS290的功能如下。

表3-10　74LS290的功能表

输入			输出				说明
$R_{01}\cdot R_{02}$	$S_{91}\cdot S_{92}$	CP	Q_3	Q_2	Q_1	Q_0	
1	0	×	0	0	0	0	置0
0	1	×	1	0	0	1	置9
0	0	↓	计数				

(1) 异步置0。当 $R_0=R_{01}\cdot R_{02}=1, S_9=S_{91}\cdot S_{92}=0$ 时,计数器置0,即 $Q_3Q_2Q_1Q_0=0000$,与时钟脉冲CP无关,因此是异步置0。

(2) 异步置9。当 $R_0=R_{01}\cdot R_{02}=0, S_9=S_{91}\cdot S_{92}=1$ 时,计数器置9,即 $Q_3Q_2Q_1Q_0=1001$,与时钟脉冲CP无关,因此是异步置9。

(3) 计数功能。当 $R_0=R_{01}\cdot R_{02}=0, S_9=S_{91}\cdot S_{92}=0$ 时,74LS290为计数状态。当计数脉冲如图3-42所示连接时,可构成不同进制的计数器。

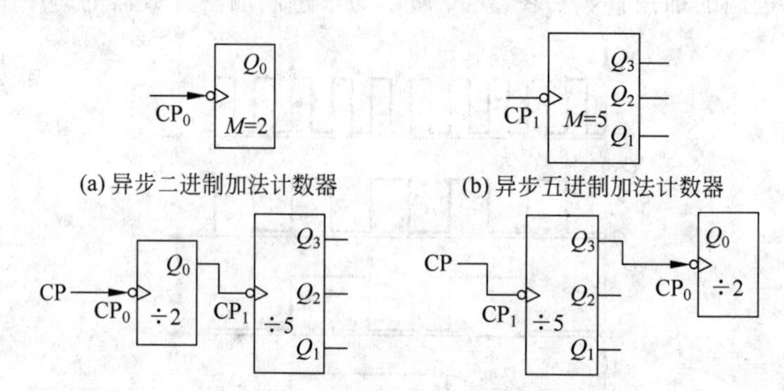

图3-42 不同进制异步加法计数器的连接图

利用74LS290的异步置0功能,可实现 N 进制计数。其步骤如下。

① 写出 N 进制计数器状态 S_N 的二进制代码。

② 写出反馈归零函数。根据 S_N 写置0端的逻辑表达式。

③ 画连线图。

【例3-7】 试用74LS290设计九进制计数器。

设计方案:

① 写出 S_9 的二进制代码:$S_9=1001$。

② 写出反馈归零函数。因为74LS290的异步置0端为高电平有效,所以,只有在 R_{01} 和 R_{02} 同时为高电平时计数器才可置0,所以 $R_0=R_{01}\cdot R_{02}=Q_3\cdot Q_0$。

③ 画连线图。因计数容量为9,大于5,应将 Q_0 与 CP_1 相连,R_{01} 和 R_{02} 则接上 Q_3 和 Q_0 的共同与,如图3-43所示。

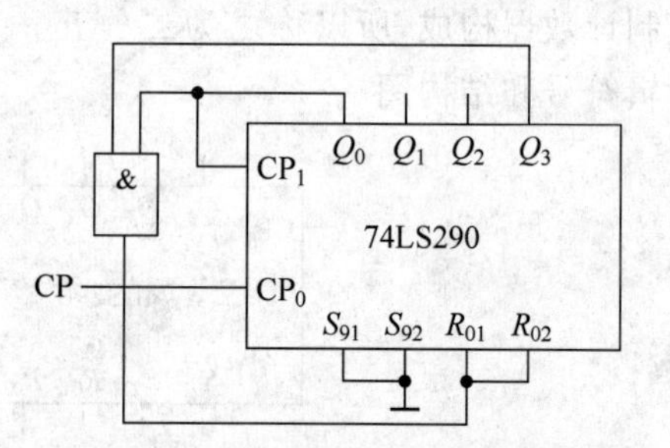

图3-43 异步九进制加法计数器

3.4.3 级联法设计大容量异步 N 进制计数器

与同步 N 进制计数器的设计方法类似,通过级联多个集成异步计数器,可以实现异步 N 进制加法计数器。图3-44所示为由两片74LS290构成的一百进制异步加法计数器。

从图3-44中可以看出,每片74LS290构成8421BCD码十进制加法计数器,在此基础上,将个位74LS290的输出端 Q_3 接入十位74LS290的计数脉冲端,当输入第10个计数脉冲时,Q_3 端发生负跃变,导致十位74LS290增1计数,以此类推,从而实现了一百进制的加法计数。

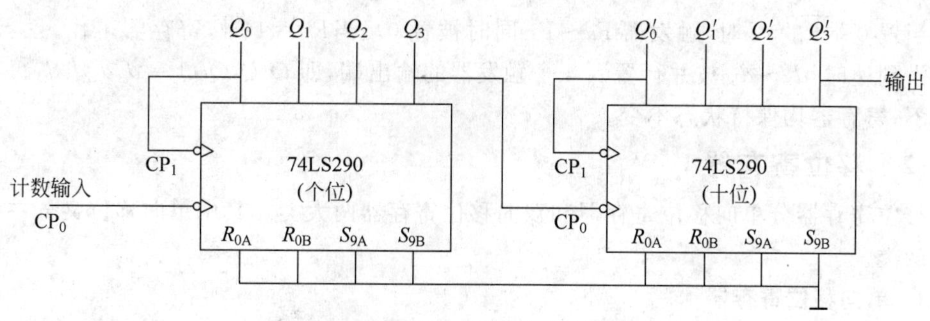

图 3-44　异步一百进制加法计数器

思考

1. 用上边沿触发的 D 触发器构成的异步二进制加法计数器与用下边沿触发的 JK 触发器构成的异步二进制加法计数器有什么区别?

2. 异步十进制加法计数器的特点是什么?

3. 试用 74LS290 设计异步八进制加法计数器。

4. 试用 2 片 74LS290 级联设计异步六十六进制加法计数器。

3.5　寄存器与移位寄存器

学习目标

(1) 掌握寄存器和移位寄存器的工作原理及区别。

(2) 掌握集成双向移位寄存器的逻辑功能与工作原理。

(3) 掌握集成双向移位寄存器设计扭环形计数器的方法。

(4) 掌握集成双向移位寄存器设计顺序脉冲发生器的方法。

(5) 掌握集成双向移位寄存器设计奇偶分频器的方法。

寄存器是存放数码、运算结果或指令的电路。移位寄存器不但可存放数码,而且在移位脉冲的作用下,寄存器中的数码可根据需要向左或向右移位。

3.5.1　寄存器

用以存放二进制代码的电路称为寄存器。图 3-45 所示为由 4 个边沿 D 触发器组成的寄存器。图中$\overline{R_D}$为置 0 输入端,$d_3 \sim d_0$ 为并行数码输入端,CP 为时钟脉冲输入端,$Q_3 \sim Q_0$ 为并行数码输出端。

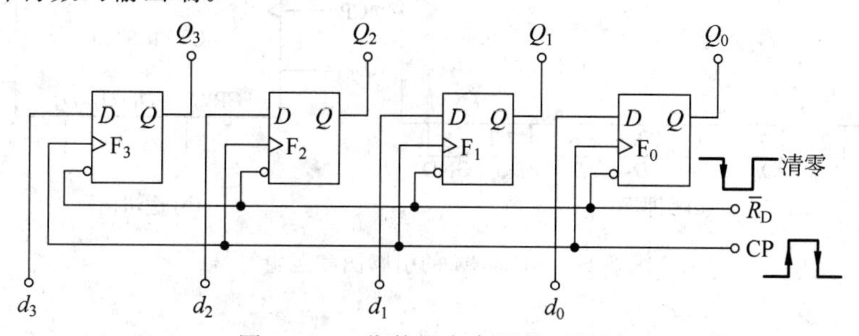

图 3-45　4 位数码寄存器的逻辑图

当置0端$\overline{R_D}=0$时，触发器$F_0\sim F_3$同时被置0。当$\overline{R_D}=1$时，寄存器工作，且当CP上升沿到达时，$d_3\sim d_0$被并行置入4个触发器的输出端，即$Q_3Q_2Q_1Q_0=d_3d_2d_1d_0$。其他情况下，寄存器均保持状态不变。

3.5.2 移位寄存器

移位寄存器分单向移位寄存器和双向移位寄存器两大类。其中单向移位又分左移和右移两类。

1. 单向移位寄存器

图3-46所示为4个边沿D触发器组成的右移位寄存器，这4个D触发器共用一个时钟脉冲信号，因此为同步时序逻辑电路。数码由D_0端串行输入，其工作原理如下。

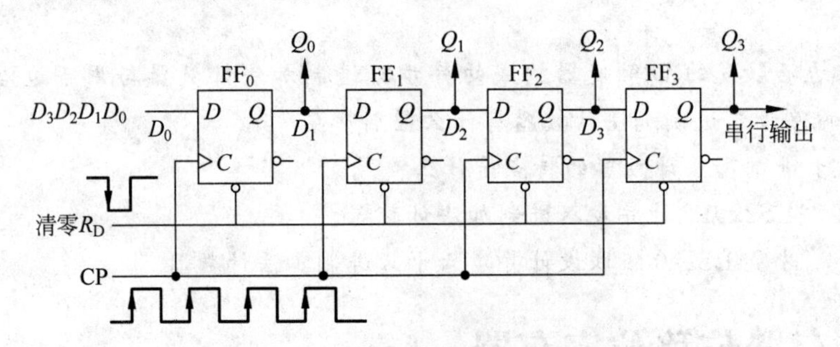

图3-46 D触发器构成的右移位寄存器

设串行输入码$D_3D_2D_1D_0=1001$，4个触发器都为0状态。当输入第一个数码1时，这时$D_0=1, D_1=Q_0=0, D_2=Q_1=0, D_3=Q_2=0$，则在第1个移位脉冲的上升沿作用下，$FF_0$由0状态翻到1状态，第一位数码1存入$FF_0$中，$Q_0=0$移入$FF_1$中，数码向右移了一位，同理，$FF_1$、$FF_2$、$FF_3$中的数码都依次向右移一位。此时，寄存器的状态为$Q_3Q_2Q_1Q_0=0001$。当输入第二个数码0时，在脉冲的上升沿作用下，第二个数码0存入FF_0中，此时$Q_0=0$，FF_0中原来的数码1移入FF_1中，$Q_1=1$，同理，$Q_2=Q_3=0$。这样，在4个移位脉冲的作用下，4位串行码1001全部存入寄存器中。

2. 双向移位寄存器

将右移位和左移位寄存器结合在一起，就构成了双向移位寄存器。图3-47所示为集成的4位双向移位寄存器74LS194的引脚图和逻辑符号。

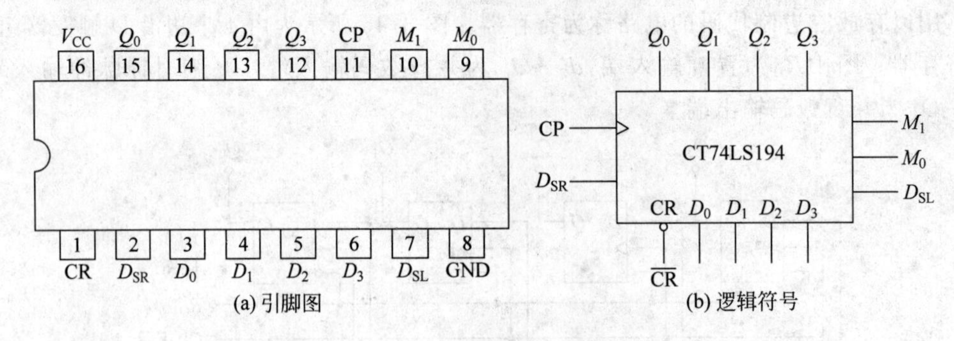

图3-47 74LS194的引脚图和逻辑符号

图 3-47 中$\overline{CR}$为置 0 端，D_0～D_3 为并行数码输入端，D_{SR}为右移串行数码输入端，D_{SL}为左移串行数码输入端，M_0 和 M_1 为工作方式控制端，Q_0～Q_3 为并行数码输出端，CP 为移位脉冲输入端。74LS194 的功能表见表 3-11。

表 3-11　74LS194 的功能表

输入										输出				说明
$\overline{CR}$	M_1	M_0	CP	D_{SL}	D_{SR}	D_0	D_1	D_2	D_3	Q_0	Q_1	Q_2	Q_3	
0	×	×	×	×	×	×	×	×	×	0	0	0	0	置 0
1	×	×	0	×	×	×	×	×	×	保持				
1	1	1	↑	×	×	d_0	d_1	d_2	d_3	d_0	d_1	d_2	d_3	并行置数
1	0	1	↑	×	1	×	×	×	×	1	Q_0	Q_1	Q_2	右移输入 1
1	0	1	↑	×	0	×	×	×	×	0	Q_0	Q_1	Q_2	右移输入 0
1	1	0	↑	1	×	×	×	×	×	Q_1	Q_2	Q_3	1	左移输入 1
1	1	0	↑	0	×	×	×	×	×	Q_1	Q_2	Q_3	0	左移输入 0
1	0	0	×	×	×	×	×	×	×	保持				

移位寄存器构成的计数器在实际工程中经常用到。如用移位寄存器构成环形计数器、扭环形计数器和自启动扭环形计数器、顺序脉冲发生器等。

环形计数器是将单向移位寄存器的串行输入端和串行输出端相连，构成一个闭合的环，如图 3-48 所示。结构特点为 $D_0=Q_{n-1}^n$，即将 FF_{n-1}的输出 Q_{n-1}接到 FF_0 的输入端 D_0。

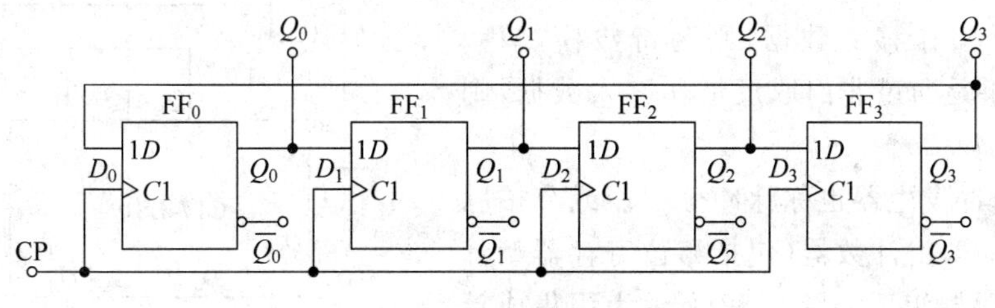

图 3-48　环形计数器

实现环形计数器时，必须设置适当的初态，且输出 $Q_3Q_2Q_1Q_0$ 端初始状态不能完全一致(不能全为“1”或“0”)，这样电路才能实现计数，环形计数器的进制数 N 与移位寄存器内的触发器个数 n 相等。

扭环形计数器是将单向移位寄存器的串行输入端和串行反相输出端相连，构成一个闭合的环(见图 3-49)。结构特点为 $D_0=\overline{Q_{n-1}^n}$，即将 FF_{n-1}的输出$\overline{Q_{n-1}}$接到 FF_0 的输入端 D_0。

实现扭环形计数器时，不必设置初态。扭环形计数器的进制数 N 与移位寄存器内的触发器个数 n 满足 $N=2^n$ 的关系。

图 3-50 为 74LS194 构成的七进制和六进制的扭环形计数器。

双向移位寄存器设计的原理如图 3-51($n=3$，n 代表环内包围的输出端的个数)所示：当 $X=1$ 时，$M_1=0$，$M_0=1$，执行右移功能，当 $n=3$ 时，其模值为 $2\times3=6$；当 $X=0$ 时，$M_1=1$，$M_0=0$，执行左移功能，当 $n=3$ 时，其模值为 $2\times3-1=5$。

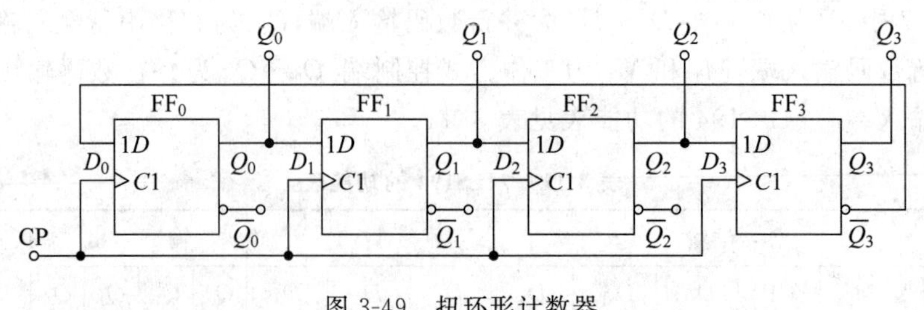

图 3-49 扭环形计数器

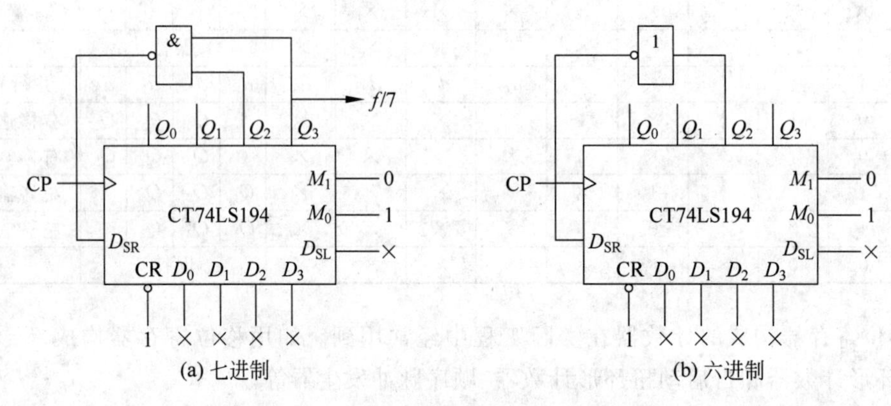

图 3-50 74LS194 构成的扭环形计数器

从图 3-51 中可以看出，如果是通过二输入与非门取反馈作移入数据，则为奇数模，$M=2n-1$；如果是通过非门取反馈作移入数据，则为偶数模，$M=2n$。

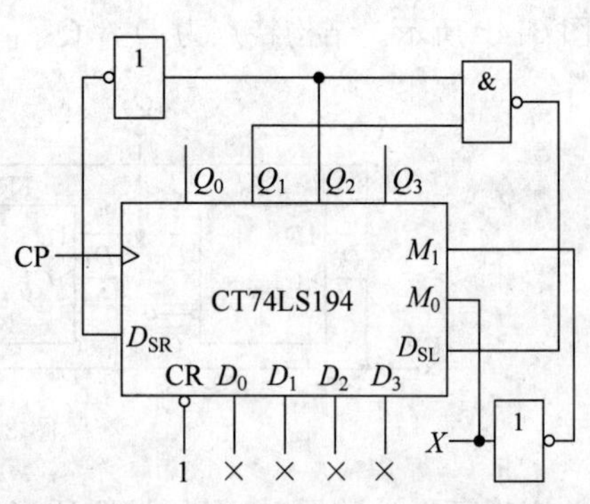

图 3-51 双向移位寄存器设计的奇偶分频器

顺序脉冲发生器也称脉冲分配器或节拍脉冲发生器，一般由计数器(包括移位寄存器型计数器)和译码器组成。图 3-52 所示为用集成计数器 74LS161 和集成 3 线-8 线译码器 74LS138 构成的 8 输出顺序脉冲发生器。

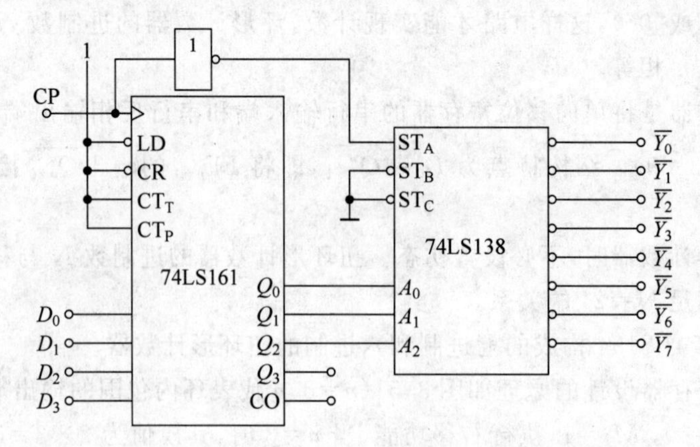

图 3-52 74LS161 和 74LS138 构成的 8 输出顺序脉冲发生器

图 3-53 所示为移位寄存器构成的顺序脉冲发生器连线图和它的时序图。

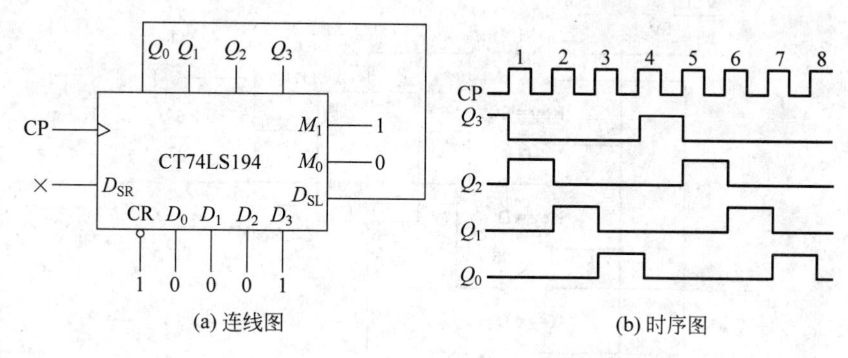

(a) 连线图　　(b) 时序图

图 3-53　顺序脉冲发生器和它的时序图

思考

1. 什么是寄存器？什么是移位寄存器？两者的区别是什么？

2. 上网查找什么是环形计数器？什么是扭环形计数器？两者的区别是什么？

3. 试用双向移位寄存器 74LS194 和门电路构成扭环五进制计数器。

4. 试用 74LS194 及门电路设计一双向移位扭环形计数器，要求右移时 $M=7$，左移时 $M=8$，画出原理图。

3.6　能力训练任务

学习目标

(1) 掌握仿真软件测试边沿触发器的方法。

(2) 掌握利用仿真软件测试同步计数器的方法。

(3) 掌握利用仿真软件测试异步计数器的方法。

(4) 掌握利用仿真软件测试移位寄存器的方法。

3.6.1　边沿触发器的仿真测试

1. 边沿 D 触发器 74LS74 的逻辑功能测试

仿真步骤如下。

(1) 启动 Multisim 10，单击元器件工具条，从中调出 1 片 74LS74N，4 个开关，2 个探针，同时放置电源和地。

(2) 连接所有元器件，开启仿真开关进行测试，如图 3-54 所示。记录相关数据完成表 3-12 和表 3-13。

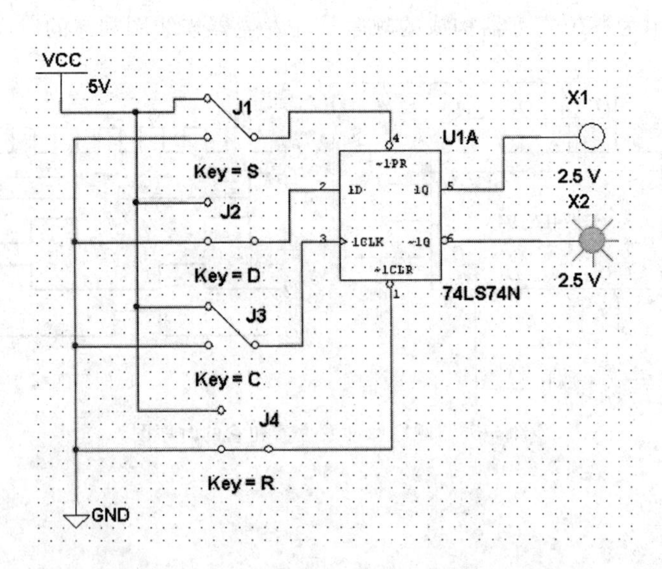

图 3-54 边沿 D 触发器 74LS74 的仿真测试图

表 3-12 边沿 D 触发器 74LS74 的仿真测试表 1

输入				输出	
J_3(CLK)	$J_2(D)$	$J_1(1\text{PR}/\overline{S_D})$	$J_4(1\text{CLR}/\overline{R_D})$	$X_1(Q)$	$X_2(\overline{Q})$
×	×	1	1→0		
×	×	1	0→1		
×	×	1→0	1		
×	×	0→1	1		
×	×	0	0		

表 3-13 边沿 D 触发器 74LS74 的仿真测试表 2

输入				输出 Q^{n+1}	
$J_2(D)$	J_3(CLK)	$J_1(1\text{PR}/\overline{S_D})$	$J_4(1\text{CLR}/\overline{R_D})$	$Q^n=0$	$Q^n=1$
0	0→1	1	1		
	1→0	1	1		
1	0→1	1	1		
	1→0	1	1		

2. 边沿 JK 触发器 74LS112 的逻辑功能测试

仿真步骤如下。

(1) 启动 Multisim 10,单击元器件工具条,从中调出 1 片 74LS112N,5 个开关,2 个探针,同时放置电源和地。

(2) 连接所有元器件,开启仿真开关进行测试,如图 3-55 所示。记录相关数据完成表 3-14。

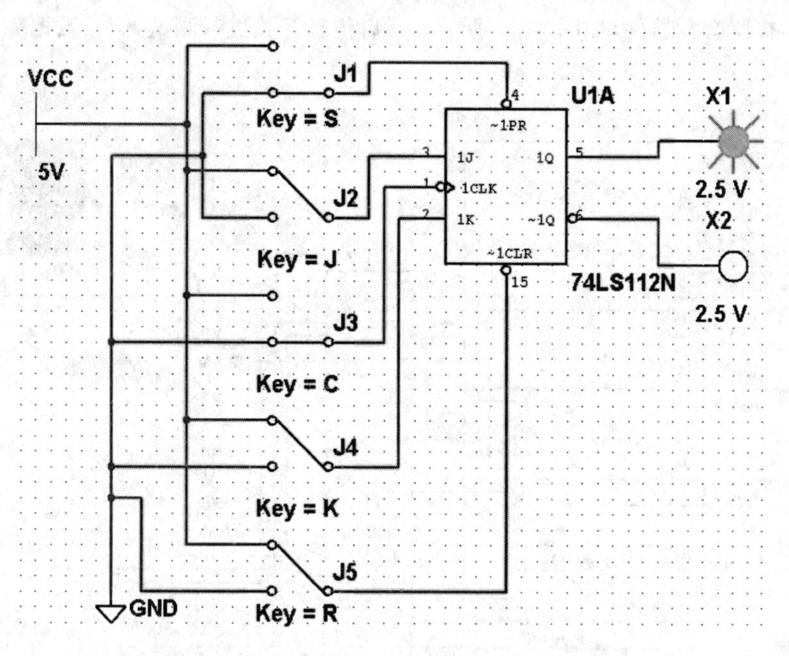

图 3-55　边沿 JK 触发器 74LS112 的仿真测试图

表 3-14　边沿 JK 触发器 74LS112 的仿真测试表

输　入					输出 $Q^{n+1}(X_1)$	
$J_2(1J)$	$J_4(1K)$	J_3(CLK)	$J_1(\overline{S_D}/\overline{1PR})$	$J_5(\overline{R_D}/\overline{1CLR})$	$Q^n=0$	$Q^n=1$
0	0	0→1	1	1		
		1→0	1	1		
0	1	0→1	1	1		
		1→0	1	1		
1	0	0→1	1	1		
		1→0	1	1		
1	1	0→1	1	1		
		1→0	1	1		
×	×	×	1	0		
×	×	×	0	1		

3.6.2 同步计数器的仿真测试

1. 基于 74LS160 的同步十进制加法计数器的逻辑功能测试

仿真步骤如下。

(1) 单击元器件工具条，从中调出 1 片 74LS160N，8 个开关，5 个探针，同时放置 1 个 10Hz/5V 的时钟脉冲源及电源和地。

(2) 单击 Indicators 工具条，调出 DCD_HEX 数码显示器，它内部自带译码功能，且有 4 个输入端，左边为最高位，右边为最低位。

(3) 连接所有元器件,如图 3-56 所示。开启仿真开关进行测试,记录数据完成表 3-15。

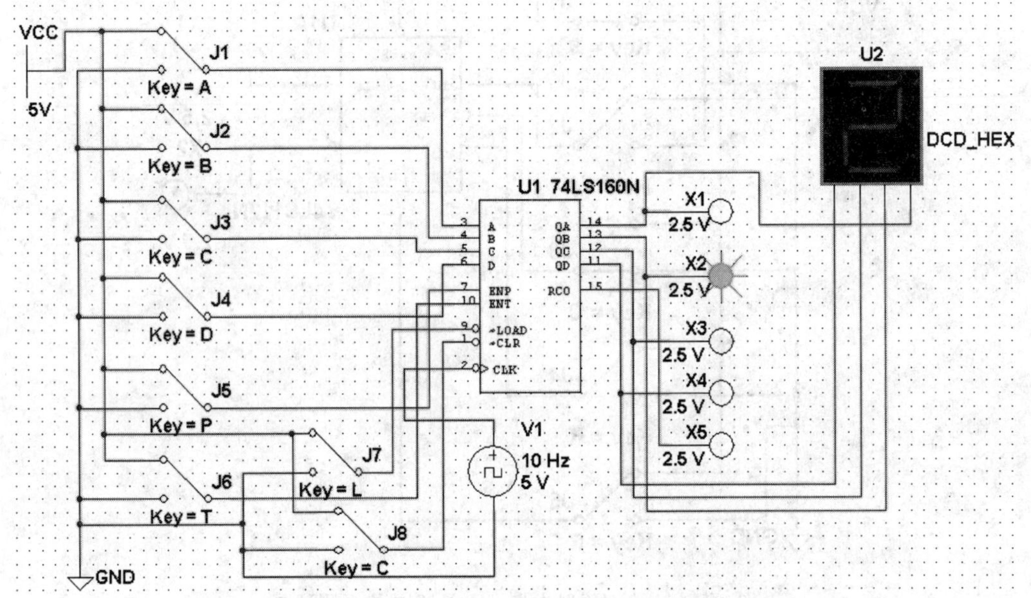

图 3-56 集成同步十进制加法计数器 74LS160 的逻辑功能仿真测试图

表 3-15 集成同步十进制加法计数器 74LS160 的逻辑功能仿真测试表

输入									输出					数码管 U_2 显示数字
$\overline{CLR}$	$\overline{LOAD}$	ENP	ENT	CLK	D	C	B	A	Q_D	Q_C	Q_B	Q_A	RCO	
0	×	×	×	×	×	×	×	×						
1	0	×	×	↑	×	×	×	×						
1	1	1	1	↑	×	×	×	×						
1	1	0	×	×	×	×	×	×						
1	1	×	0	×	×	×	×	×						

2. 基于 74LS160 的同步七进制加法计数器的逻辑功能测试

基于 74*LS*160 的同步七进制加法计数器的逻辑功能测试有以下两种测试方法。

(1) 异步置 0 法的仿真步骤如下。

① 参考图 3-28(a),单击元器件工具条,从中调出 1 片 74LS160N,1 片 74LS20N,4 个探针,同时放置 1 个 10Hz/5V 的时钟脉冲源及电源和地。

② 单击 Indicators 工具条,调出 DCD_HEX 数码显示器,将 74LS160 的 4 个输出端 Q_0～Q_3 接入 DCD_HEX 的输入端,注意输入端的高低位。

③ 连接所有元器件,74LS160 的 4 个数据输入端 D～A 在异步置 0 法中可接任意电平,也可悬空。74LS160 的 3 个输出端 Q_C、Q_B、Q_A 接入 74LS20 的 3 个输入端,因 74LS20 为四输入与非门,所以将 74LS20 剩余的一个输入端接高电平,然后将 74LS20 的输出端反馈至$\overline{CLR}$端,如图 3-57 所示。开启仿真开关进行测试,记录相关数据完成表 3-16。

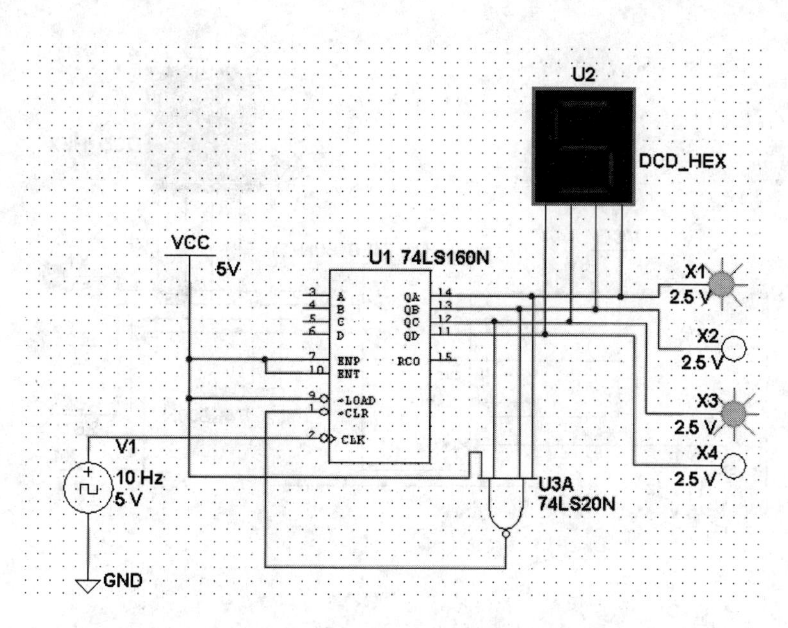

图 3-57　异步置 0 法实现同步七进制加法计数器的仿真测试图

表 3-16　异步置 0 法实现同步七进制加法计数器的仿真测试表

输出探针电平状态				数码管 U_2 显示数字
$X_4(Q_D)$	$X_3(Q_C)$	$X_2(Q_B)$	$X_1(Q_A)$	

（2）同步置数法的仿真步骤如下。

① 参考图 3-28(b)，单击元器件工具条，从中调出 1 片 74LS160N，1 片 74LS00N，4 个探针，同时放置 1 个 10Hz/5V 的时钟脉冲源及电源和地。

② 调出 DCD_HEX 数码显示器，将 74LS160 的 4 个输出端 $Q_0 \sim Q_3$ 接入 DCD_HEX 的输入端。

③ 连接所有元器件，74LS160 的 4 个数据输入端 $D \sim A$ 在同步置数法中必须接低电平或接地。74LS160 的 2 个输出端 Q_C、Q_B 接入 74LS00 的 2 个输入端，74LS00 的输出端反馈至 $\overline{\text{LOAD}}$ 端，如图 3-58 所示。开启仿真开关进行测试，记录数据完成表 3-17。

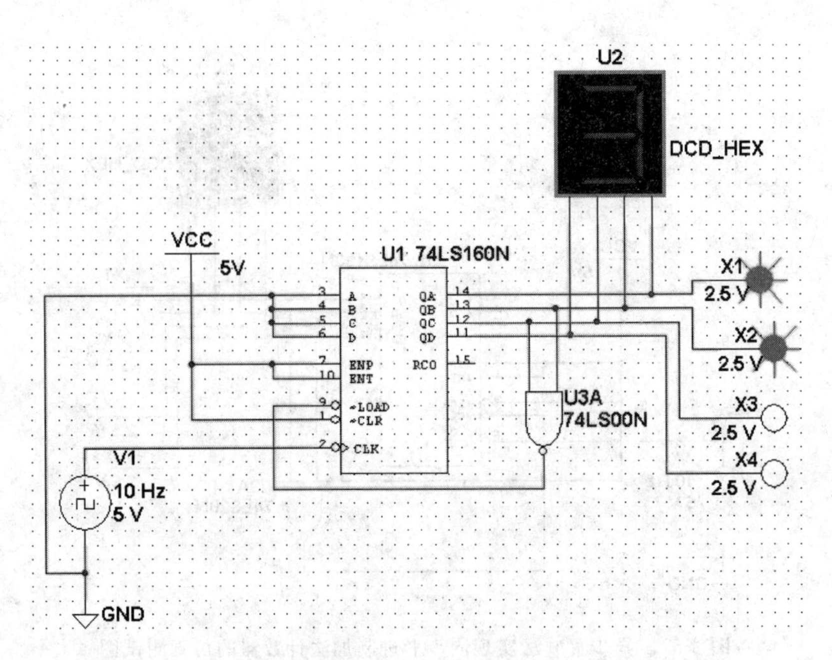

图 3-58 同步置数法实现同步七进制加法计数器的仿真测试图

表 3-17 同步置数法实现同步七进制加法计数器的仿真测试表

输出探针电平状态				数码管 U_2 显示数字
$X_4(Q_D)$	$X_3(Q_C)$	$X_2(Q_B)$	$X_1(Q_A)$	

3. 基于 74LS160 的同步一百进制加法计数器的逻辑功能测试

仿真步骤如下。

(1) 参考图 3-30，单击元器件工具条，从中调出 2 片 74LS160N，8 个探针，同时放置 1 个 50Hz/5V 的时钟脉冲源及电源和地。

(2) 调出 2 个 DCD_HEX 数码显示器，将每片 74LS160 的 4 个输出端 $Q_0 \sim Q_3$ 接入各自数码显示器的输入端，同时连接探针 $X_1 \sim X_4$ 或 $X_5 \sim X_8$。

(3) 连接所有元器件，74LS160 的 4 个数据输入端 $D \sim A$ 可以接任何数据，也可悬空，如图 3-59 所示。开启仿真开关进行测试，记录相关数据完成表 3-18。

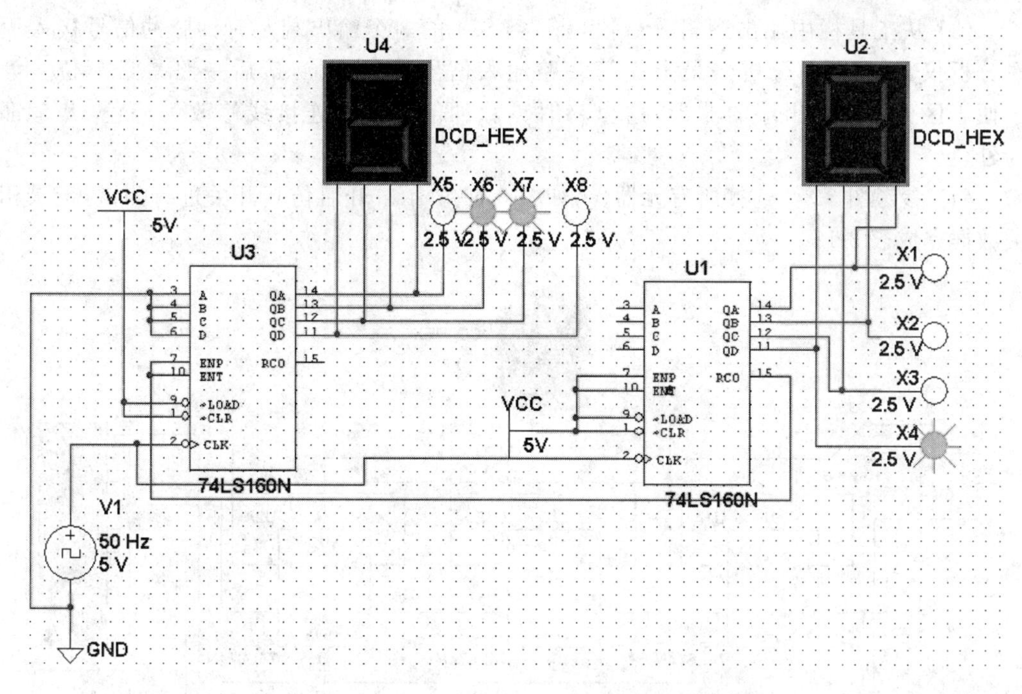

图 3-59　级联 2 片 74LS160 实现同步一百进制加法计数器的仿真测试图

表 3-18　级联 2 片 74LS160 实现同步一百进制加法计数器的仿真测试表

输出探针电平状态								数码管 U_4 显示数字	数码管 U_2 显示数字
X_8	X_7	X_6	X_5	X_4	X_3	X_2	X_1		

3.6.3　异步计数器的仿真测试

1. 基于 74LS74 的异步二进制加法计数器的测试

仿真步骤如下。

(1) 单击元器件工具条，从中调出 3 组 74LS74N，2 个开关，1 个 DCD_HEX 数码显示器，3 个探针，同时放置 1 个 10Hz/5V 的时钟脉冲源及电源和地。

(2) 将每片 74LS74 的输出端 Q 都接一个探针，同时将这 3 个输出端同时接入数码显示器的输入端，因共有 3 位输入，所以数码显示器的最高位输入端可悬空或接地。

(3) 从工具栏中调出逻辑分析仪，将 74LS74 的 3 个输出端及时钟脉冲信号接入逻辑分析仪，注意逻辑分析仪最上面第一路输入信号是最低位，最后一路是最高位。为了便于区分不同输出端的波形，这里将时钟脉冲信号源的连接线修改为蓝色，其余都为红色。

(4) 参考图 3-34，连接所有元器件，如图 3-60 所示。开启仿真开关进行测试，记录相关数据完成表 3-19。

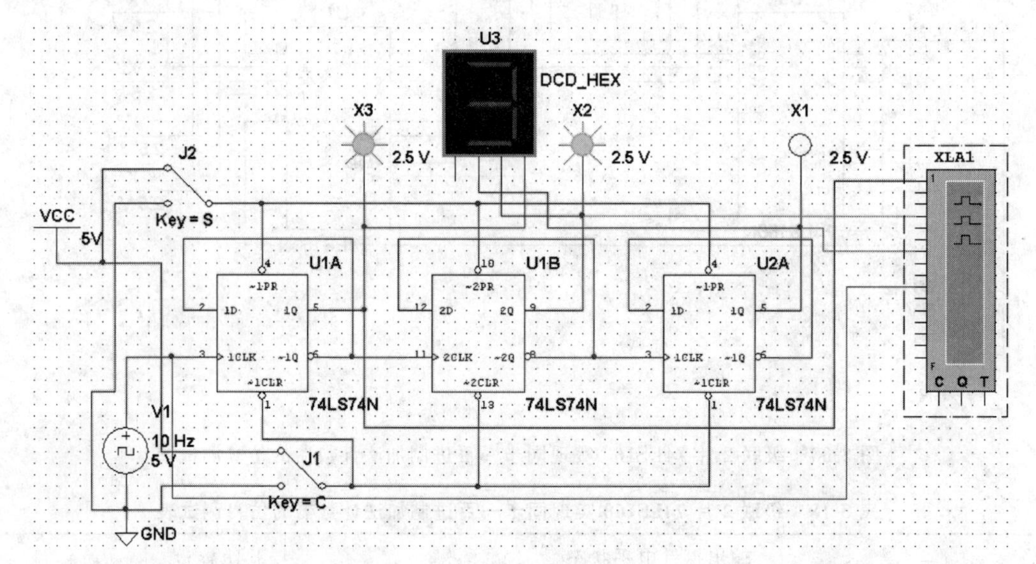

图 3-60 基于 74LS74 的 3 位异步二进制加法计数器的仿真测试图

表 3-19 基于 74LS74 的 3 位异步二进制加法计数器的仿真测试表

输出探针电平状态					数码管 U_3 显示数字
J_1	J_2	X_1	X_2	X_3	
0	1				
1	1				

(5) 开启仿真开关的同时，双击逻辑分析仪，可查看输出波形图，如图 3-61 所示。从图中可以看出，最上面的波形为 X_3，往下依次为 X_2、X_1、时钟脉冲信号，可以看出 X_3 的频率为时钟脉冲信号的 1/2，X_2 的频率为时钟脉冲信号的 1/4，X_1 的频率为时钟脉冲信号的 1/8，可见，与理论分析的时序图 3-35 是一致的。

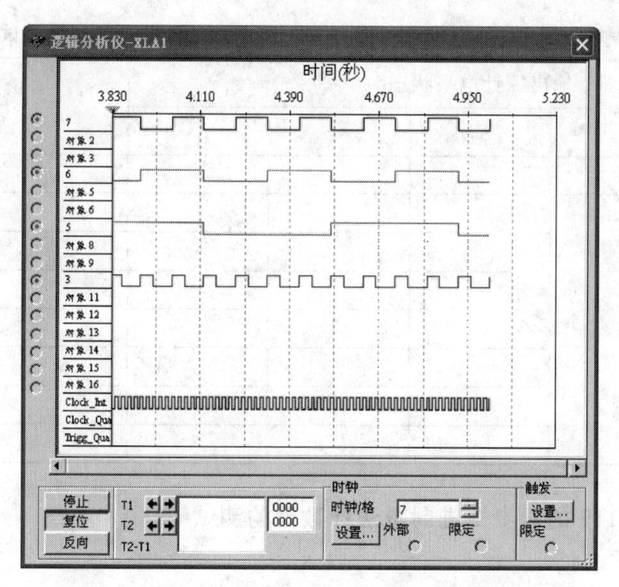

图 3-61　逻辑分析仪显示 3 位异步二进制加法器计数器的输出波形

2. 基于 74LS112 的异步二进制加法计数器的测试

仿真步骤如下。

(1) 单击元器件工具条，从中调出 3 片 74LS112N，2 个开关，1 个 DCD_HEX 数码显示器，3 个探针，同时放置 1 个 10Hz/5V 的时钟脉冲源及电源和地。

(2) 将每片 74LS112 的输出端 Q 都接一个探针，同时将这 3 个输出端同时接入数码显示器的输入端，同样，数码显示器输入端的最高位悬空或接地。

(3) 从工具栏中调出逻辑分析仪，将 74LS112 的 3 个输出端及时钟脉冲信号接入逻辑分析仪。

(4) 参考图 3-36，连接所有元器件，如图 3-62 所示。开启仿真开关进行测试，记录相关数据完成表 3-20。

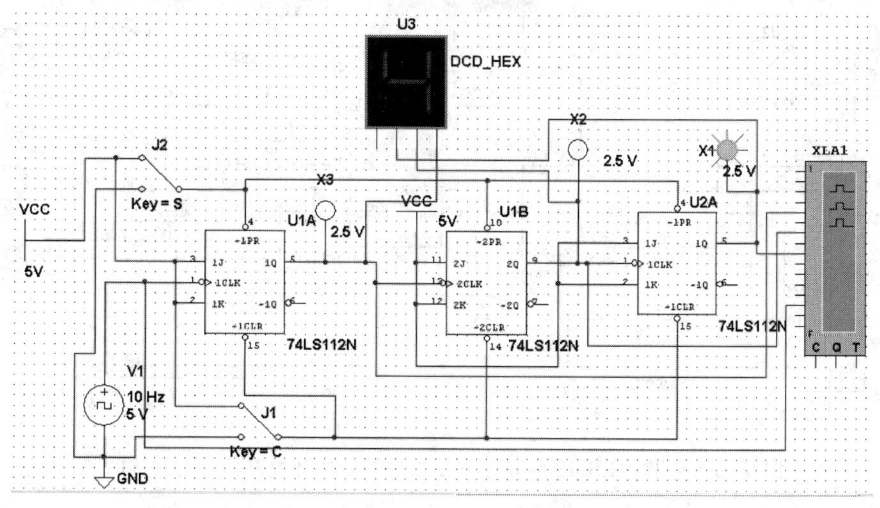

图 3-62　基于 74LS112 的 3 位异步二进制加法计数器的仿真测试图

表 3-20　基于 74LS112 的 3 位异步二进制加法计数器的仿真测试表

输出探针电平状态					数码管 U_3 显示数字
J_1	J_2	X_1	X_2	X_3	
0	1				
1	1				

3. 基于 74LS112 的异步二进制减法计数器的测试

仿真步骤如下。

(1) 单击元器件工具条,从中调出 3 片 74LS112N,2 个开关,1 个 DCD_HEX 数码显示器,3 个探针,同时放置 1 个 10Hz/5V 的时钟脉冲源及电源和地。

(2) 将每片 74LS112 的输出端 Q 都接一个探针,同时将这 3 个输出端同时接入数码显示器的输入端,同样,数码显示器输入端的最高位悬空或接地。

(3) 从工具栏中调出逻辑分析仪,将 74LS112 的 3 个输出端及时钟脉冲信号接入逻辑分析仪。

(4) 参考图 3-38,连接所有元器件,将每个触发器的 $\bar{Q}$ 端接入高位触发器的时钟脉冲端,如图 3-63 所示。开启仿真开关进行测试,记录相关数据完成表 3-21。

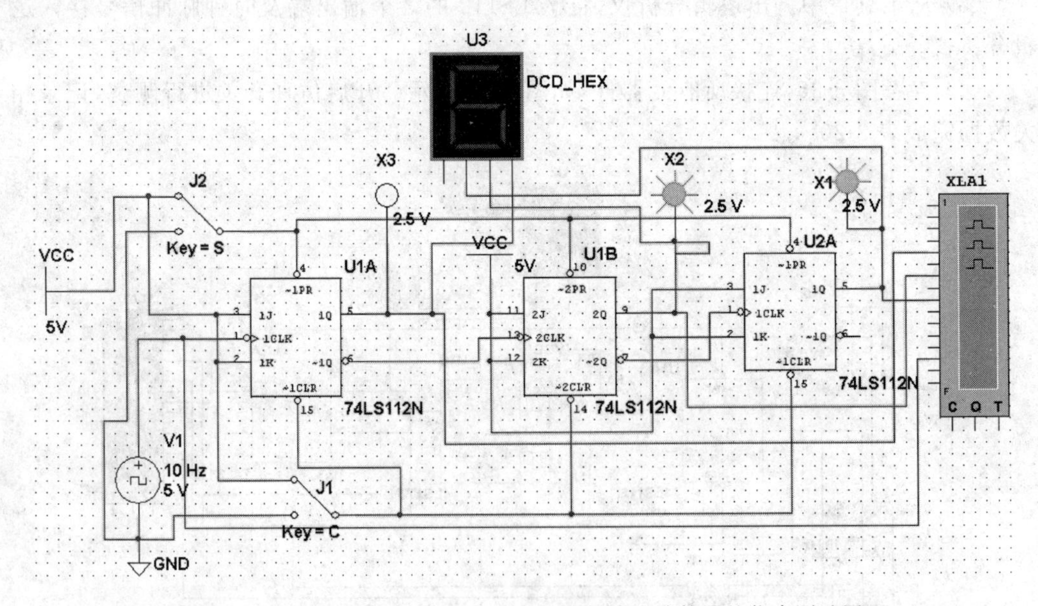

图 3-63　基于 74LS112 的 3 位异步二进制减法计数器的仿真测试图

表 3-21　基于 74LS112 的 3 位异步二进制减法计数器的仿真测试表

输出探针电平状态					数码管 U_3 显示数字
J_1	J_2	X_1	X_2	X_3	
0	1				
1	1				

(5) 双击逻辑分析仪，得到 3 位异步二进制减法计数器的时序图，如图 3-64 所示。

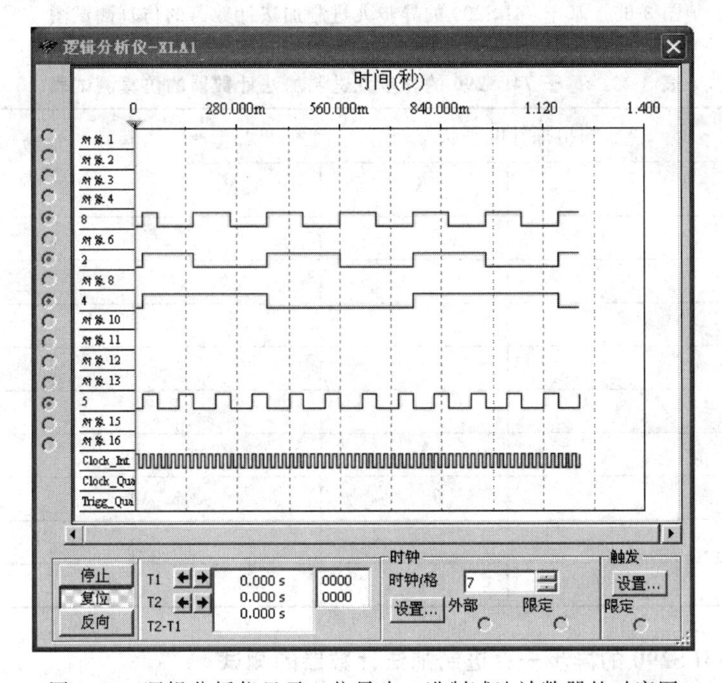

图 3-64　逻辑分析仪显示 3 位异步二进制减法计数器的时序图

4. 基于 74LS290 的异步九进制加法计数器的测试

仿真步骤如下。

(1) 单击元器件工具条，从中调出 3 片 74LS290N，2 片 74LS00N，1 个 DCD_HEX 数码显示器，4 个探针，同时放置 1 个 30Hz/5V 的时钟脉冲源及电源和地。

(2) 将每片 74LS290N 的 4 个输出端 $Q_D \sim Q_A$ 都接上探针，且输入到数码显示器。

(3) 参考图 3-43，连接所有元器件，用两个与非门 74LS00N 代替与门，如图 3-65 所示。开启仿真开关进行测试，记录相关数据完成表 3-22。

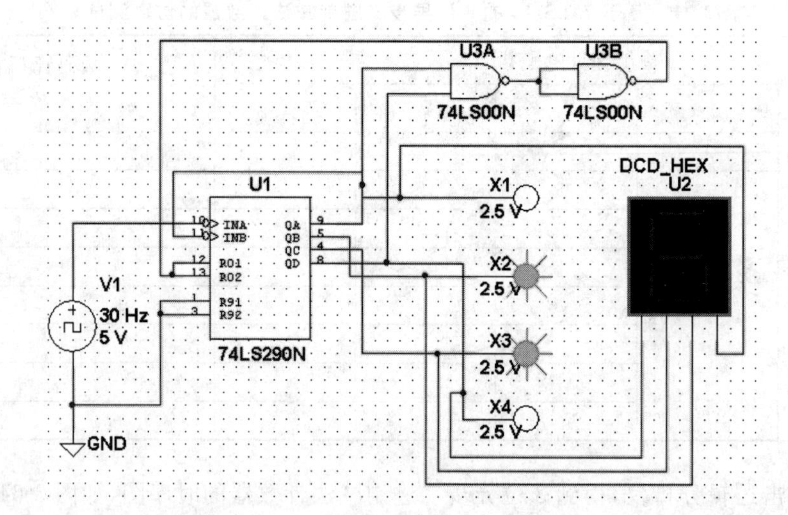

图 3-65 基于 74LS290 的异步九进制加法计数器的仿真测试图

表 3-22 基于 74LS290 的异步九进制加法计数器的仿真测试表

输出探针电平状态				数码管 U_2 显示数字
X_4	X_3	X_2	X_1	

5. 基于 74LS290 的异步一百进制加法计数器的测试

仿真步骤如下。

(1) 单击元器件工具条，从中调出 2 片 74LS290N，1 个 DCD_HEX 数码显示器，8 个探针，同时放置 1 个 100Hz/5V 的时钟脉冲源及电源和地。

(2) 将每片 74LS290N 的 4 个输出端 $Q_D \sim Q_A$ 都接上探针，且输入到数码显示器。注意高低位。

(3) 参考图 3-44，连接所有元器件，如图 3-66 所示。开启仿真开关进行测试，记录相关数据完成表 3-23。

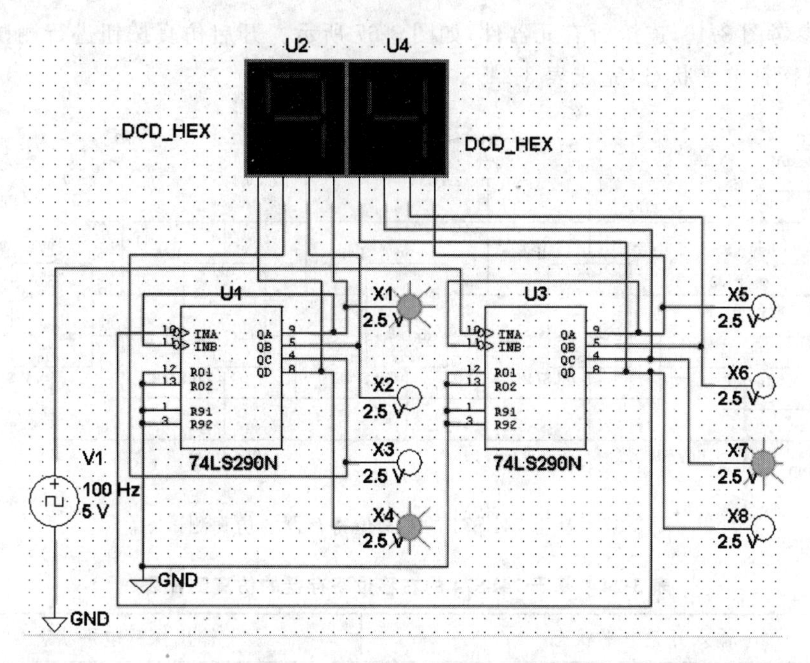

图 3-66 2 片 74LS290 级联组成的异步一百进制加法计数器的仿真测试图

表 3-23 异步一百进制加法计数器的仿真测试表

输出探针电平状态								数码管 U_2 显示数字	数码管 U_4 显示数字
X_8	X_7	X_6	X_5	X_4	X_3	X_2	X_1		

3.6.4 移位寄存器的仿真测试

1. 基于 74LS74 的右移位寄存器的测试

仿真步骤如下。

(1) 单击元器件工具条,从中调出 4 片 74LS74N,4 个开关,其中 J_2 控制数据串行输入,J_4 控制移位脉冲,再调出 4 个探针,同时放置 1 个 10Hz/5V 的时钟脉冲源及电源和地。

(2) 参考图 3-46，连接所有元器件，如图 3-67 所示。开启仿真按钮进行测试，变化各开关，记录探针电平状态，完成表 3-24。

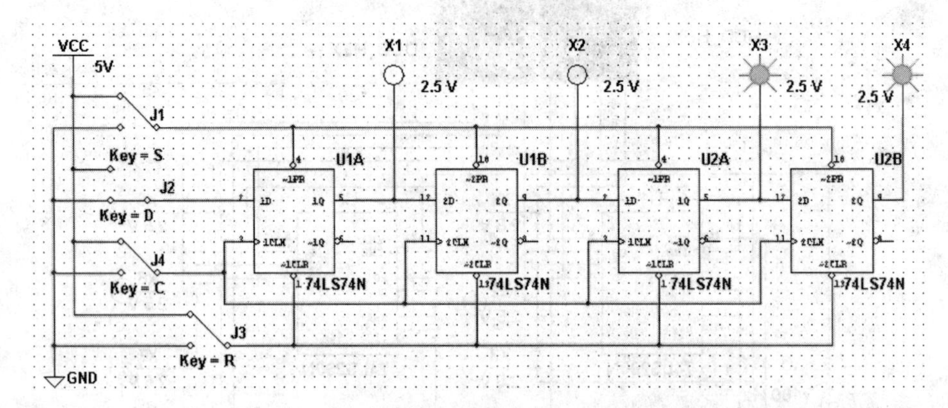

图 3-67 基于 74LS74 的右移位寄存器的仿真测试图

表 3-24 基于 74LS74 的右移位寄存器的仿真测试表

输入开关电平状态				输出探针电平状态			
J_1	J_3	J_2	J_4	X_1	X_2	X_3	X_4
1	0	×	×				
0	1	×	×				
1	1	1	0→1				
1	1	1	0→1				
1	1	1	0→1				
1	1	1	0→1				
1	1	0	0→1				
1	1	0	0→1				
1	1	0	0→1				
1	1	0	0→1				

2. 基于 74LS194N 的顺序脉冲发生器的测试

仿真步骤如下。

(1) 单击元器件工具条，从中调出 1 片 74LS194D(或 74LS194N)，1 个开关(用来控制 S_0)，4 个探针，同时放置 1 个 10Hz/5V 的时钟脉冲源及电源和地。

(2) 从工具栏中调出逻辑分析仪，将 74LS194 的 4 个输出端接入逻辑分析仪，同时分别接上探针。

(3) 参考图 3-53(a)连接所有元器件，如图 3-68 所示。开启仿真开关进行测试。首先，先把开关 J_1 接高电平，使 $S_1S_0=11$，从而使探针的状态为 $X_1X_2X_3X_4=0001$；然后再将开关 J_1 接地，使 $S_1S_0=10$，此时，电路处于左移工作状态。观察探针状态，记录相关数据完成表 3-25。

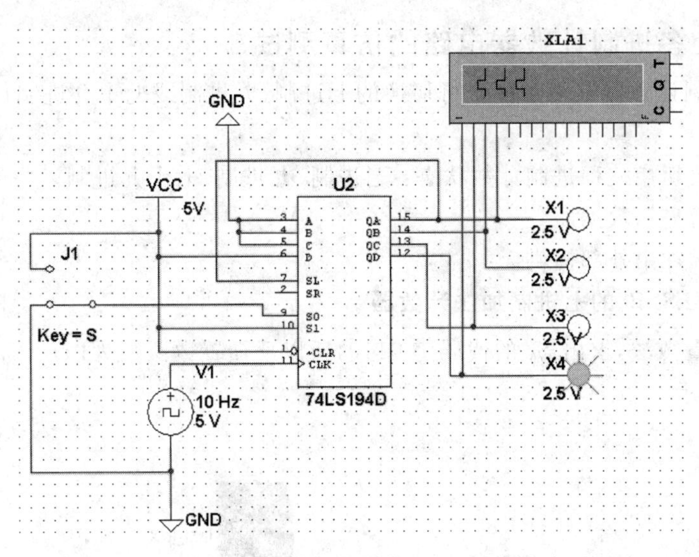

图 3-68　基于 74LS194 的顺序脉冲发生器的仿真测试图

表 3-25　基于 74LS194 的顺序脉冲发生器的仿真测试表

输入电平状态	输出探针电平状态			
J_1	X_1	X_2	X_3	X_4
1				
0				
0				
0				

(4) 双击逻辑分析仪，74LS194 的顺序脉冲发生器的时序图如图 3-69 所示。与图 3-53(b)相比，两者的结果一致。

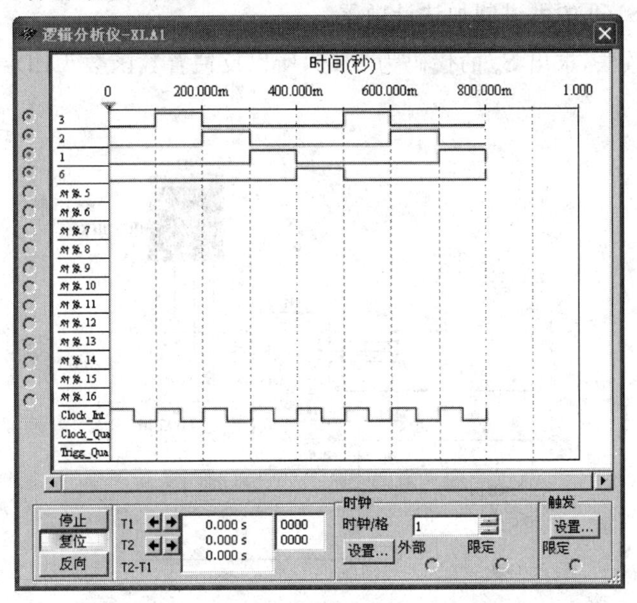

图 3-69　基于 74LS194 的顺序脉冲发生器的时序图

3.6.5 可控多进制计数器电路的仿真测试

可控多进制计数器电路是一个可切换的七进制、九进制或七十九进制加法计数器，要求如下。

(1) 用开关切换三种进制计数状态：七进制、九进制、七十九进制。

(2) 数码管显示数据。

(3) 计数脉冲由外部提供。

1. 基于74LS160的七进制加法计数器

利用同步置数法，求出 S_6 的代码为0110，所以反馈置数函数为 $\overline{LD}=\overline{Q_C \cdot Q_B}$，连接线路如图3-70所示。

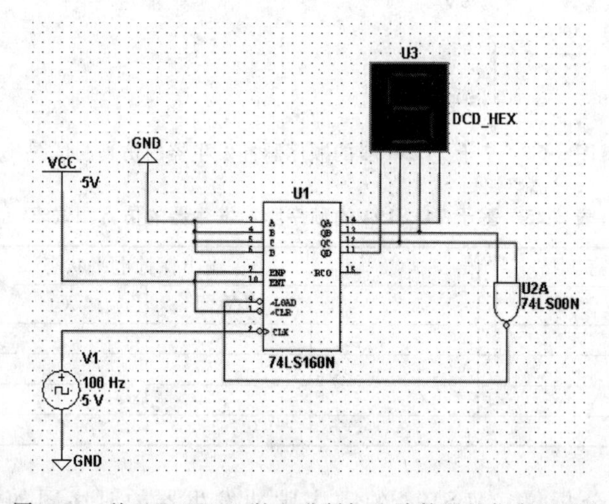

图3-70 基于74LS160的七进制加法计数器的仿真测试图

2. 基于74LS160的九进制加法计数器

利用同步置数法，求出 S_8 的代码为1000，所以反馈置数函数为 $\overline{LD}=\overline{Q_D}$，连接线路如图3-71所示。

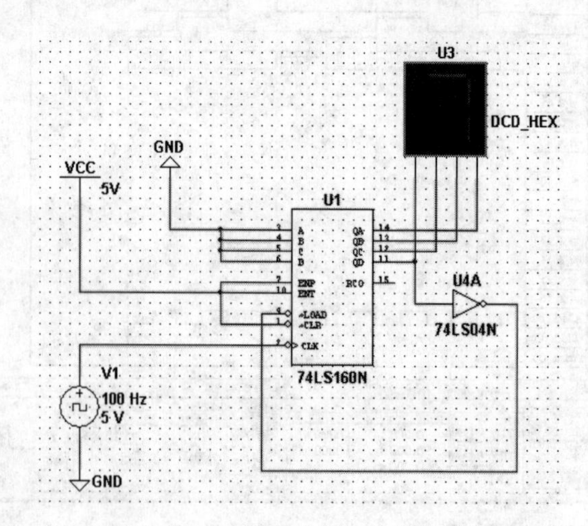

图3-71 基于74LS160的九进制加法计数器的仿真测试图

3. 基于 74LS160 的七十九进制加法计数器

将 2 片 74LS160N 进行级联，利用同步置数法求出反馈置数函数为$\overline{LD}=\overline{Q_C{}'Q_B{}'Q_A{}'Q_D}$，连接线路如图 3-72 所示。

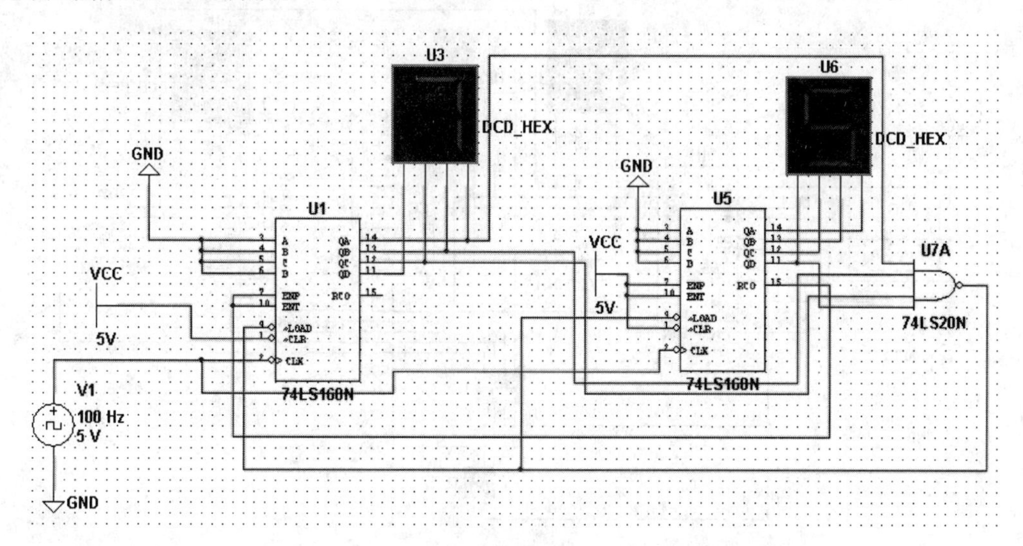

图 3-72　基于 74LS160 的七十九进制加法计数器的仿真测试图

仿真步骤如下。

(1) 单击元器件工具条，从中调出 2 片 74LS160N，1 片 74LS20N，1 片 74LS00N，1 片 74LS04N，1 个 DIPSW_1 开关，1 个 DSWPK_2 拨码开关，1 个 DSWPK_4 拨码开关，2 个 DCD_HEX 数码显示器，同时放置 1 个 100Hz/5V 的时钟脉冲源及电源和地。

(2) 将图 3-70～图 3-72 综合起来，构成可控多进制加法计数器，如图 3-73 所示。

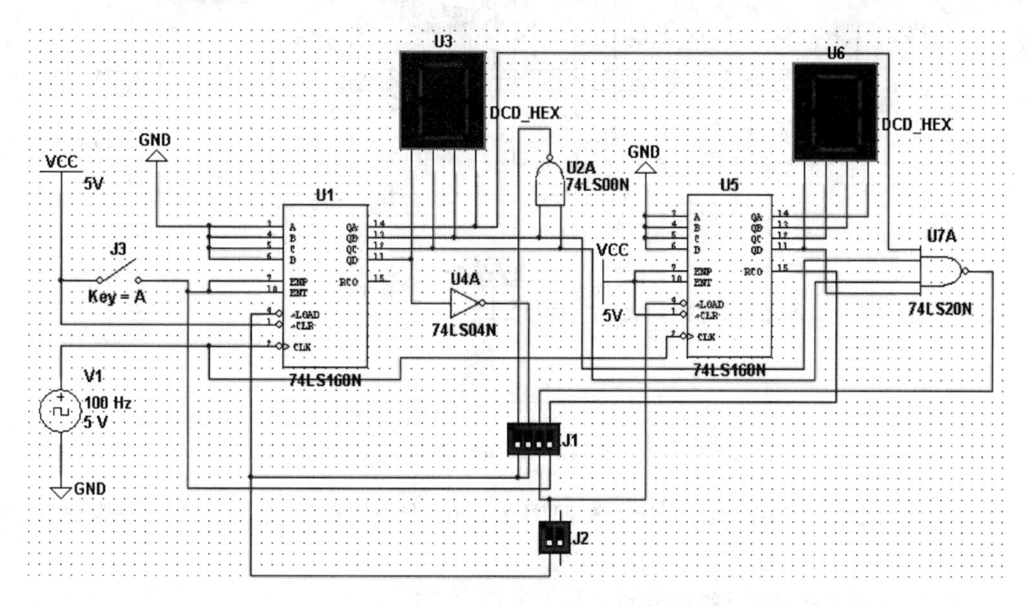

图 3-73　可控多进制计数器的仿真测试图

(3) 开启仿真开关进行测试。首先将开关 J_3 和两个拨码开关按照图 3-74 设置，此时，电路为七进制加法计数器。

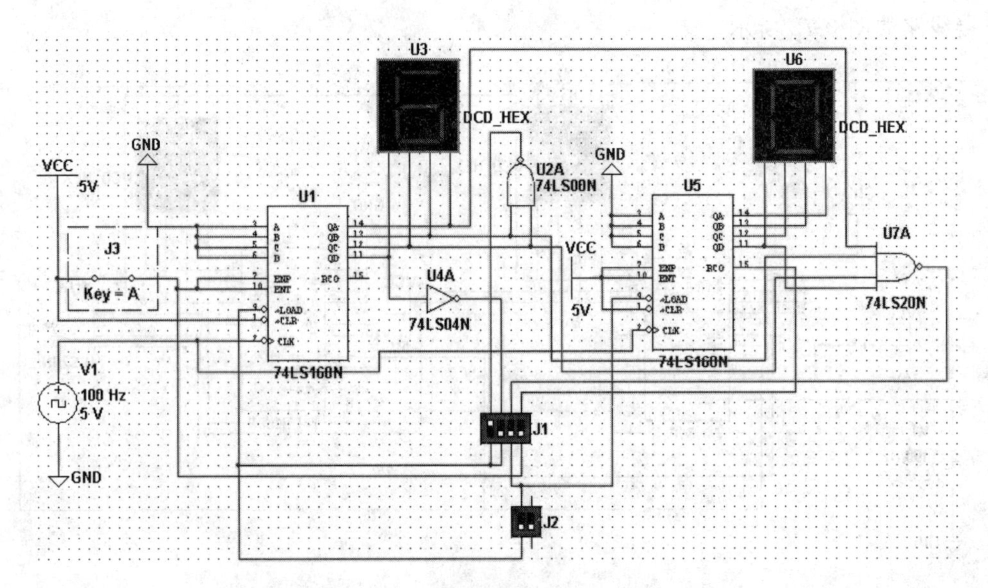

图 3-74　基于 74LS160 的七进制加法计数器

(4) 将拨码开关按照图 3-75 设置，此时，电路为九进制加法计数器。

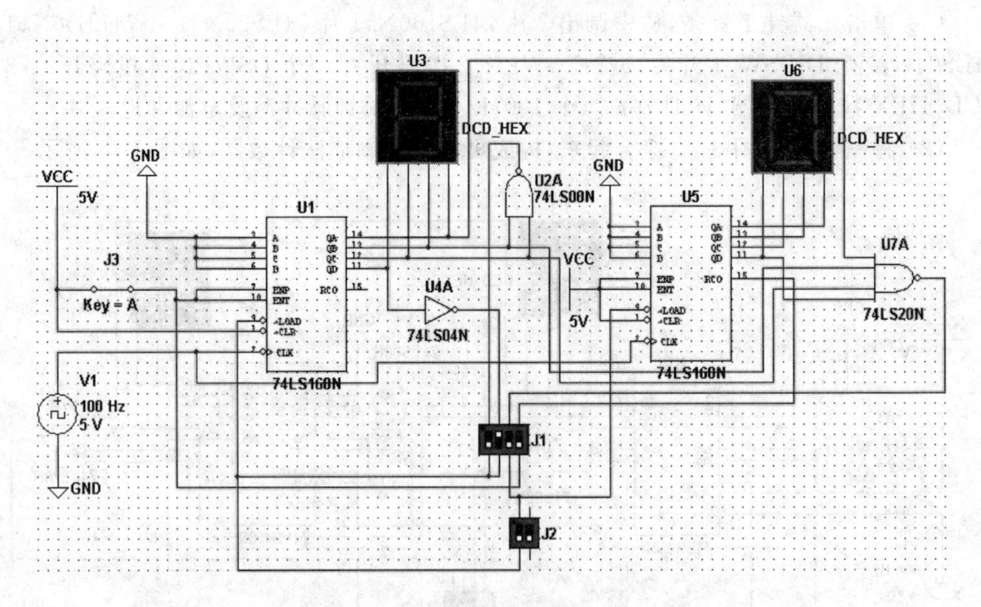

图 3-75　基于 74LS160 的九进制加法计数器

(5) 将开关 J_3 和两个拨码开关按照图 3-76 设置，此时，电路为七十九进制加法计数器。

(6) 综合以上测试数据，记录相关数据完成表 3-26。

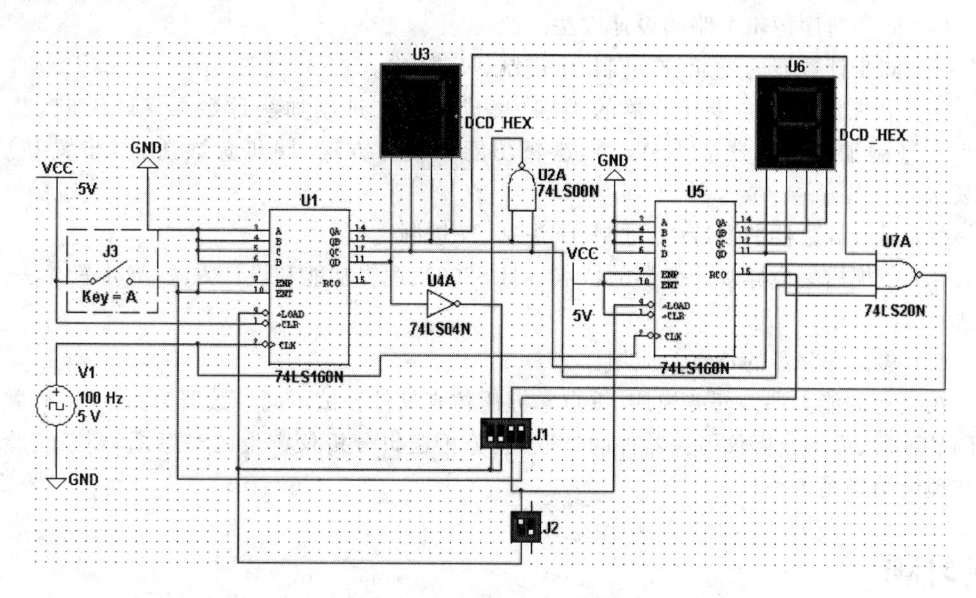

图 3-76　基于 74LS160 的七十九进制加法计数器

表 3-26　基于 74LS160 的可控多进制加法计数器的测试表

输　　入			输　　出	
J_3	J_2	J_1	数码管 U_3 显示数据范围	数码管 U_6 显示数据范围
闭合	0	1000		
闭合	0	0100		
断开	1	0011		

思考

1. 试用仿真软件测试同步五进制加减法计数器。
2. 试用 2 片 74LS160 级联设计同步五十进制加法计数器，并进行仿真测试。
3. 试用 2 片 74LS290 级联设计异步八十八进制加法计数器，并进行仿真测试。
4. 试用仿真软件测试由 74LS161 和 74LS138 构成的 8 输出顺序脉冲发生器。

项目小结

通过可控多进制计数器电路的设计，系统介绍了时序逻辑电路的分析方法。需掌握以下内容。

(1) 边沿触发器的类别及各自的特点和功能。

(2) 同步时序逻辑电路的分析方法（驱动方程、输出方程、状态方程、状态转换图、时序图）。

(3) 异步时序逻辑电路的分析方法（时钟方程、驱动方程、输出方程、状态方程、状态转换图、时序图）。

(4) 同步时序逻辑电路的设计方法。

(5) 同步计数器的设计(二进制、十进制、N 进制)。

(6) 中规模集成同步计数器的类别(集成同步二进制加法计数器 74LS161、集成同步十进制加法计数器 74LS160)、逻辑功能和设计方法(同步置数法、异步置 0 法、级联法)。

(7) 异步计数器的设计(二进制、十进制、N 进制)。

(8) 中规模集成异步计数器的特点(74LS290)、逻辑功能和设计方法(异步置 0 法、级联法)。

(9) 移位寄存器的特点及应用。

在项目的能力训练任务模块,重点掌握用仿真软件测试不同计数器电路的技巧,熟悉数码显示器、逻辑分析仪等各器件的选取,会分析逻辑分析仪产生的时序图,判断实验结果与理论结果是否一致。

练习题

1. 在 JK 触发器输入端加信号如图 3-77 所示,画出 Q 的输出状态波形,设 Q 的初始状态为 0。

2. 分析图 3-78 所示时序电路的逻辑功能,写出电路的驱动方程、状态方程,画出状态转换图。设初始状态都为 0。

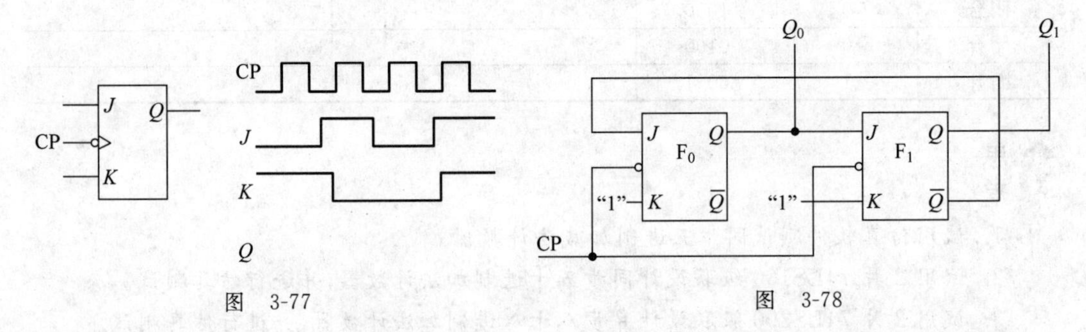

图 3-77　　　图 3-78

3. 如图 3-79 所示,分析电路,确定其逻辑功能,并画出在图中所示 CP 的作用下 Q_0、Q_1 的波形,设电路的初始状态为 $Q_1Q_0=00$。

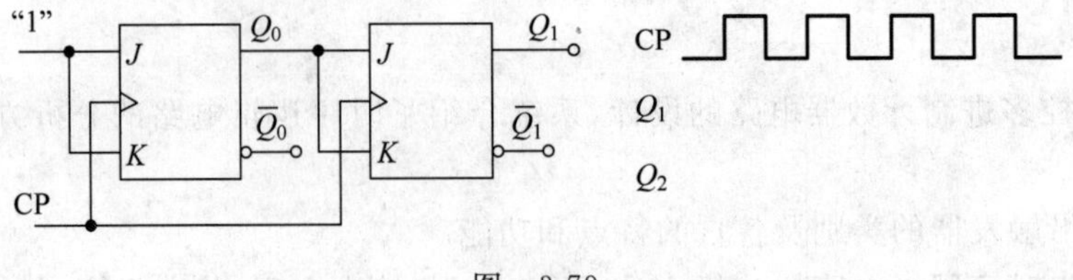

图 3-79

4. 试分析图 3-80 所示的电路,已知 CP 和 A 的波形,请画出 B、C 的波形。设触发器的初始状态均为 0。

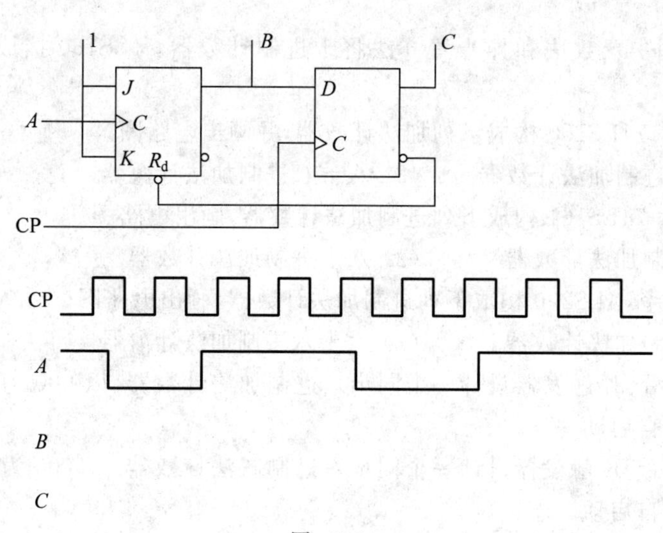

图 3-80

5. 已知电路及输入波形如图 3-81(a)、(b)所示，其中 FF_1 是 D 锁存器，FF_2 是维持-阻塞(边沿)D 触发器，根据 CP 和 D 的输入波形画出 Q_1 和 Q_2 的输出波形。设触发器的初始状态均为 0。

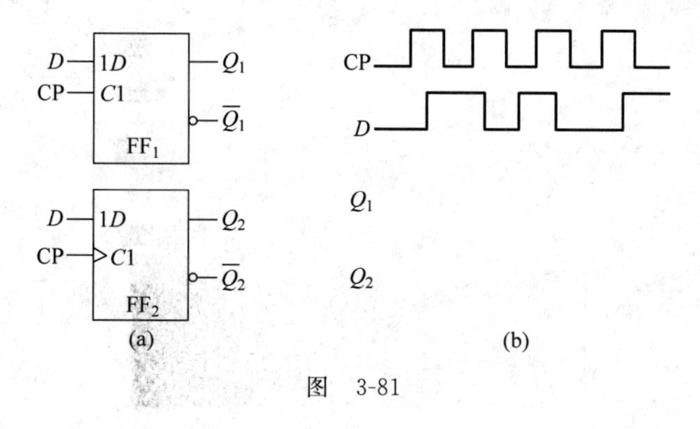

图 3-81

6. 集成 4 位二进制加法计数器 74LS161 的连接图如图 3-82 所示，LD 是预置控制端，D_0、D_1、D_2、D_3 是预置数据输入端，Q_3、Q_2、Q_1、Q_0 是触发器的输出端，Q_0 是最低位，Q_3 是最高位，LD 为低电平时，电路开始置数，LD 为高电平时，电路开始计数。试分析电路的功能。要求：(1)列出状态转换表；(2)检验自启动能力；(3)说明计数模值。

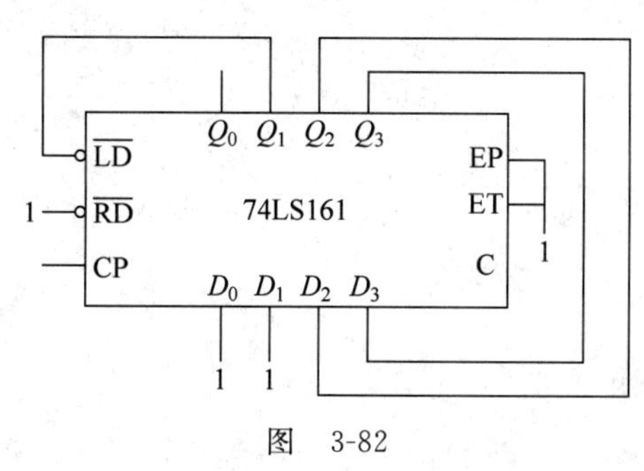

图 3-82

7. 分别用同步置数法和异步置 0 法将十进制计数器 74LS160 接成八进制加法计数器。

8. 试用 2 片 74LS160 构成下列加法计数器,并画出电路图。

(1) 二十四进制加法计数器　　(2) 八十八进制加法计数器

9. 试用 2 片 74LS161 构成下列进制加法计数器,画出电路图。

(1) 六十进制加法计数器　　(2) 八十进制加法计数器

10. 试用 2 片 74LS290 构成下列进制加法计数器,画出电路图。

(1) 五十进制加法计数器　　(2) 六十六进制加法计数器

11. 试用边沿 JK 触发器设计一个同步六进制加法计数器,以 000 为起始状态编码,并检查电路能否自启动。

12. 试用边沿 JK 触发器设计一个同步六进制减法计数器,以 000 为起始状态编码,并检查电路能否自启动。

13. 试用边沿 JK 触发器设计一个同步八进制加法计数器,以 000 为起始状态编码,并检查电路能否自启动。

14. 试用边沿 JK 触发器设计一个同步八进制减法计数器,以 000 为起始状态编码,并检查电路能否自启动。

项目 4

报警电路的分析与设计

项目介绍

声光报警电路是一种防盗装置，在有情况时它通过指示灯闪光和蜂鸣器鸣叫，同时报警。要求指示灯闪光频率为1～2Hz，蜂鸣器发出间隙声响的频率约为1000Hz，指示灯采用发光二极管。

项目教学目标

(1) 理解施密特触发器的工作原理。

(2) 理解单稳态触发器的工作原理。

(3) 理解多谐振荡器的工作原理。

(4) 掌握555定时器的结构和工作原理。

(5) 了解555定时器构建施密特触发器、单稳态触发器。

(6) 掌握用555定时器设计多谐振荡器。

(7) 掌握用555定时器设计单频、双频报警电路。

(8) 掌握用555定时器设计声光报警电路。

(9) 掌握 Multisim 10 仿真软件的界面及操作环境。

(10) 掌握报警电路的仿真调试。

4.1 555定时器

学习目标

(1) 掌握施密特触发器、单稳态触发器、多谐振荡器的概念。

(2) 掌握555的逻辑功能，并会用555实现单稳态触发器、多谐振荡器。

获得脉冲波形的方法主要有两种，一种是利用多谐振荡器直接产生符合要求的矩形脉冲；另一种是通过整形电路对已有的波形进行整形、变换，使之符合系统的要求。

555定时器是一种多用途集成电路，只要其外部配接少量阻容元件就可构成施密特触发器、单稳态触发器和多谐振荡器等，使用方便、灵活。因此，在波形变换与产生、测量控制、家用电器等方面都有着广泛的应用。

4.1.1 555 定时器的电路结构

双极型 555 定时器的内部逻辑图和引脚图如图 4-1(a)、图 4-1(b)所示。它含有两个电压比较器 A1 和 A2，一个由 G1 和 G2 组成的基本 RS 触发器，以及一个放电开关管 T 和输出缓冲级比较器。输出缓冲级比较器的参考电压由三只 5kΩ 的电阻器构成的分压器提供。高电平比较器 A1 的同相输入端和低电平比较器 A2 的反相输入端的参考电平分别为 $2/3V_{CC}$ 和 $1/3V_{CC}$。A1 与 A2 的输出端控制 RS 触发器状态和放电管开关状态。当输入信号自 6 脚，即高电平触发输入并超过参考电平 $2/3V_{CC}$ 时，触发器置位，555 定时器的输出端 3 脚输出低电平，同时放电开关管导通；当输入信号自 2 脚输入，即低电平触发输入并低于 $1/3V_{CC}$ 时，触发器置位，555 定时器的 3 脚输出高电平，同时放电开关管截止。$\overline{R_D}$ 是复位端(4 脚)，当 $\overline{R_D}=0$ 时，555 定时器输出低电平。通常 $\overline{R_D}$ 端开路或接 V_{CC}。综上所述，555 定时器的功能如表 4-1 所示。

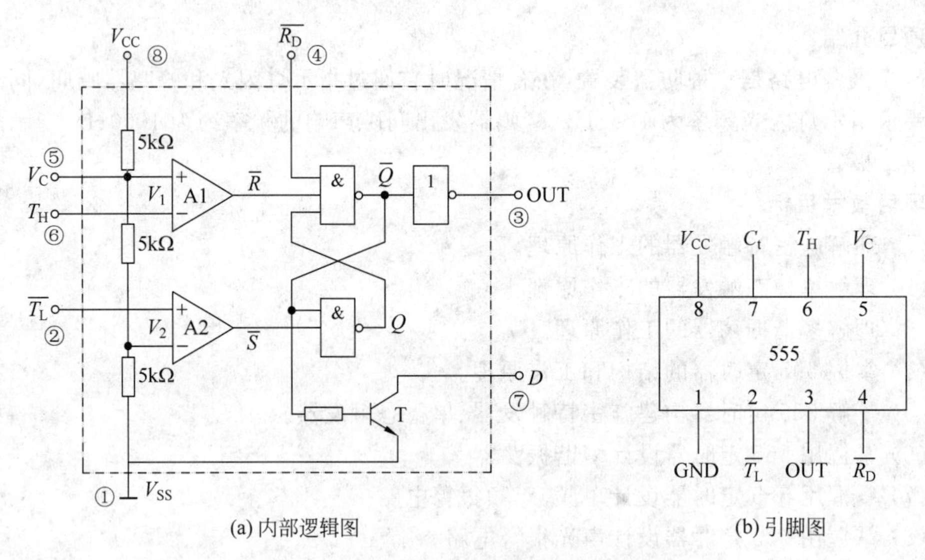

(a) 内部逻辑图　　(b) 引脚图

图 4-1　555 定时器内部逻辑图及引脚排列

表 4-1　555 定时器的功能表

输入			输出	
T_H	$\overline{T_L}$	$\overline{R_D}$	OUT	T 状态
×	×	0	0	导通
$>\frac{2}{3}V_{CC}$	$>\frac{1}{3}V_{CC}$	1	0	导通
$<\frac{2}{3}V_{CC}$	$<\frac{1}{3}V_{CC}$	1	1	截止
$<\frac{2}{3}V_{CC}$	$>\frac{1}{3}V_{CC}$	1	不变	不变

V_C 是控制电压端(5 脚)，平时输出 $2/3V_{CC}$ 作为比较器 A1 的参考电平，当 5 脚外接一个输入电压，即改变了比较器的参考电平，从而实现对输出的另一种控制。在不接外加

电压时，通常接一个 0.01μF 的电容器到地，起滤波作用，消除外来的干扰，以确保参考电平的稳定。T 为放电管，当 T 导通时，将给接于脚 7 的电容器提供低阻放电通路。

555 定时器主要是与电阻、电容构成充放电电路，并由两个比较器来检测电容器上的电压，以确定输出电平的高低和放电开关管的通断。这就很方便地构成从微秒到数十分钟的延时电路，可方便地构成单稳态触发器、多谐振荡器、施密特触发器等脉冲产生或波形变换电路。

4.1.2 555 定时器构成施密特触发器

1. 施密特触发器

施密特触发器主要用以将缓慢变化的或快速变化的非矩形脉冲变换成上升沿和下降沿都很陡峭的矩形脉冲。其电路特点是：有两个稳定状态。

但与一般触发器不同的是，施密特触发器采用电位触发方式，其状态由输入信号电位维持。对于负向递减和正向递增两种不同变化方向的输入信号，施密特触发器有不同的阈值电压，分别称为正向阈值电压 U_{T+} 和负向阈值电压 U_{T-}。在输入信号从低电平上升到高电平的过程中使电路状态发生变化的输入电压称为正向阈值电压 U_{T+}，在输入信号从高电平下降到低电平的过程中使电路状态发生变化的输入电压称为负向阈值电压 U_{T-}。正向阈值电压与负向阈值电压之差称为回差电压 ΔU_T。由于具有回差现象，所以抗干扰能力也很强。施密特触发器可以由分立元器件构成，也可以由门电路及 555 定时器构成。

2. 555 定时器构成施密特触发器

555 定时器构成的施密特触发器电路如图 4-2(a)所示，只要将脚 2 和脚 6 连在一起作为信号输入端，即可得到施密特触发器。图 4-2(b)画出了 V_i(半波整流波形)和 V_o(最终输出波形)的波形图。

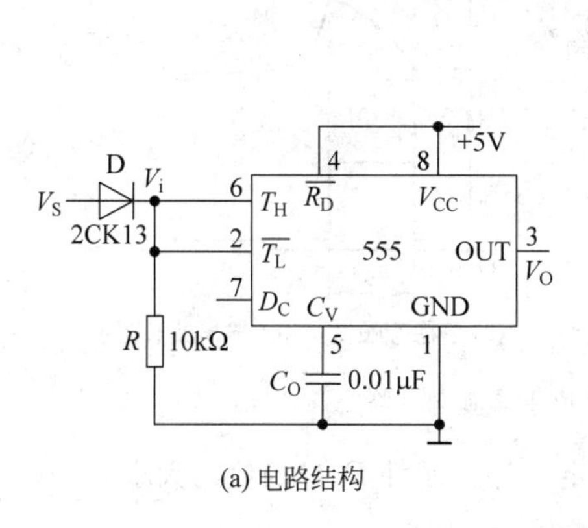

(a) 电路结构

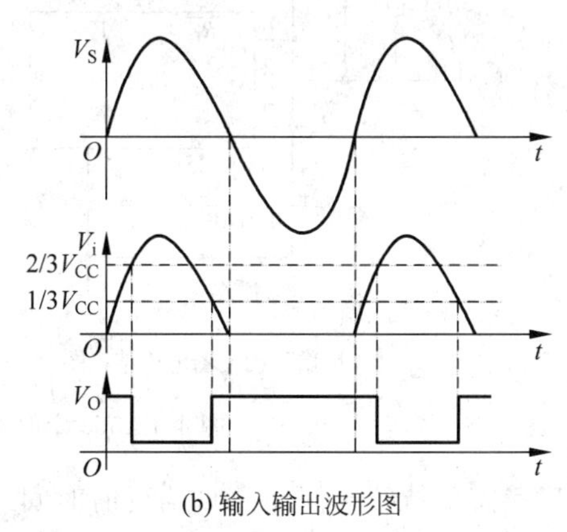

(b) 输入输出波形图

图 4-2 555 定时器构成的施密特触发器电路

设被整形变换的电压为正弦波，其正半波通过二极管 D 同时加到 555 定时器的 2 脚和 6 脚，得到的 V_i 为半波整流波形。当 V_i 上升到 $2/3V_{CC}$时，V_O 从高电平转换为低电平；当 V_i 下降到 $1/3V_{CC}$时，V_O 又从低电平转换为高电平。由此，可得施密特触发器的回差电压为 $2/3\Delta V=2/3V_{CC}-1/3V_{CC}=1/3V_{CC}$。

如果 V_C 端(5 脚)外接直流电压 V_C 时，则 $U_{T+}=V_C$，$U_{T-}=\frac{1}{2}V_C$，$\Delta U_T=U_{T+}-U_{T-}=\frac{1}{2}V_C$，改变 V_C 的大小时，回差电压 ΔU_T 也会随之改变。

4.1.3　555 定时器构成单稳态触发器

1. 单稳态触发器

单稳态触发器是常用的脉冲整形和延时电路，主要用以将宽度不符合要求的脉冲变换成符合要求的矩形脉冲。其电路特点是：有一个稳定状态和一个暂稳态。在外加触发脉冲作用下，电路从稳定状态翻转到暂稳态，经一段时间后，又自动返回到原来的稳定状态。而且暂稳态时间的长短完全取决于电路本身的参数，与外加触发脉冲没有关系。

2. 555 定时器构成单稳态触发器

图 4-3(a)为由 555 定时器和外接定时元件 R、C 构成的单稳态触发器。触发电路由 C_1、R_1、D 构成，其中 D 为钳位二极管，稳态时 555 定时器的电路输入端处于电源电平，内部放电开关管 T 导通，输出端 F 输出低电平，当有一个外部负脉冲触发信号经 C_1 加到 2 端。并使 2 端电位瞬时低于 $1/3V_{CC}$，低电平比较器动作，单稳态电路即开始一个暂态过程，电容 C 开始充电，V_C 按指数规律增长。当 V_C 充电到 $2/3V_{CC}$ 时，高电平比较器动作，比较器 A1 翻转，输出 V_O 从高电平返回低电平，放电开关管 T 重新导通，电容 C 上的电荷很快经放电开关管放电，暂态结束，恢复稳态，为下个触发脉冲的来到做好准备。波形如图 4-3(b)所示。

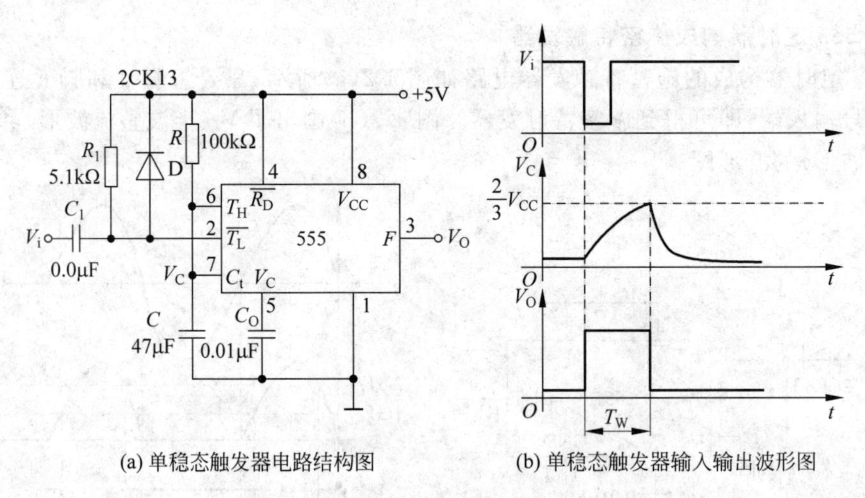

(a) 单稳态触发器电路结构图　　(b) 单稳态触发器输入输出波形图

图 4-3　555 定时器构成单稳态触发器

暂稳态的持续时间 T_W(即为延时时间)决定于外接元件 R、C 的值的大小。

$$T_W = 1.1RC$$

通过改变 R、C 的值的大小，可使延时时间在几微秒到几十分钟之间变化。当这种单稳态电路作为计时器时，可直接驱动小型继电器，并可以使用复位端(4 脚)接地的方法来中止暂态，重新计时。此外，尚须用一个续流二极管与继电器线圈并接，以防继电器线圈反电势损坏内部功率管。

4.1.4　555定时器构成多谐振荡器

1. 多谐振荡器

多谐振荡器由门电路和阻容元件构成，它没有稳定状态，只有两个暂稳态，通过电容的充电和放电，使两个暂稳态相互交替，从而产生自激振荡，输出周期性的矩形脉冲信号。如要求输出振荡频率很稳定的矩形脉冲时，则可采用石英晶体振荡器。由于矩形脉冲含有丰富的谐波分量，因此，常将矩形脉冲产生电路称作多谐振荡器。

2. 555构成多谐振荡器

如图4-4(a)所示，由555定时器和外接元件 R_1、R_2、C 构成多谐振荡器，脚2与脚6直接相连。电路没有稳态，仅存在两个暂稳态，电路也不需要外加触发信号，利用电源通过 R_1、R_2 向 C 充电，以及 C 通过 R_2 向放电端 C_t 放电，使电路产生振荡。电容 C 在 $1/3V_{CC}$ 和 $2/3V_{CC}$ 之间充电和放电，其波形如图4-4(b)所示。

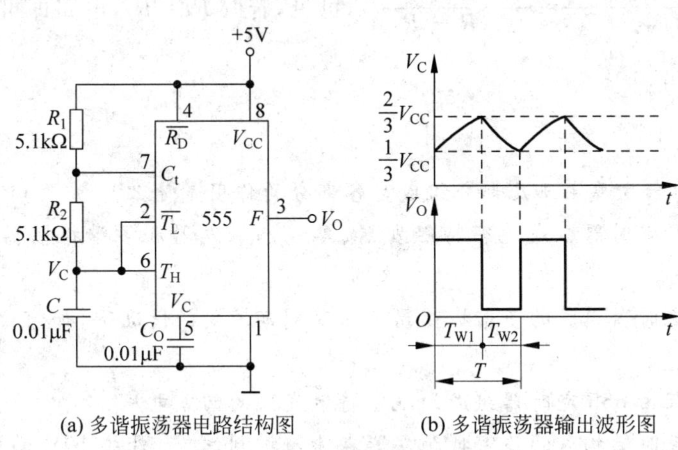

(a) 多谐振荡器电路结构图　　(b) 多谐振荡器输出波形图

图4-4　555构成多谐振荡器

多谐振荡器的振荡周期 $T=T_{W1}+T_{W2}$，其中 T_{W1} 为电容充电时间，T_{W2} 为电容放电时间：

$$T_{W1}=(R_1+R_2)C\ln 2\approx 0.7(R_1+R_2)C$$

$$T_{W2}=R_2C\ln 2\approx 0.7R_2C$$

$$T=T_{W1}+T_{W2}=(R_1+2R_2)C\ln 2\approx 0.7(R_1+2R_2)C$$

因此，可以通过改变电阻和电容的值去改变矩形波的周期与频率。

矩形波占空比：

$$q=\frac{T_{W1}}{T}=\frac{T_{W1}}{T_{W1}+T_{W2}}=\frac{R_1+R_2}{R_1+2R_2}$$

注意： 电路要求 R_1 与 R_2 均应大于或等于1kΩ，但 R_1+R_2 应小于或等于3.3MΩ。

外部元件的稳定性决定了多谐振荡器的稳定性，555定时器配以少量的元件即可获得较高精度的振荡频率并具有较强的功率输出能力。因此，这种形式的多谐振荡器应用很广。

3. 555定时器构成占空比可调的多谐振荡器

555定时器构成占空比可调的多谐振荡器电路如图4-5所示，它比图4-4所示的电路增加了一个电位器和两个引导二极管。D_1、D_2 用来决定电容充、放电电流流经电阻的途径（充电时 D_1 导通，D_2 截止；放电时 D_2 导通，D_1 截止）。

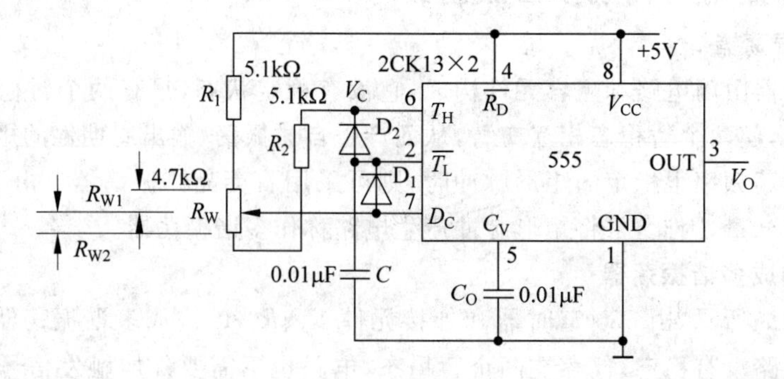

图 4-5 555 定时器构成占空比可调的多谐振荡器

占空比 $q=\frac{T_{W1}}{T_{W1}+T_{W2}}\approx\frac{0.7R_1C}{0.7(R_1+R_2)C}$，可见，若取 $R_1=R_2$，电路即可输出占空比为 50%的方波信号。

思考

1. 555 定时器主要由哪几部分组成？各部分的作用是什么？

2. 简述 555 定时器组成施密特触发器、单稳态触发器和多谐振荡器的方法和工作原理。

3. 由 555 定时器组成的多谐振荡器在振荡周期不变的情况下，如何改变其输出脉冲的宽度？

4. 如何调节由 555 定时器组成的施密特触发器的回差电压。

5. 由 555 定时器构成的施密特触发器在输入控制端 V_C 外接 10V 的电压时，则正向阈值电压 U_{T+}、负向阈值电压 U_{T-} 和回差电压 ΔU_T 各为多大？

4.2 555 定时报警电路的设计

学习目标

（1）掌握用 555 定时器设计单频、双频报警电路。

（2）掌握用 555 定时器设计声光报警电路。

（3）掌握 Multisim 10 仿真软件的界面及操作环境。

音频电路有两种设计方法：三极管构建或 555 定时器构建。为使电路简单且易检测，采用 555 定时器来制作多谐振荡器从而做出音频电路。根据蜂鸣器报警声音的不同，可以设计两种报警电路，单频报警电路和双频报警电路。在双频报警电路的基础上增加发光二极管设计成声光报警器。

4.2.1 单频蜂鸣器报警电路的设计

1. 电路设计

由于只需发出一种声音，则利用一个 555 定时器构成一个多谐振荡器即可实现，电路结构如图 4-6 所示。

2. 工作原理

单频蜂鸣器，即该蜂鸣器的频率只有一种。通过 555 定时器和电阻 R_1、R_2 及电容构成多谐振荡器，在输入端加上蜂鸣器，即可实现单频报警。

当控制端 RST 为低电平时，多谐振荡器不振荡，它的输出端 Q 为低电平，蜂鸣器不发出声音。当控制端 RST 为高电平时，多谐振荡器产生方波，使蜂鸣器发出声音。矩形波周期为秒数量级，这个矩形波的占空比 q 可通过调节 R_1、R_2 来实现多谐振荡器。

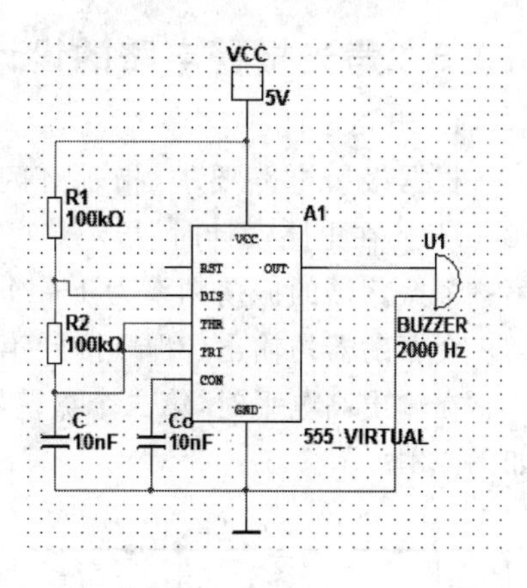

图 4-6　单频蜂鸣器报警电路

4.2.2　双频蜂鸣器报警电路的设计

1. 电路设计

555 定时器主要是与电阻、电容构成充放电电路，并有两个比较器来检测电容器上的电压。要求发出两种声音，则可利用两个 555 多谐振荡器组成。由前者的输出(脚 3)经过电阻接到后者的控制输入端(脚 5)。

控制后级多谐振荡器，从而使蜂鸣器可以发出两种不同的声响。双频蜂鸣器报警电路的结构如图 4-7 所示。

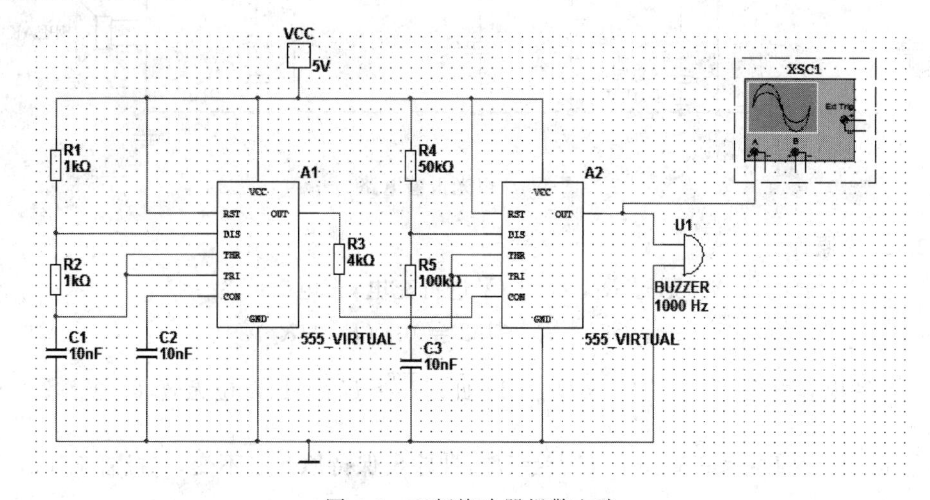

图 4-7　双频蜂鸣器报警电路

2. 工作原理

两种频率交替的报警电路用 555 集成定时器组成，图中的 555(A1)定时器组成低频振荡电路，555(A2)组成音频振荡器，由于前者的输出(脚 3)经过电阻接到后者的控制输入端(脚 5)，因此当前者的输出为高低电平时，后者可输出两种不同频率的方波，而且 555 定时器的输出最大电流可达 200mA，所以可直接驱动蜂鸣器。当然，只有当控制端 R 为高电平或悬空时，蜂鸣器才发出不同频率的“滴～嘟”“滴～嘟”的声音，当 R 为低电平时，555(A2)定时器处于复位状态，蜂鸣器不会发出声音。

4.2.3 声光报警电路的设计

1. 电路设计

根据报警电路要求，指示灯闪光频率为1～2Hz，蜂鸣器发出间隙声响的频率约为1000Hz。在电路设计时，指示灯可采用发光二极管，电路通过两个555多谐振荡器组成，第一个振荡器的振荡频率为1～2Hz时，第二个振荡器的振荡频率为1000Hz。可通过将第一个振荡器的输出(3脚)接到第二个振荡器的复位端(4脚)，来使蜂鸣器发出间隙声响。在输出高电平时，第二个振荡器振荡；输出低电平时，第二个振荡器停振。电路结构如图4-8所示。

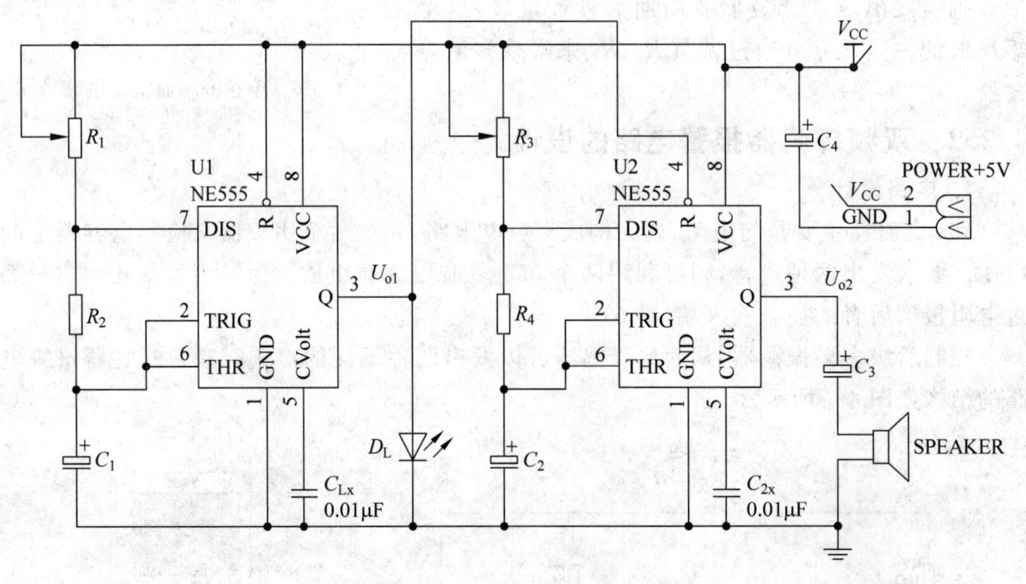

图4-8 声光报警电路

2. 工作原理

对于 C_1：通电后，V_{CC}通过 R_1，R_2 对 C_1 进行充电，充电时间为

$$t_{e1} \approx (R_1 + R_2)C\ln 2 = 0.7(R_1 + R_2)C$$

当电解电容电压 $U_{C1} < \frac{1}{3}V_{CC}$：$U_{o1} = 1$；此时$\overline{R_D} = U_{o1} = 1$，复位无效，$C_2$ 工作；当电解电容电压$\frac{1}{3}V_{CC} < U_{C1} < \frac{2}{3}V_{CC}$时：$U_{o1}^{n+1} = U_{o1}^{n}$，即输出保持原状态不变，二极管工作。$C_2$ 同样如此，当电解电容电压 $U_{C1} > \frac{2}{3}V_{CC}$时：$U_{o1} = 0$，则电容 C_1 经过 R_2 放电，放电时间为

$$t_{W2} \approx R_2 C\ln 2 = 0.7R_2 C$$

此时 C_2 复位端$\overline{R_D} = U_{o1} = 0$，复位有效，则 C_2 输出为低电平，蜂鸣器不工作。

对于 C_2：当 $\bar{R} = 0$ 时：V_{CC}通过 R_3，R_4 对 C_2 进行充电，充电时间为

$$t'_{W1} \approx (R_3 + R_4)C_2\ln 2 = 0.7(R_3 + R_4)C_2$$

当电解电容电压 $U_{C2} < \frac{1}{3}V_{CC}$：$U_{o2} = 1$，蜂鸣器发出声响；当电解电容电压$\frac{1}{3}V_{CC} <$

$U_{C2}<\frac{2}{3}V_{CC}$时，U_{o2}保持原状态不变，蜂鸣器工作；当电解电容电压$U_{C2}>\frac{2}{3}V_{CC}$时，$U_{o2}=0$，C_2通过R_4放电，放电时间$t'_{W2}\approx R_2C\ln 2=0.7R_2C$。$U_{C2}$始终在$\frac{1}{3}V_{CC}$到$\frac{2}{3}V_{CC}$之间来回充电放电。蜂鸣器就会发出固定频率的声音。

3. 性能指标要求

对于C_1而言：二极管闪烁频率$f_1=\frac{1}{T_1}$，$T_1=t_{W1}+t_{W2}=0.7(R_1+2R_2)C_1$，其中，$0<R_1<10\text{k}\Omega$，$R_2=2\text{k}\Omega$，$C_1=100\mu\text{F}$，所以，$0.28\text{s}<T_1<0.98\text{s}$，$1.02\text{Hz}<f_1<3.57\text{Hz}$。对于$C_2$而言：蜂鸣器音调高低对应不同的频率$f_2=\frac{1}{T_2}$，$T_2=t'_{W1}+t'_{W2}=0.7(R_3+2R_4)C_2$，又因为$0<R_3<20\text{k}\Omega$，$R_4=2\text{k}\Omega$，$C_2=0.1\mu\text{F}$，所以：$2.8\times10^{-4}\text{s}<T_2<1.68\times10^{-3}\text{s}$，$595\text{Hz}<f_2<3571\text{Hz}$。故在调试过程中，可通过二极管闪烁频率、蜂鸣器音调高低来判断待调试报警工作状态是否标准。

思考

1. 试用 555 定时器设计一个振荡器频率为 3kHz，占空比为 80%的多谐振荡器，并画出电路(取$R_1=10\text{k}\Omega$)。

2. 试用 555 定时器设计一个电子门铃电路，每按一次按钮开关，电子门铃以 1kHz 的频率响 10s。

4.3 能力训练任务

学习目标

(1) 掌握多谐振荡器的仿真测试方法。
(2) 掌握单频蜂鸣器报警电路的仿真测试。
(3) 掌握双频蜂鸣器报警电路的仿真测试。
(4) 掌握声光报警电路的仿真测试。

4.3.1 多谐振荡器的仿真测试

仿真步骤如下。

(1) 在电子仿真软件 Multisim 10 基本界面的元件工具条上单击“Place Mixed(放置混合器件)”按钮，如图 4-9 所示。在弹出的对话框 Family 栏中选取 MIXED_VIRTUAL，再在 Component 栏中选取 555_VIRTUAL，如图 4-10 所示(局部图)，单击对话框右上方的 OK 按钮，将 555 定时器 A1 调出置于电子平台上。

图 4-9　放置混合器件按钮

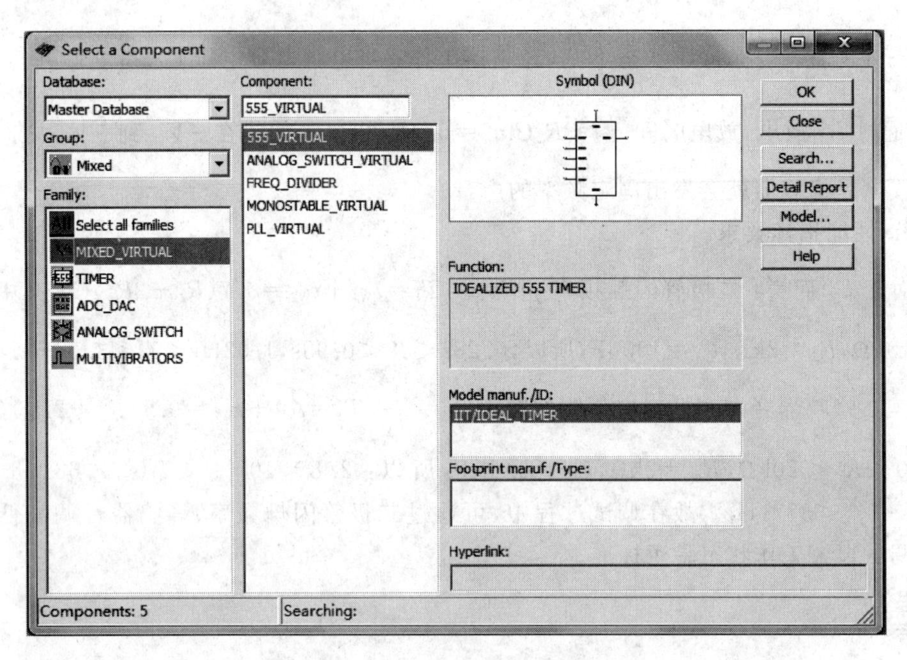

图 4-10 调出 555 定时器对话框

(2) 单击电子仿真软件 Multisim 10 基本界面的元件工具条“Place Basic(放置基础元件)”按钮从弹出的对话框中调出 5.1kΩ 电阻两个置于电子平台上,仍在该对话框中选中 Family 栏下的 CAPACITOR; 再在 Component 栏下选取 10nF,调出两只无极性电容置于电子平台上,单击电子仿真软件 Multisim 10 的基本界面的元件工具条“Place Signal Source(放置信号源)”按钮,从弹出的对话框中调出 VCC 电源和地线,将它们置于电子平台上; 最后在电子仿真软件 Multisim 10 的基本界面右侧的虚拟仪器、仪表工具条中选中 Oscilloscope 调出“双踪示波器”,将其置于电子平台中。

(3) 将所调出元件整理并连成仿真电路如图 4-11 所示。

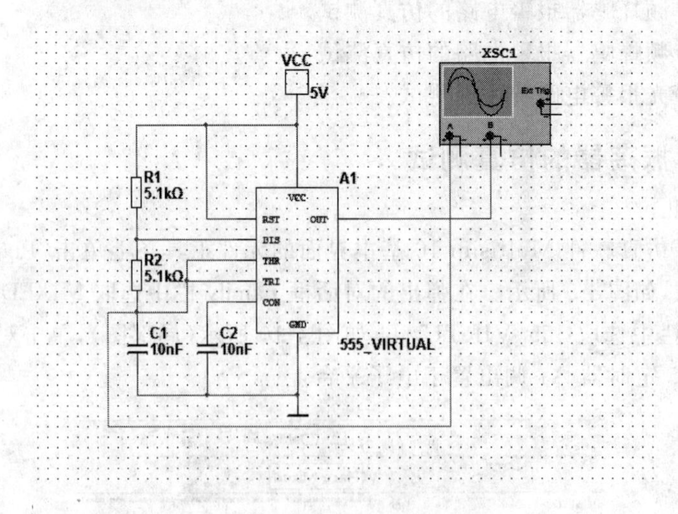

图 4-11 555 定时器构成的多谐振荡器仿真电路

(4) 双击虚拟双踪示波器图标 XSC1，将会弹出如图 4-12 所示的虚拟双踪示波器放大面板，对面板图中的 Timebase、Channel A、Channel B 进行参数设置。

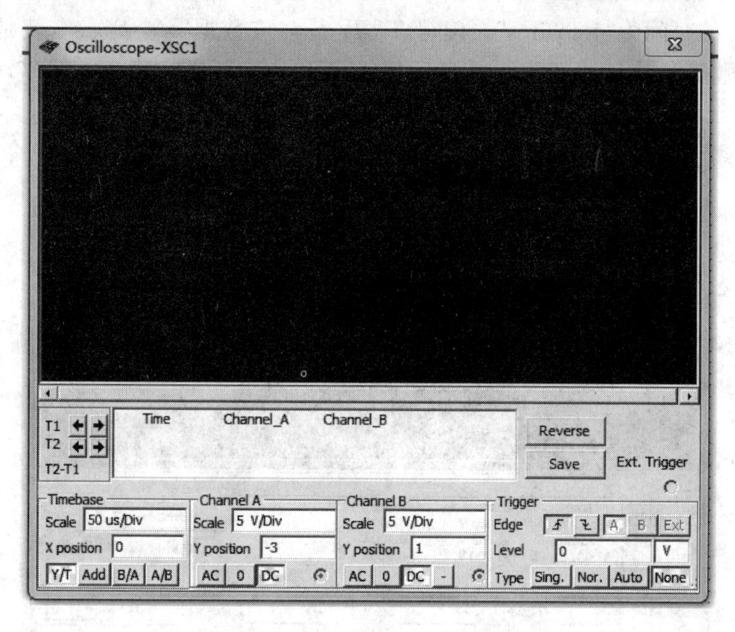

图 4-12 虚拟双踪示波器放大面板

(5) 打开仿真开关，这时将在虚拟双踪示波器放大面板屏幕上看到多谐振荡器 V_C 与 V_O 的波形，关闭仿真开关，这时波形停止，此时将鼠标指针移到虚拟双踪示波器放大面板屏幕的左上角，分别按住"读数指针 T_1、T_2"的绿色和黄色小三角，将其拉到如图 4-13 所示的 Channel A 的波形的峰底和峰顶的位置，这时可从屏幕下方 Time 栏中读得 T_1 行对

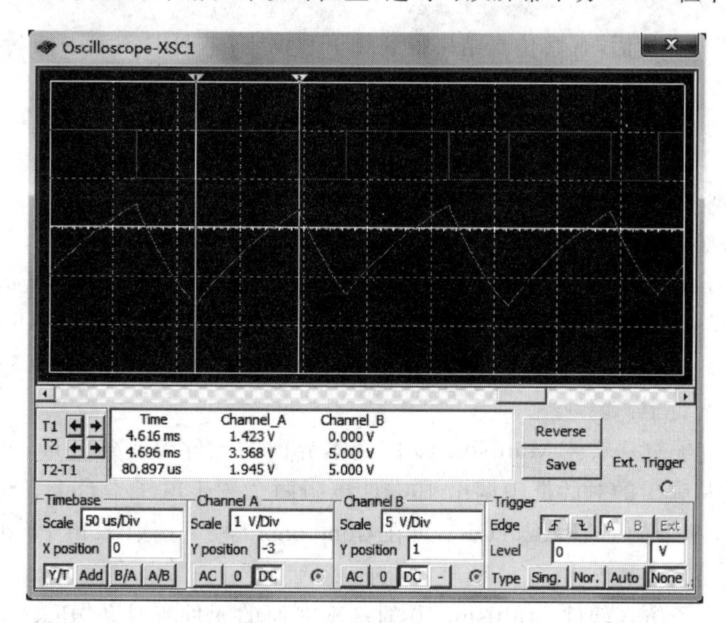

图 4-13 电容充电时间 T_{W1} 测试

应数据为“4.616ms”，表示“读数指针 T_1”在 V_C 波形峰底这一点离开 X 轴原点的时间为“4.616ms”。读得 T_2 行对应数据为“4.696ms”，表示“读数指针 T_2”在 V_C 波形峰顶这一点离开 X 轴原点的时间为“4.696ms”。读得 T_2-T_1 行对应数据“80.897μs”，就是电容充电的时间 T_{W1}。再将读数指针移到图 4-14 所示位置，可得电容放电时间 T_{W2} 为“37.037μs”。

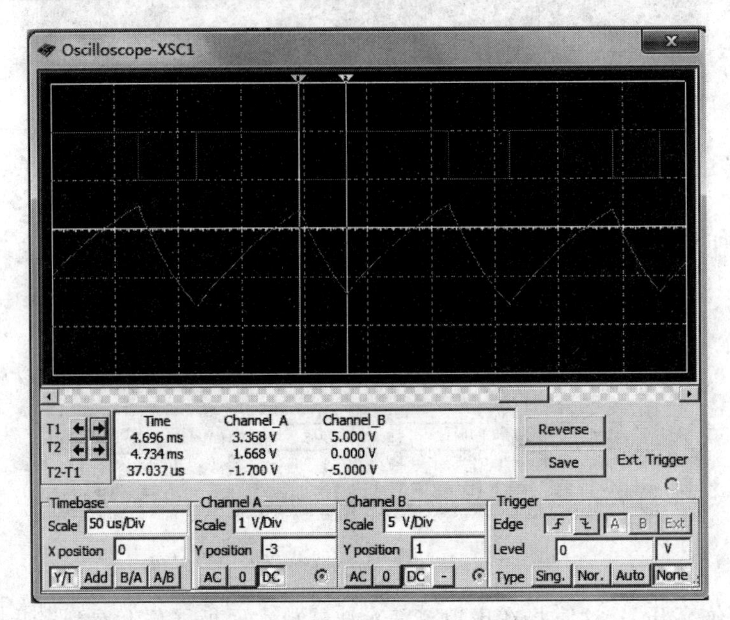

图 4-14 电容放电时间 T_{W2} 测试

(6) 仿真数据分析。首先根据公式可得到如下数据。

$T_{W1}=71.4\mu s$，$T_{W2}=35.7\mu s$，$T=T_{W1}+T_{W2}=107.1\mu s$，计算得到占空比理论值为：$q=\dfrac{T_{W1}}{T}=66.7\%$。然后，观察仿真结果得到如下数据：$T_{W1}=81.871\mu s$，$T=T_{W1}+T_{W2}=117.934\mu s$，计算仿真测试时得到的占空比 $q'=69.4\%$。对比两个占空比后，得到结论：方波周期基本一致，占空比基本一致，仿真结果与理论值相符。

4.3.2 单频蜂鸣器报警电路的仿真测试

仿真步骤如下。

(1) 在电子仿真软件 Multisim 10 的基本界面的元件工具条上单击“Place Mixed(放置混合器件)”按钮，在弹出对话框的 Family 栏中选取 MIXED_VIRTUAL，再在 Component 栏中选取 555_VIRTUAL，单击对话框右上方的 OK 按钮，将 555 定时器 A1 调出置于电子平台上。

(2) 单击电子仿真软件 Multisim 10 的基本界面的元件工具条“Place Basic(放置基础元件)”按钮从弹出的对话框中调出 100kΩ 电阻两个置于电子平台上。仍在该对话框中选中 Family 栏下的 CAPACITOR；再在 Component 栏下选取 10nF，调出两只无极性电容置于电子平台上。

(3) 单击电子仿真软件 Multisim 10 的基本界面的元件工具条“Place Signal Source(放置信号源)”按钮，从弹出的对话框中调出 VCC 电源和地线，将它们置于电子平台上。

(4) 单击电子仿真软件Multisim 10的基本界面的元件工具条“Place Indicator(放置指示器)”按钮,如图4-15所示,在弹出对话框的Family栏中选取BUZZER,再在Component栏中选取BUZZER,如图4-16所示(局部图),单击对话框右上方的OK按钮,将蜂鸣器BUZZER“U1”调出置于电子平台上。双击BUZZER图标,在出现的对话框中进行各参数配置,如图4-17所示。

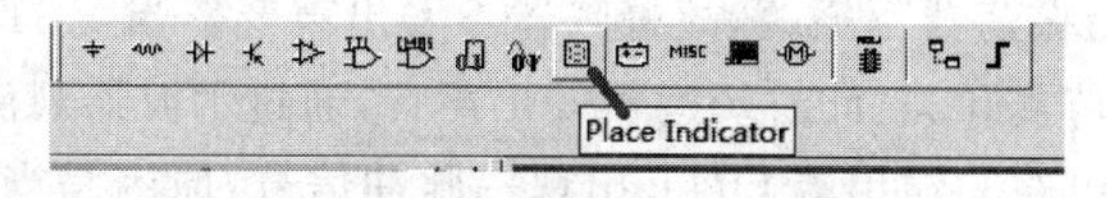

图4-15　放置指示器件按钮

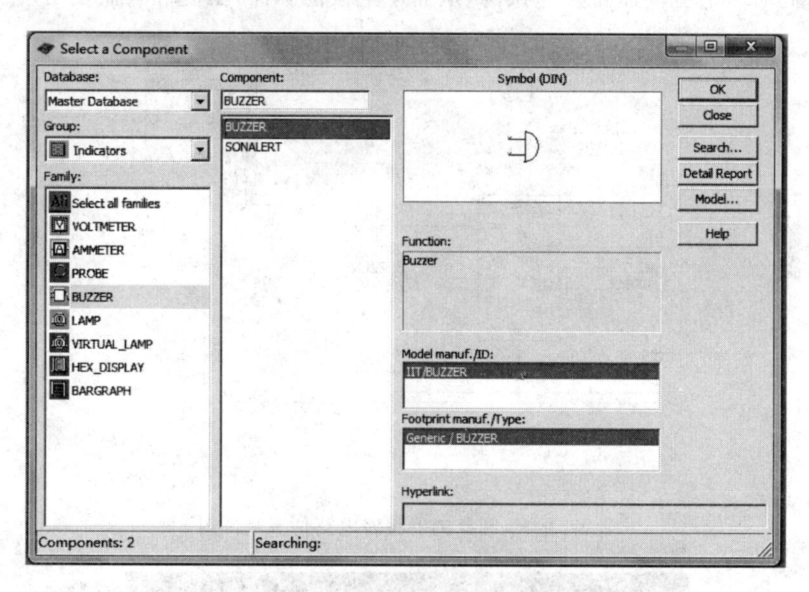

图4-16　调出BUZZER对话框

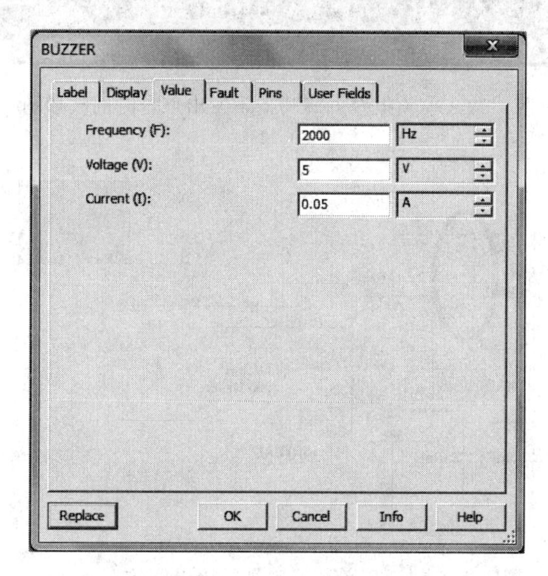

图4-17　BUZZER参数配置

(5) 在电子仿真软件 Multisim 10 的基本界面右侧的虚拟仪器、仪表工具条中选中 Oscilloscope 调出"双踪示波器",将其置于电子平台中。

(6) 将所调出元器件整理并连成仿真电路,如图 4-18 所示。

(7) 仿真调试。当 RST 端未接信号时,此时蜂鸣器无声音,通过示波器观测蜂鸣器上的波形如图 4-19 所示,即此时电路的输出端 OUT 为低电平,原因是当控制端 RST 端未接信号时,此时多谐振荡器不振荡,故蜂鸣器不发出声音。当 RST 端与电源 V_{CC} 相接,如图 4-20 所示,打开仿真开关,此时蜂鸣器发出声音,通过示波器观测蜂鸣器上的波形如图 4-21 所示,即此时电路的输出端 OUT 出现一脉冲信号,原因是当控制端 RST 端接入高电平时,此时多谐振荡器将发生振荡,从而产生振荡脉冲,驱使蜂鸣器发出声音。

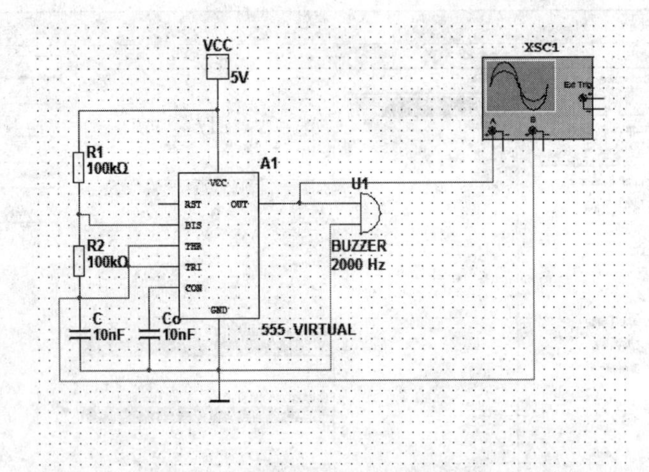

图 4-18 单频蜂鸣器报警电路仿真测试图

图 4-19 单频报警器蜂鸣器不发出声音时的波形图

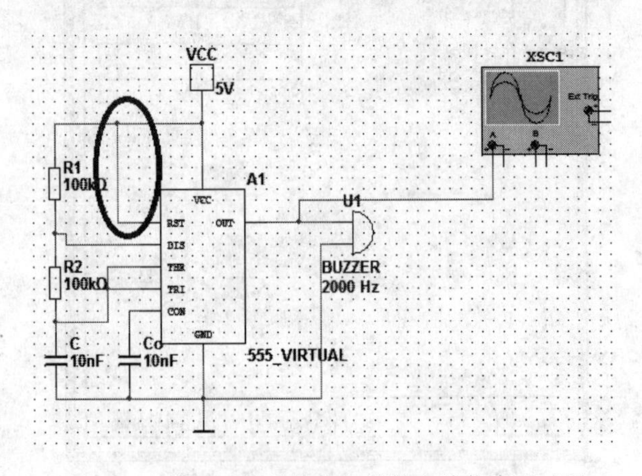

图 4-20 接通后单频蜂鸣器报警电路仿真测试图

图 4-21 接通后单频报警器蜂鸣器的波形图

4.3.3 双频蜂鸣器报警电路的仿真测试

仿真步骤如下。

(1) 单击电子仿真软件 Multisim 10 的基本界面的元件工具条“Place Mixed(放置混合器件)”按钮,在弹出对话框的 Family 栏中选取 MIXED_VIRTUAL,再在 Component 栏中选取 555_VIRTUAL,单击对话框右上方的 OK 按钮,将 2 个 555 定时器 A1、A2 调出置于电子平台上。

(2) 参考图 4-7,在电子仿真软件 Multisim 10 的基本界面的元件工具条上单击“Place Basic(放置基础元件)”按钮从弹出的对话框中调出电阻、电容、电源和地线放置于电子平台上。

(3) 单击电子仿真软件 Multisim 10 的基本界面的元件工具条“Place Indicator(放置指示器)”按钮,选取 BUZZER 并放置于平台上。同时,在虚拟仪器、仪表工具条中选中 Oscilloscope 调出“双踪示波器”。

(4) 仿真调试。将所有元器件连接起来(见图 4-7),开启仿真按钮,双击示波器,可观察到双频报警器产生的波形,如图 4-22 所示。通过改变 555 定时器外部电路的电容和电阻的大小来控制多谐振荡电路的振荡周期从而控制蜂鸣器发出声音的高低和频率。

图 4-22 双频报警器蜂鸣器的波形图

4.3.4 声光报警电路的仿真测试

仿真步骤如下。

(1) 单击电子仿真软件 Multisim 10 的基本界面的元件工具条“Place Mixed(放置混合器件)”按钮,在弹出对话框的 Family 栏中选取 MIXED_VIRTUAL,再在 Component 栏中选取 555_VIRTUAL,单击对话框右上方的 OK 按钮,将 2 个 555 定时器 A1-A2 调出置于电子平台上。

(2) 参考图 4-23,在电子仿真软件 Multisim 10 的基本界面的元件工具条上单击 Place Basic 按钮从弹出的对话框中调出电阻、电容、电源和地线并放置于电子平台上。

(3) 在电子仿真软件 Multisim 10 的基本界面的元件工具条上单击“Place Indicator(放置指示器)”按钮,选取 BUZZER 并放置于平台上。同时,在 Diodes 工具条中调出 LED。

(4) 仿真调试。将所有元器件连接起来(见图 4-23),开启仿真按钮,可观察到二极管会闪烁,故在调试过程中,可通过二极管闪烁的频率和蜂鸣器音调的高低来判断待调试报警工作状态是否标准。

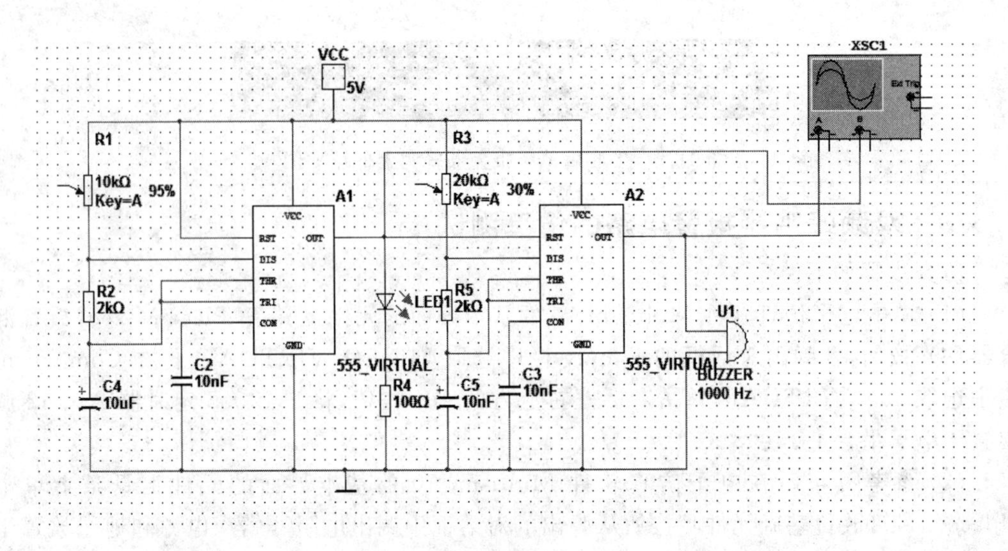

图 4-23 声光报警电路的仿真测试

思考

1. 试仿真测试 555 定时器构成的单稳态触发器。

2. 试设计三频蜂鸣器报警电路,并进行仿真测试。

项目小结

本项目基于 555 定时器,通过分析 555 定时器的内部结构,设计出施密特触发器、单稳态触发器、多谐振荡器,组成了单、双频蜂鸣器报警电路及声光报警电路。其中需要掌握以下内容。

(1) 施密特触发器、单稳态触发器的概念和特点。

(2) 多谐振荡器的构成原理、特点。

(3) 单频蜂鸣器报警电路的结构、工作原理及测试方法。

(4) 双频蜂鸣器报警电路的结构、工作原理及测试方法。

(5) 声光报警电路的构成、工作原理及测试方法。

练习题

1. 如图 4-24 所示电路是一个防盗报警装置,a、b 两端用一细铜丝接通,将此铜丝置于盗窃者必经之处。当盗窃者闯入室内将铜丝碰掉后,扬声器即发出报警声。试说明电路的工作原理。

2. 如图 4-25 所示电路是一个照明灯自动亮灭装置,白天让照明灯自动熄灭;夜晚自动点亮。图中 R 是一个光敏电阻,当受光照射时电阻变小;当无光照射或光照微弱时电阻增大。试说明其工作原理。

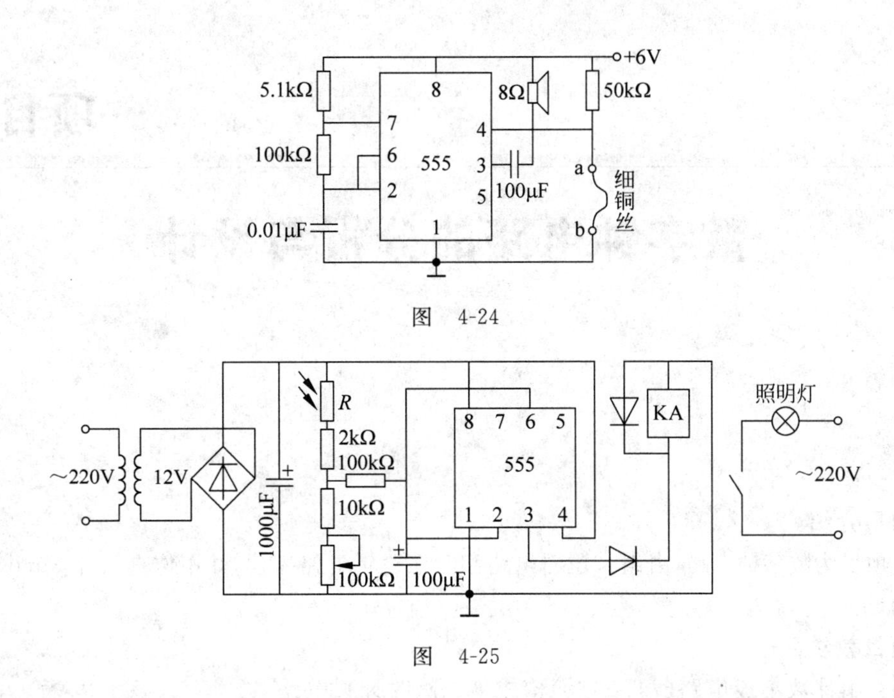

图　4-24

图　4-25

3．图 4-26 是延迟报警器。当开关 S 断开后，经一定的延迟时间后扬声器发声。试求延迟时间的具体数值和扬声器发出声音的频率。图 4-26 中 G_1 是 CMOS 反相器，输出的高、低电平分别为 12V 和 0V。

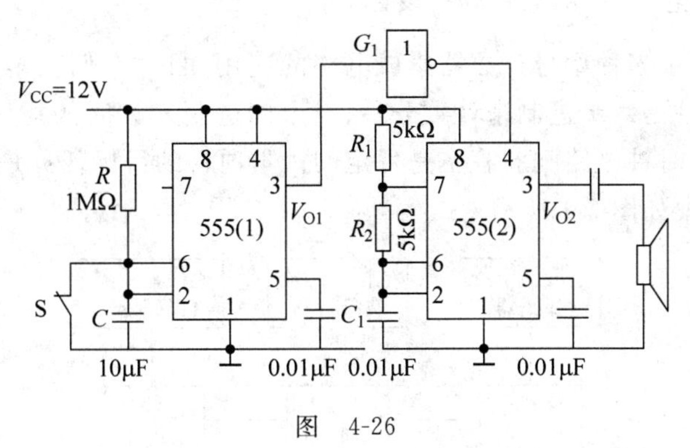

图　4-26

4．指出图 4-27 所示是什么电路，并根据已知波形画出输出波形。

5．将图 4-28 中的 555 定时器连接成多谐振荡器，并定性画出 V_C 及 V_O 的波形。

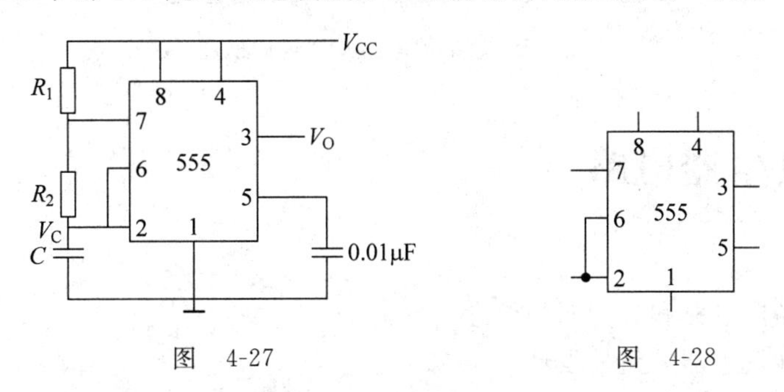

图　4-27　　图　4-28

项目 5

数字钟电路的分析与设计

项目介绍

本项目为数字钟电路，由组合逻辑电路和时序逻辑电路搭建，并用仿真软件 Multisim 10 完成测试。

项目教学目标

(1) 用计数集成电路(74LS160)构成秒、分、时计数电路。

(2) 用七段数码管(带译码器)构成成秒、分、时显示电路。

(3) 用 14 级二进制串晶体串行计数/分频器(CC4046)和晶体(32768Hz)构成秒发生电路。

(4) 完成校准电路、闪烁电路等的设计。

前面已经介绍了多种型号计数器集成电路的应用知识，它们大多是十六进制以内的计数器。但是，时钟是六十进制来计数分秒、二十四进制来计时的物件，能否用已有的集成电路来构成一个时钟电路呢？答案是肯定的。本项目的目标任务是制作一个简单的数字钟电路，整体方案如图 5-1 所示。

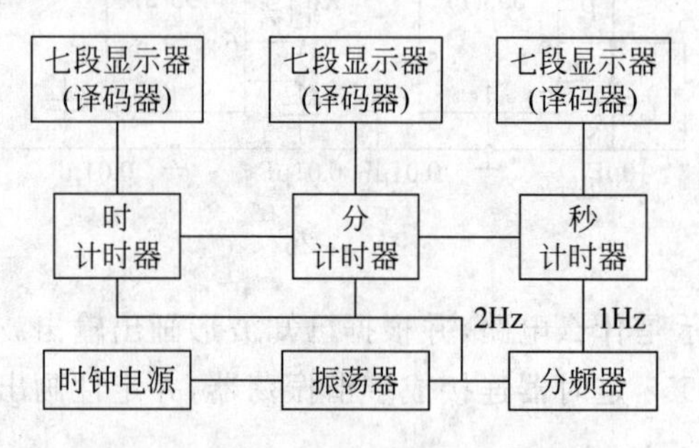

图 5-1　数字钟电路硬件组成框图

5.1　秒发生器电路

学习目标

(1) 了解晶振电路和分频器的概念。

(2) 掌握秒发生器电路的设计。

5.1.1　晶振构成的秒发生器电路

秒发生器是时钟电路的"心脏"，主要由振荡器和分频器组成，时钟走时精准与否主要是由秒发生器来决定的。各种电子钟、电子表、计算机内部的时钟通常选用CC4046集成电路和32768Hz晶振来实现。

CC4046集成电路应用面极广，因而有D、DB、N、NS、OR、PW等各种不同的封装后缀字样，应用时要根据需要进行选购。图5-2所示为双列16脚CC4046集成电路的引脚图，其内部由两部分组成，一部分是14级分频器，另一部分是振荡器。振荡器需要外接RC网络或石英晶体，作为秒发生器的时钟电路通常选用32768Hz晶振接于电路的9-11之间。32768Hz需经2^{14}分频后得到2Hz的脉冲信号，需要另加一级T′触发器就可得到秒信号了。具体电路如图5-3所示。

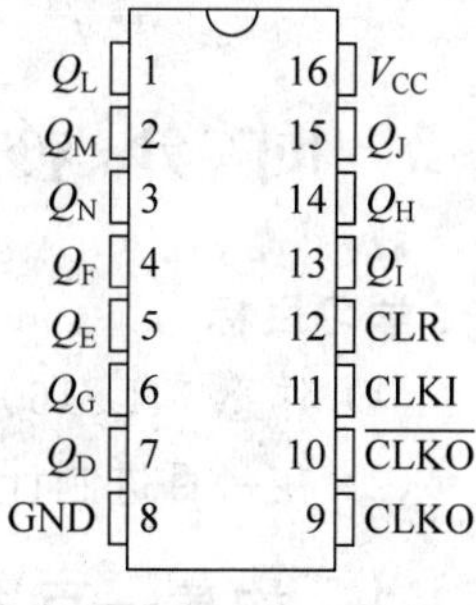

图5-2　CC4046引脚图

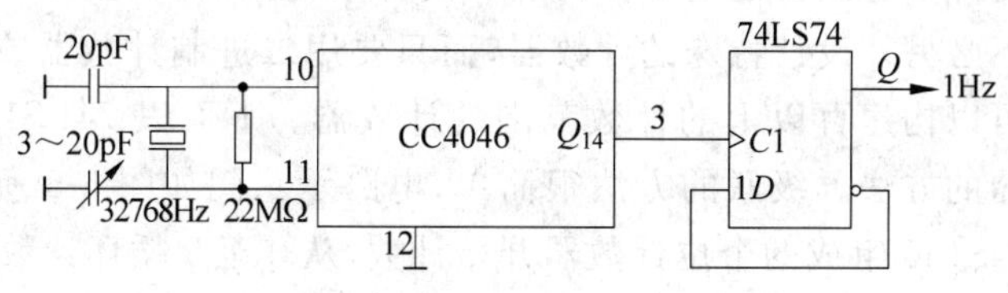

图5-3　CC4046构成秒发生器电路

5.1.2　555定时器构成的秒发生器电路

在项目实验电路中，由于制作的实验性时钟电路对时钟精度要求不高，所以这里将采用555集成电路制作多谐振荡器作为时钟的心脏——秒发生器。电路可由Multisim 10"工具→Circuit Wizards→555 Timer Wizard"直接得到。考虑到校正所需2Hz频率脉冲信号，这里取$R_1=10\text{k}\Omega$，$C=47\mu\text{F}$，则根据多谐振荡器的振荡频率公式$f_O=1\div[0.69(R_1+2R_2)C]$可计算出$R_2=2.7\text{k}\Omega$。

为得到秒脉冲，我们引入74LS74双D触发器的一个，让它担当将2Hz脉冲分频为1Hz的任务。秒发生器电路如图5-4所示。

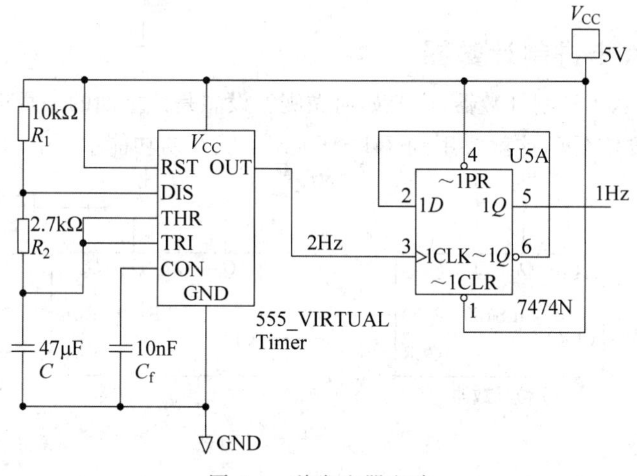

图5-4　秒发生器电路

思考

1. 简述 CC4046 构成秒发生器电路的工作原理。
2. 简述 555 构成秒发生器电路的工作原理。

5.2 时、分、秒计数电路

学习目标

(1) 熟悉 74LS160 计数功能,通过级联构成一百进制计数器。

(2) 在一百进制计数器基础上,运用反馈复位法构成六十进制、二十四进制计数器。

5.2.1 构建一百进制计数器

时钟分、秒、时计数进制都超过了 10 或 16 的计数范围,所以要用更大计数范围的计数器。这时我们不必另外设计特殊的计数器,而只要用二进制计数器或十进制计数器通过级联的方式就可以构建百以上的计数范围的计数器。下面以 74LS160 为例来说明搭建一百进制计数器的方法。级联的方法很简单,电路示意图如图 5-5 所示。基础计数脉冲从由第一块 74LS160 组成的个位计数器开始计数,从 0 至 9 循环计数,在 9 回到 0 时电路 RCO 会产生一个进位脉冲,让第二块 74LS160 组成的个位计数器开始计数。以后每次个位计数器完成一次循环都会向十位计数器送出一个进位脉冲让其计数加 1 至 9,再来一个进位脉冲也回到 0。所以两个计数器合起来的计数就完成了从 00 至 99 的一百进制计数。

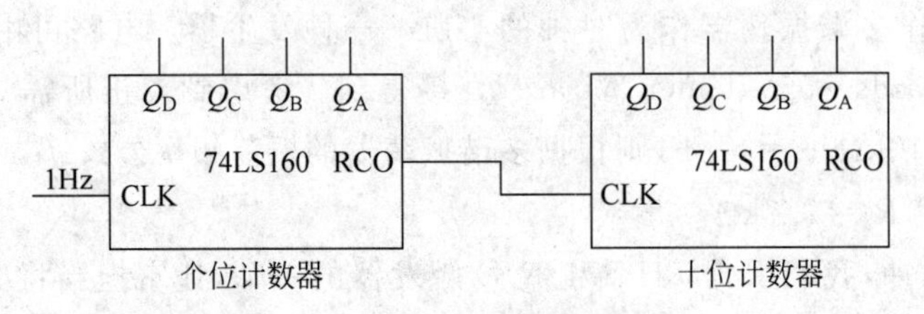

图 5-5 一百进制计数器

5.2.2 构建六十进制计数器

时钟分、秒是六十进制计数器,这要如何做呢?设想是让上面的一百进制计数器在计数到 59+1 时快速复位至 0,这就要用到 74LS160 异步置 0 的功能端了。分析可知,异步置 0

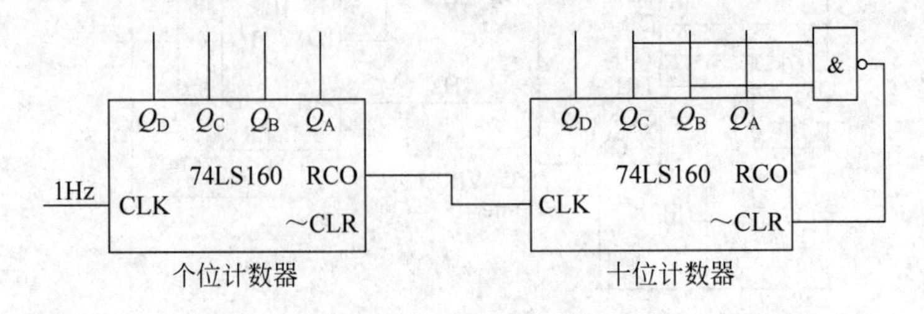

图 5-6 六十进制计数器

的反馈信号显然是十位计数器上的 $Q_DQ_CQ_BQ_A$＝0110(对应数字 6)。落实到电路则如图 5-6 所示，十位计数器在计数到 0110 时产生的复位反馈信号通过与非门将计数器异步置 0，由于电路信号传递迅速，人眼并不能看到 0110 对应的计数值，而只能看到 0000 复位后的数字。分、秒计数数制相同，计数电路也可相同。

5.2.3　构建二十四进制计数器

有了六十进制计数设计的经验，不难做出一个二十四进制的计数器来满足时计数的进制要求。分析可知，异步置 0 的反馈信号显然是十位计数器上的 $Q_DQ_CQ_BQ_A$＝0010(对应数字 2)，再加上个位计数器上的 $Q_DQ_CQ_BQ_A$＝0100(对应数字 4)。落实到电路如图 5-7 所示，十位计数器在计数到 0010 和个位计数器在计数到 0100 时产生的复位反馈信号通过与非门将个位、十位计数器同时异步置 0，由于电路信号传递迅速，人眼并不能看到十位 0010 和个位 0100 对应的计数值，而只能看到 0000 复位后的数字。

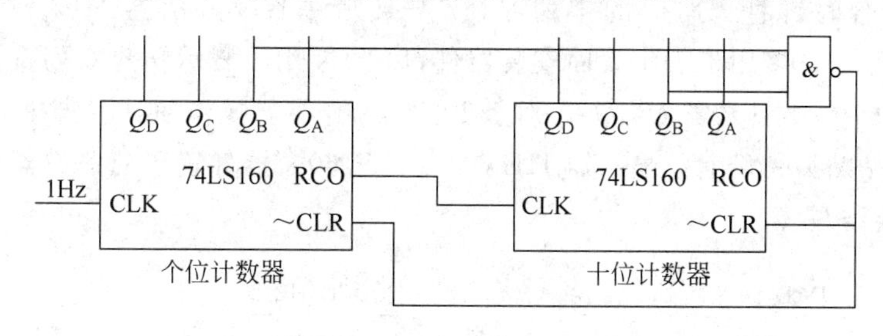

图 5-7　二十四进制计数器

5.2.4　校时电路和秒闪电路

时钟没电了、走慢了通常需要重新校对时间，这就需要在实用的时钟电路中增加时间校正电路。除特殊性场合外，通常人们只需要校正时和分。校正的方法可以是手动多次按键校正，也可以是自动一次按键校正，这里我们采用后者。

自动一次按键校正的方法为让 2Hz 脉冲直接触发分或时的个位计数器时钟端，让它们以秒的 2 倍的速度快速追赶到当前准确的分、时。

有时为增加时钟的动感，在秒、分和分、时之间可同时设置秒闪“：”点。为了增加 2Hz 信号对秒闪 LED 的驱动能力，可考虑增加放大器，如图 5-8 所示。

有的时钟还具有整点报时功能，这时借用一片音乐芯片就可实现。问题是如何让时钟每个整点都能触发播放一次音乐芯片中的音乐，这个问题就留给同学们自己思考。

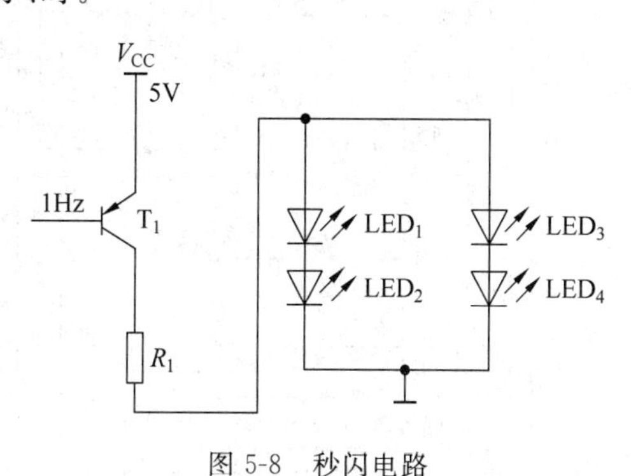

图 5-8　秒闪电路

思考

1. 简述秒闪电路的工作原理。
2. 简述时、分、秒计数器的设计原理。

5.3 能力训练任务

学习目标

(1) 用软件 Multisim 10 完成时钟电路的搭建和仿真测试。

(2) 尝试完成校时电路、秒闪电路、整点报时电路设计与仿真测试。

5.3.1 一百进制计数器的仿真测试

对同学们来说时钟电路规模“浩大”，整体电路如图 5-12 所示，因此我们必须做好一些前期准备工作。例如，为满足本 Multisim 10 仿真实验器件放置，设工作区为 A3 纸大小。

仿真步骤如下。

(1) 为符合时钟秒、分、时的排列习惯，先取元件七段显示器 HEX(带译码器)和 74LS160N (后缀 D 多用于表示表面安装器件，后缀 N 用于表示塑封双列直插器件)于工作区右侧作为个位数计数器 U_1、U_2。对 74LS160N 作翻转操作使其引脚排列如图 5-9 所示，然后复制粘贴另一份七段显示器 HEX 和 74LS160N 器件置于前一份器件左侧，并作为十位数计数器 U_3、U_4。

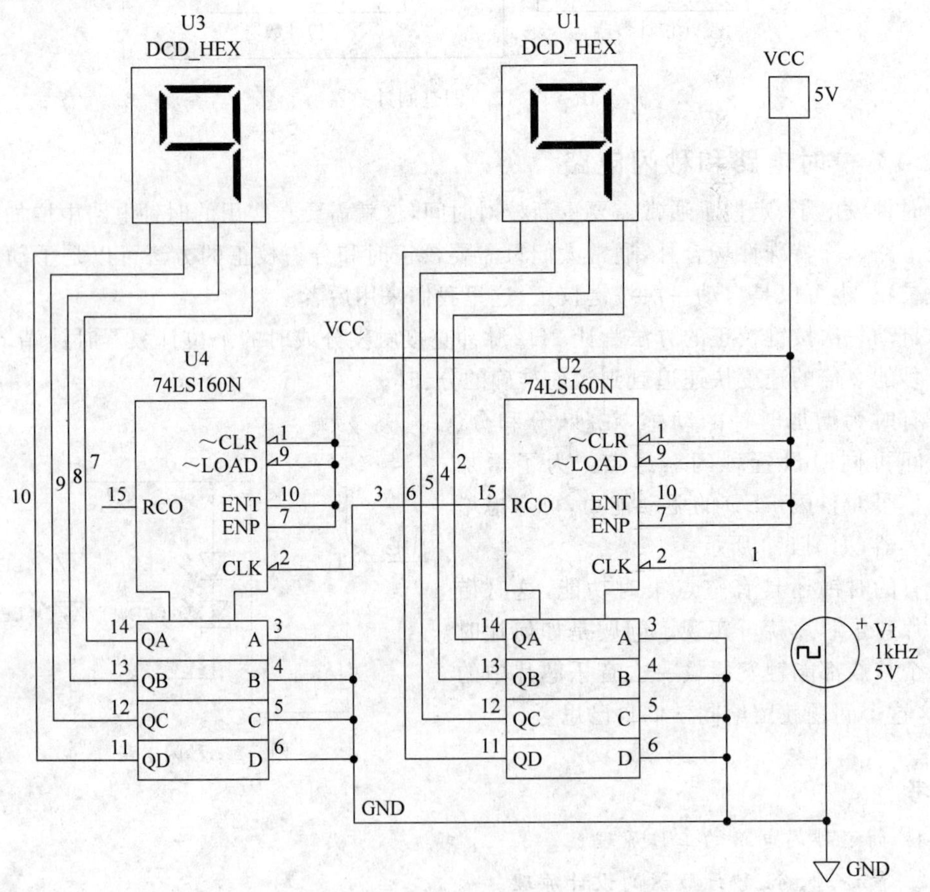

图 5-9 一百进制计数器的仿真测试图

（2）在器件最左侧移入+5V电源V_{CC}、GND地和时钟（方波+5V电源）V_1。

（3）在理解引脚功能的基础上参照图5-9进行连线。其中U_2的RCO与U_4的CLK相连，就可以实现两片十进制计数器74LS160N级联成一百进制计数器。U_1、U_2构成个位数计数器，U_3、U_4构成十位数计数器。

（4）启动仿真，查看个位、十位计数器循环计数次数是否为100。

5.3.2 六十进制计数器的仿真测试

有了上面完成的工作，我们很容易构建六十进制计数器。构建的方法很多，简单且常用的方法是反馈复位法。

在图5-9基础上修改连线，这里要特别注意看清图5-10中8、9、11粗黑线部分的连线方法，具体步骤如下。

（1）选择移入74LS00双输入4与非门中的U5A。U5A与非门两输入端分别接U_4十位计数器的输出端Q_B、Q_C，使百计数器在计数到60时形成十位计数器复位信号$Q_DQ_CQ_BQ_A=0110$。

（2）显然，U5A输出端要将复位信号连接到U_2、U_4复位CLK端，对U_2、U_4强制复位清零，从而实现六十进制计数。

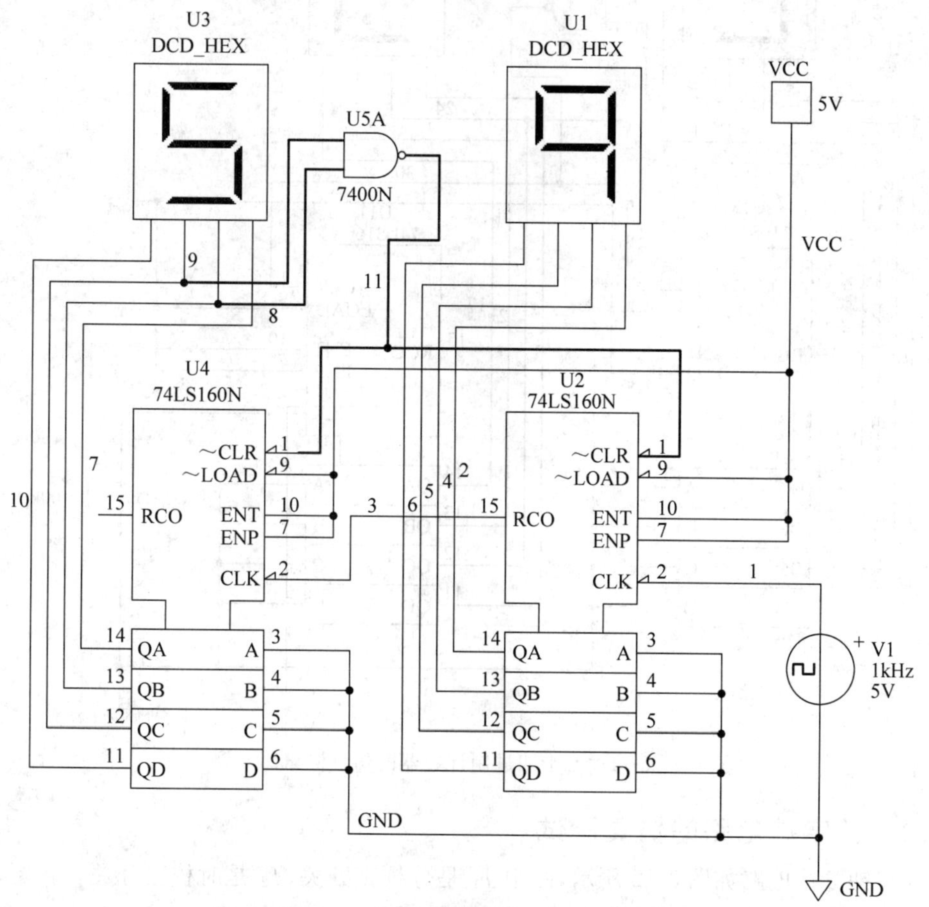

图5-10 六十进制计数器的仿真测试图

(3) 启动仿真,查看个位、十位计数器循环计数次数是否为 60。

以上步骤仅仅完成了秒计时单元的仿真电路制作,复制该电路平行右移、粘贴就可建立分计时单元电路。需要注意的是分个位计数器计数脉冲要取自秒计数器的六十进制复位信号,图 5-10 中的与非门输出 11 线。

5.3.3 二十四进制计数器的仿真测试

接下来要构建二十四进制计数器。方法类似,只需建立十位计数器 $Q_DQ_CQ_BQ_A$ = 0010 和个位计数器 $Q_DQ_CQ_BQ_A$ = 0100,连线如图 5-11 所示。需要注意的是,原时钟设计的时个位计数器计数脉冲应取自分计数器的六十进制复位信号。但考虑到在仿真实验时,同学们不可能守一个昼夜来观察时钟 24 小时计时、计数过程,所以这里在图 5-11 给出的仿真实验依然借用了图 5-9 中的时钟(方波+5V 电源)V_1 来帮助我们观察该计数器个位、十位计数器循环计数次数是否为 24。

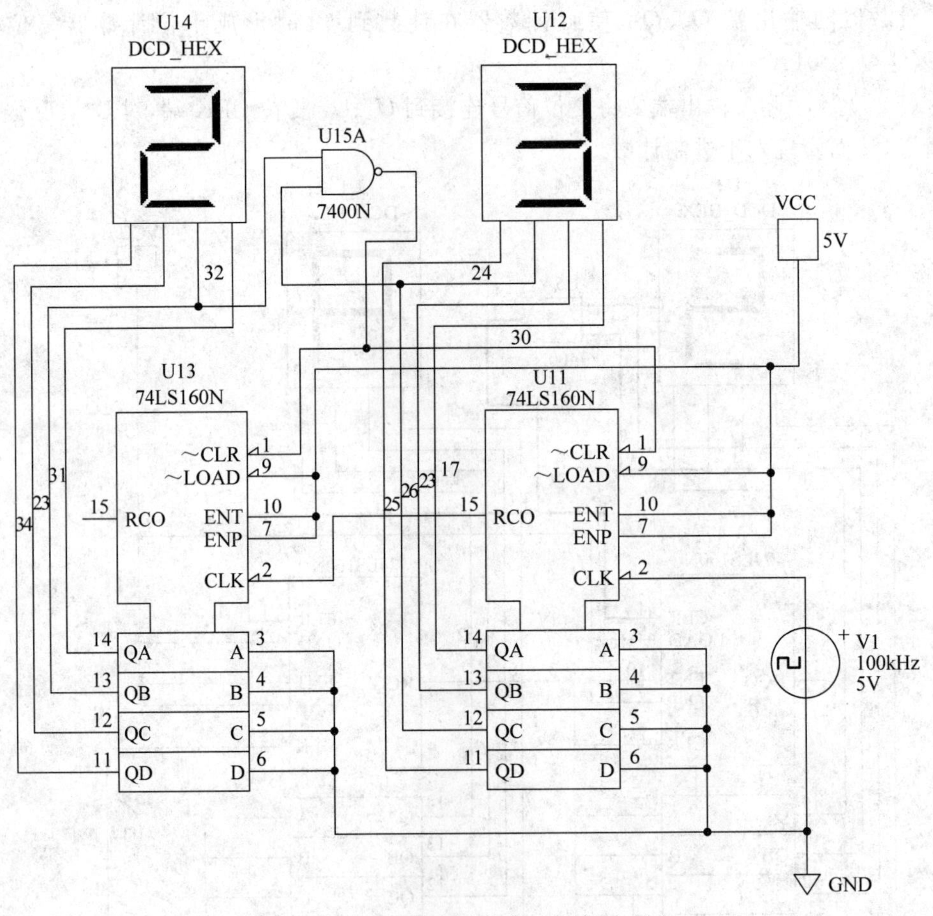

图 5-11 二十四进制计数器的仿真测试图

5.3.4 数字钟电路的仿真测试

数字钟整体电路如图 5-12 所示,图中 J_1 是分校正开关,J_2 是时校正开关。在图 5-12 中,通过一 PNP 管 Q_2 对秒脉冲进行驱动放大接 LED 器件设置了秒闪":"点。

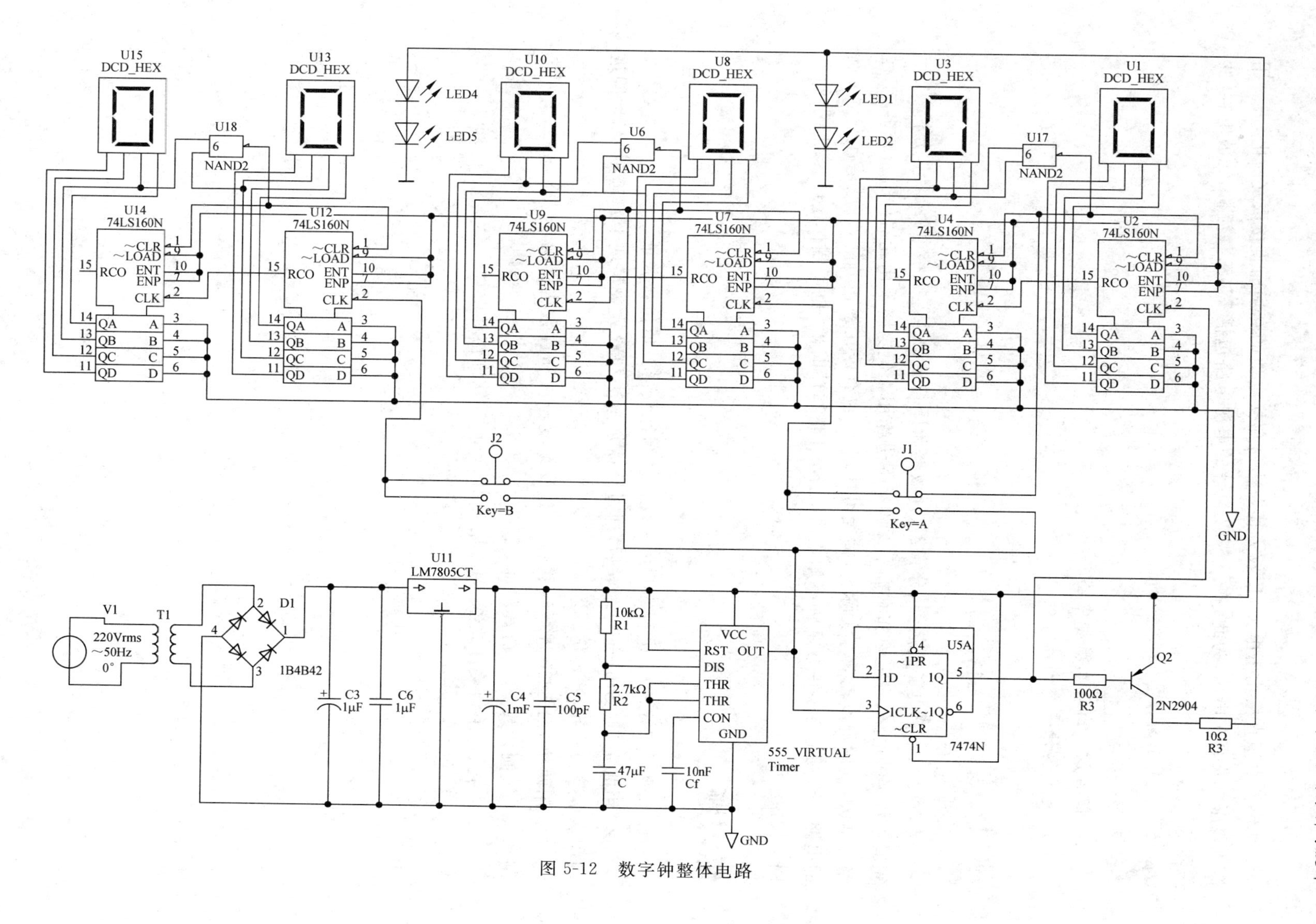

图 5-12　数字钟整体电路

数字钟电源直接用干电池，比较方便。为避免换电池的麻烦而直接取交流电，需要用整流稳压电路真实电路，为此，在图 5-12 设计的电源电路包括 7805、整流桥、滤波电容、变压器等。

思考

1. 能否设计出正点报时电路？

2. 能否设计一个倒计时电路？

项目小结

本项目综合应用了振荡器、分频器、计数器和译码显示器等数字电路知识，分析、设计完成了数字钟电路，对巩固和掌握本课程有促进作用。但电路采用元器件数量较多，工程略显浩大，实用价值较低。实际上，钟表可挂墙上，也有戴在手腕上的，可见是有小巧一点的电路。市场上有多种数字钟专用集成电路，可制作计时器，也可制作定时器，同学们可网上搜索一下。

练习题

1. 将两块 74LS161 进行级联可实现几进制计数器？请仿真验证。

2. 用两块 74LS161 进行级联后，通过反馈复位法和置数法实现十二进制、二十四进制和六十进制计数，并请仿真验证。

3. 用两块 74LS290 进行级联后，通过反馈复位法和置数法实现十二进制、二十四进制和六十进制计数，并请仿真验证。

4. 查找、选用相关计数器芯片，用 Multisim 10 软件仿真设计一个 8 小时内的倒计时器(定时器)。

参考文献

[1] 阎石.数字电子技术基本教程[M].北京：清华大学出版社，2007.
[2] 康华光.电子技术基础(数字部分)[M].北京：高等教育出版社，2000.
[3] 潘明，潘松.数字电子技术基础[M].北京：科学出版社，2008.
[4] 杨志忠.数字电子技术[M].2版.北京：高等教育出版社，2003.
[5] 程勇，方元春.数字电子技术基础[M].北京：北京邮电大学出版社，2013.
[6] 朱祥贤.数字电子技术项目教程[M].北京：机械工业出版社，2010.
[7] 黄培根，任清褒. Multisim 10 计算机虚拟仿真实验室[M].北京：电子工业出版社，2008.
[8] 赵玉菊.电子技术仿真与实训[M].北京：电子工业出版社，2009.
[9] 王冠华. Multisim 10 电路设计及应用[M].北京：国防工业出版社，2008.
[10] 刘守义，钟苏.数字电子技术[M].2版.西安：西安电子科技大学出版社，2007.

附　　录

附录 A　Multisim 10 仿真软件简介

Electronics Workbench(EWB)是加拿大 IIT(Interactive Image Technologics)公司于 20 世纪 80 年代末、90 年代初推出的用于电路仿真与设计的 EDA 软件，又称为“虚拟电子工作台”。2005 年，IIT 公司被美国国家仪器公司 NI(National Instrument)收购，从 EWB 6.0 版本开始，专用于电路仿真与设计模块并更名为 Multisim，大大增强了软件的仿真测试和分析功能，大大扩充了元器件库中的仿真元件数量，使仿真设计更精确、可靠。Multisim 意为“万能仿真”。2007 年，NI 公司推出 Multisim 10.0 版本。

Multisim 10 具有以下主要特点。

(1) 集成化、一体化的人性设计环境。

(2) 界面友好、操作简单。

(3) 真实的仿真平台。

(4) 分析方法多而强。

(5) 可以跨平台作业。

1. 软件运行环境

Multisim 10 的运行环境配置如表 A-1 所示。如果计算机系统配置较低，则 Multisim 10 启动较慢，但运行以后就正常了，但如果内存偏小，图形仿真时要经常清理 Grapher View 中 Pages(缓存)，否则计算机很容易 Down 机。

表 A-1　Multisim 10 的运行环境配置

名　　称	最 低 配 置	推 荐 配 置
操作系统	Windows NT4/SP6/XP	Windows XP
处理器	Intel Pentium Ⅲ AMD K6	Pentium Ⅳ AMD K7
内存	256MB RAM	512MB RAM
光驱	CD-ROM	CD-ROM
显示分辨率	800×600	1024×768
硬盘空间余量	720MB	1GB

2. 工作界面

启动 Multisim 10，出现图 A-1 所示的工作界面。该界面由多个区域构成：主菜单、基本工具栏、电路窗口、电路描述框、运行状态栏等。通过对各部分的操作可以实现电路图的输入和编辑，并根据需要对电路进行相应的观测和分析。用户可以通过菜单或工具栏改变主窗口的视图内容。

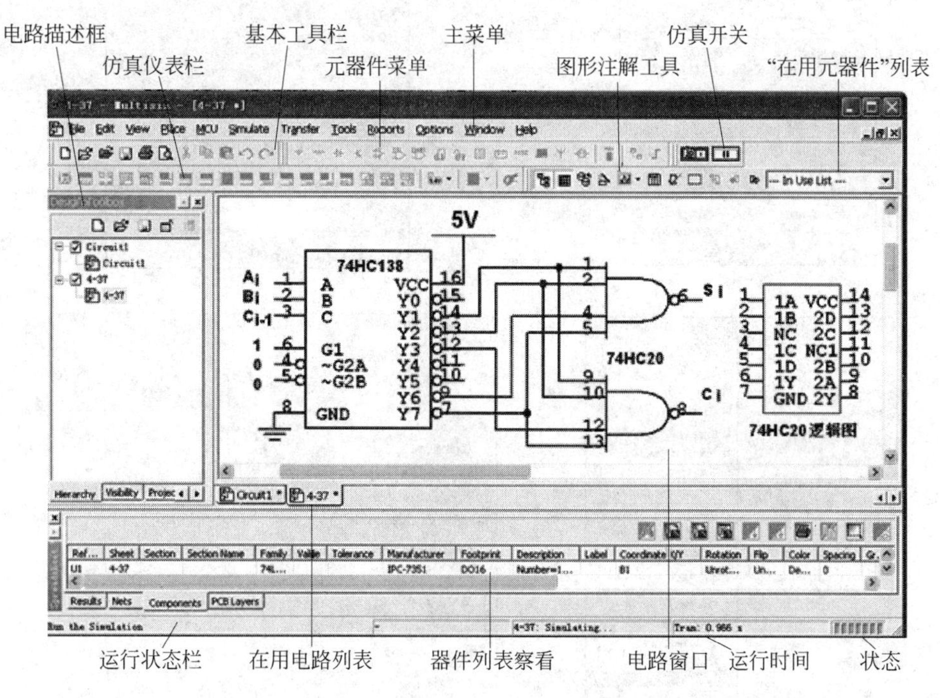

图 A-1　Multisim 10 的工作界面

3. 主菜单

主菜单位于界面的上方，如图 A-2 所示。通过菜单可以对 Multisim 10 的所有功能进行操作。不难看出菜单中有一些与大多数 Windows 平台上的应用软件一致的功能选项，如 File、Edit、View、Options、Help。此外，还有一些 Multisim 软件专用的选项，如 Place、Simulation、Transfer 以及 Tool 等。这些菜单中主要内容的中英文对照如图 A-3 所示。

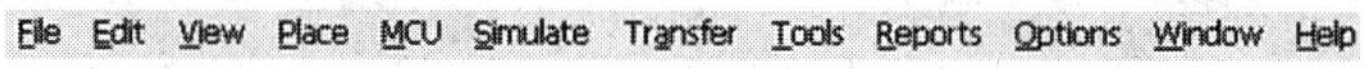

File　Edit　View　Place　MCU　Simulate　Transfer　Tools　Reports　Options　Window　Help

图 A-2　主菜单

4. 常用工具栏

1）元器件工具栏

元器件工具栏以元器件库按钮集中了电源、基本元件、二极管、TTL、CMOS、显示器件等大量常用的仿真元器件，如图 A-4 所示。

(a) File

(b) Edit

(c) View

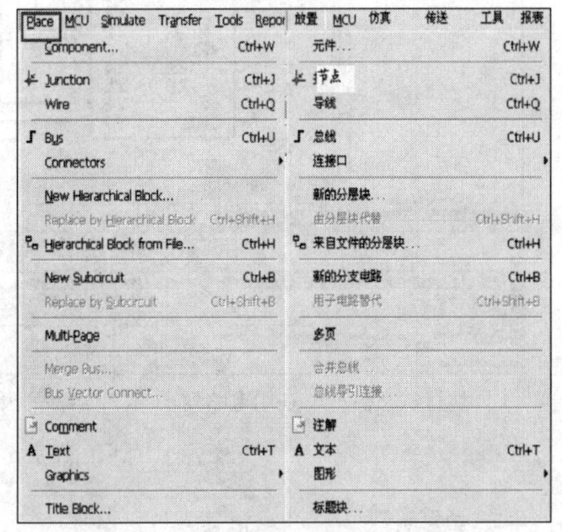

(d) Place

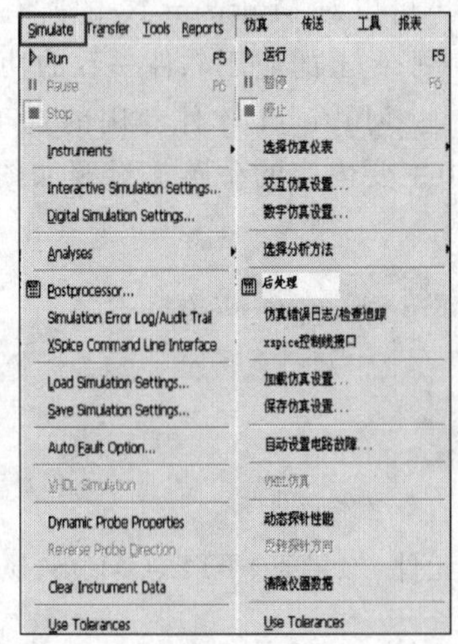

(e) Simulate

(f) Tools

图 A-3 菜单主要内容的中英文对照

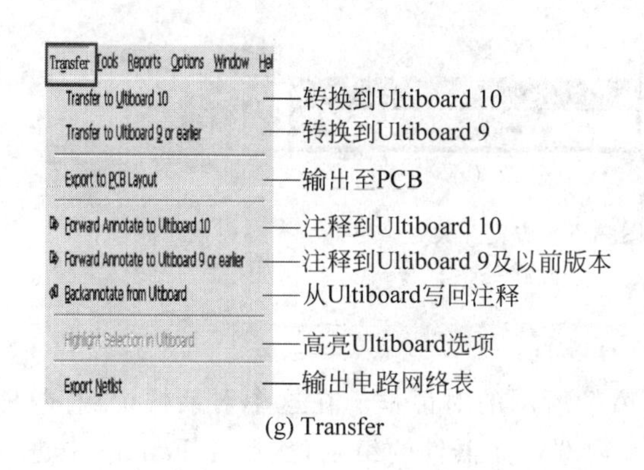

(g) Transfer

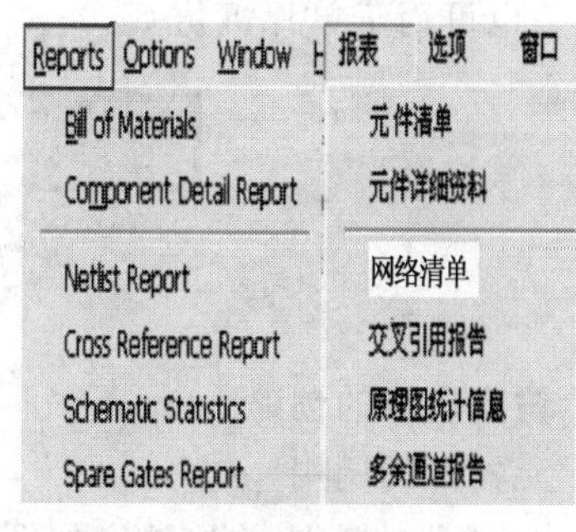

(h) Reports

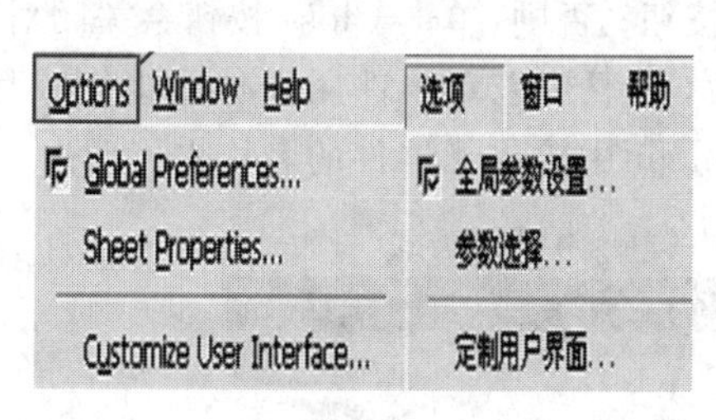

(i) Options

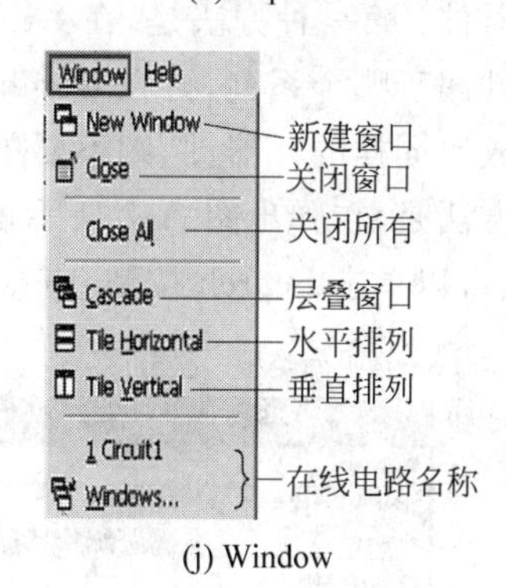

(j) Window

图　A-3(续)

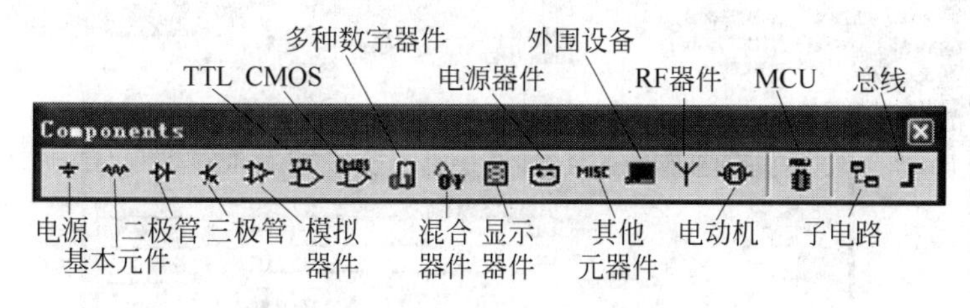

图 A-4　元器件工具栏

2）仪器仪表工具栏

仪器仪表工具栏集中了 Multisim 为用户提供的所有虚拟仪器仪表，如图 A-5 所示。用户可以通过按钮选择自己需要的仪器对电路进行观测。

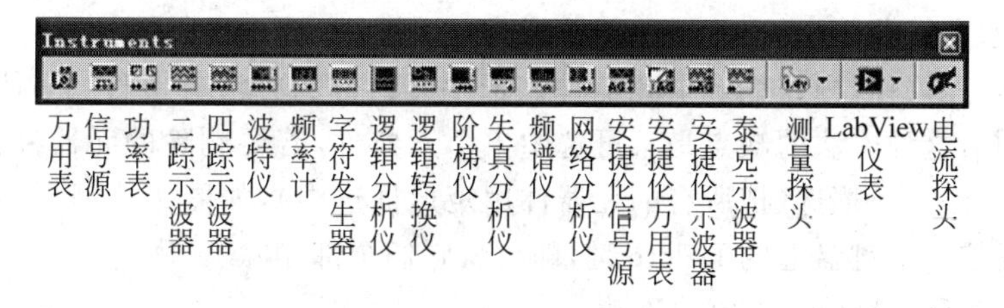

图 A-5　仪器仪表工具栏

3）仿真开关

仿真开关有两处，如图 A-6 所示。界面上主要有停止、运行和暂停三个按钮，图 A-6(b)

仿真开关也可用于单片机仿真。

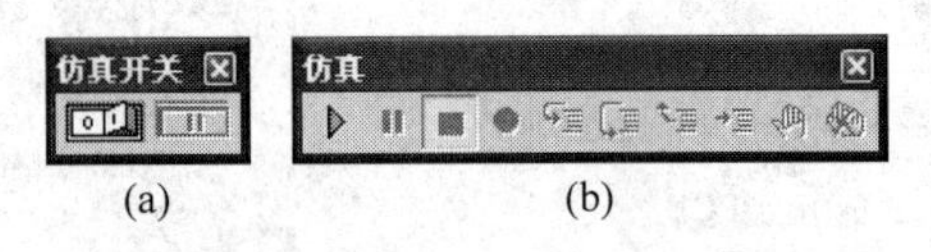

图 A-6 仿真开关

5. 仿真电路的创建

1）元器件的调用

单击“元器件工具栏”，弹出如图 A-7 所示的对话框。在这个对话框中，有两种方法选取元器件：第一种方法是，在 Group 内选定元器件的组别，然后在 Family 中进一步确定元器件属于哪个系列，再在 Component 中输入元器件的名称，最后单击 OK 按钮即可。若仍需放置同样的元器件，则不要单击 Close 按钮；否则，单击 Close 按钮会关闭对话框。第二种方法是，在弹出图 A-7 所示的对话框后，且不知道元器件属于什么组别或什么系列，那么可以单击 Search 按钮，直接在 Component 中输入元器件的名称也可调出。

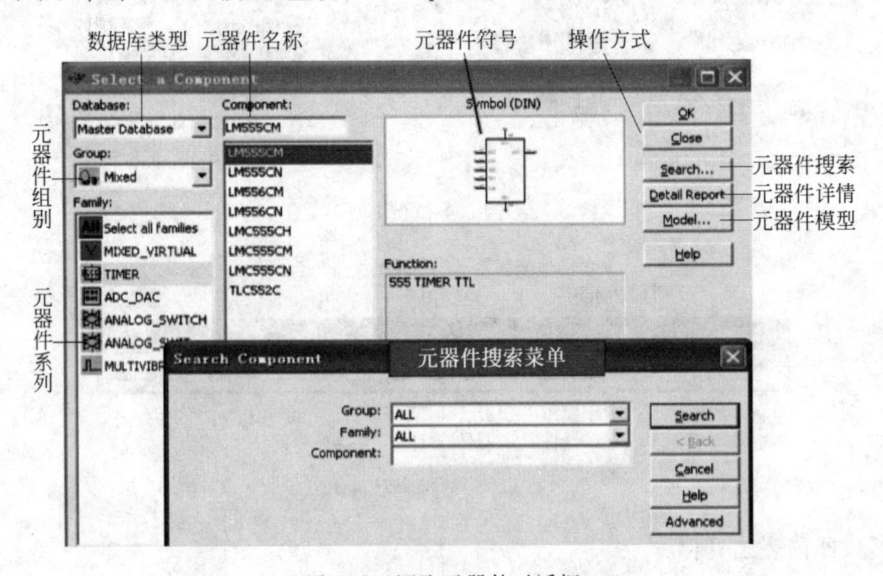

图 A-7 调取元器件对话框

2）元器件的修改与删除

用鼠标双击元器件，弹出元器件属性修改对话框，如图 A-8 所示。

若要删除元器件，则需先选中元器件。选中元器件的方法有两种：一种是单击元器件即可。但是，这种方法的缺点是只可选中单个元器件，若要删除的元器件很多，则需要用到第二种方法——框选（把所有的元器件用矩形框选中），如图 A-9 所示。选中所有元器件后，只需按一下键盘上的 Delete 键，即可将它们全部删除。

3）元器件及参数显示数值的移动

元器件的移动包括：90 Clockwise（顺时针旋转 90°）、90 CounterCW（逆时针旋转 90°）、Flip Horizontal（水平翻转）、Flip Vertical（垂直翻转）等。这些操作可以在菜单栏的子菜单 Edit 下选择命令，也可以应用快捷键进行快捷操作：Alt＋X——水平镜像；Alt＋Y——垂

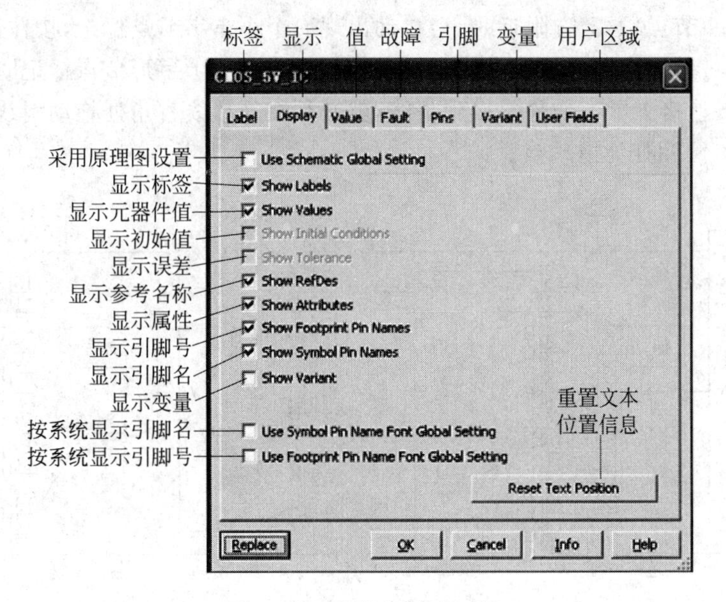

图 A-8　元器件属性对话框

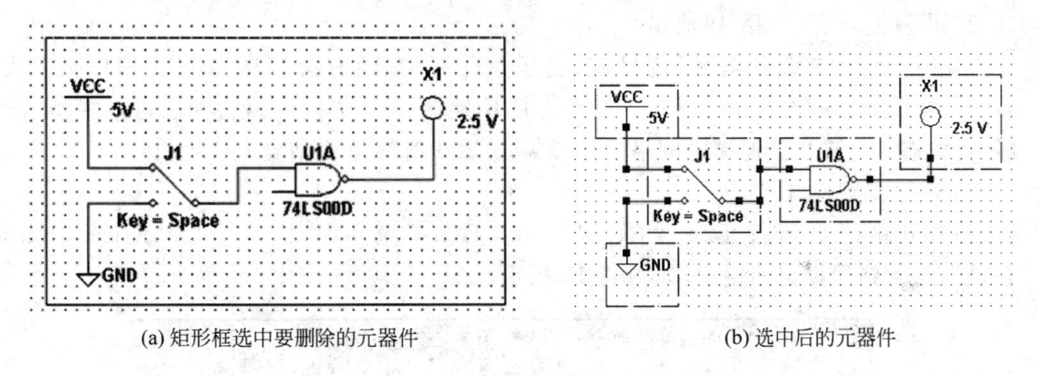

图 A-9　框选元器件的过程

直镜像；Ctrl＋R——顺时针旋转 90°；Ctrl＋Shift＋R——逆时针旋转 90°。

为了图面个性化显示的需要，也为了图面的清晰整洁，有时也需要移动元器件参数数值显示的位置，如图 A-10 所示。

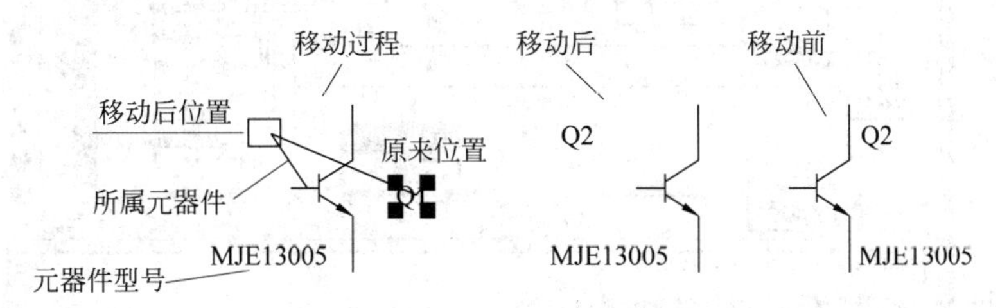

图 A-10　元器件参数显示数值的调整过程

4）元器件的连接

在 Multisim 10 仿真软件中，元器件引脚的连接线是自动产生的，当鼠标箭头在元器件引脚(或某一节点)的上方附近时,会自动出现一个小十字节点标记,按住鼠标左键连接线就产生了,将引线拖至另外一个引脚处出现同样一个小十字形节点标记时,再次按动鼠标左键就可以连接上了。如果要得到折线,就必须在连接线直角处拖动引线产生折线,如图 A-11 所示,圆圈处为拖动点。

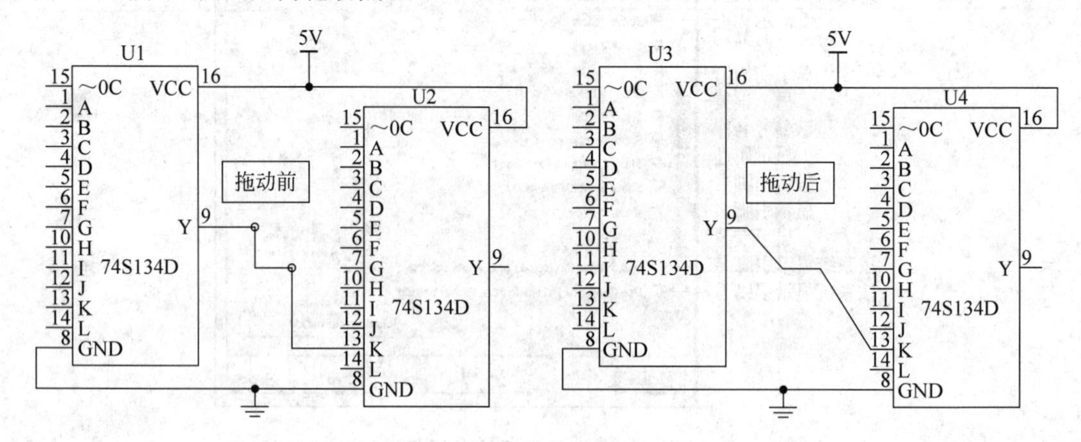

图 A-11 元器件连接线的拖动

5) 设置电源、信号源、接地端

Multisim 10 有多种电源、信号源、受控信号源,接地有模拟地 GROUND、数字地 DGND,如果一个仿真电路中没有一个参考的接地端(0 节点),电路将无法进入模拟、仿真运行状态。连接在接地端的网络(Net Name)默认值都是 0(节点)。

6) 电气规则检查

如果电路仿真运行出现故障,可以在"Tools"菜单项中运行"Electrical Rules Check",得到错误标记和提示,如图 A-12 所示。

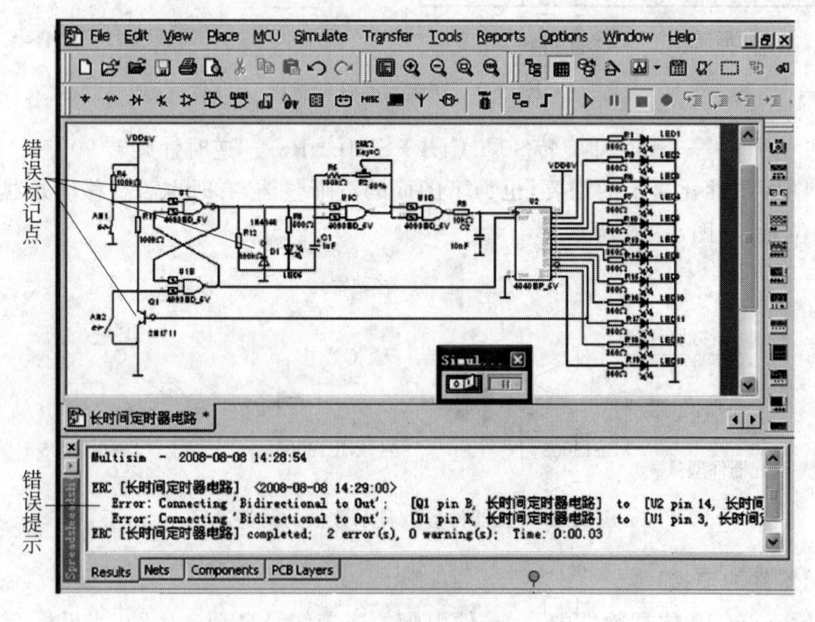

图 A-12 电气规则检查

6. 虚拟仪器仪表的使用

1）数字万用表

Multisim 10 提供的数字万用表(Multimeter)，其外观和操作与实际的万用表很相似，可以测电流、电压、电阻、分贝值以及直流或交流信号。万用表有正极和负极两个引线端，如图 A-13 所示。

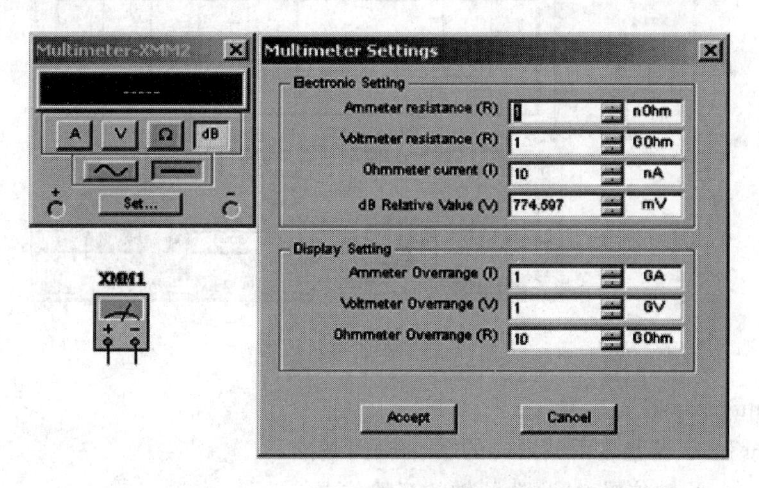

图 A-13 万用表外观及属性设置

2）函数发生器

Multisim 10 提供的函数发生器(Function Generator)可以产生正弦波、三角波和矩形波，信号频率可在 1Hz～999MHz 范围内调整。信号的幅值以及占空比等参数也可以根据需要进行调节。信号发生器有三个引线端口：负极、正极和公共端，如图 A-14 所示。

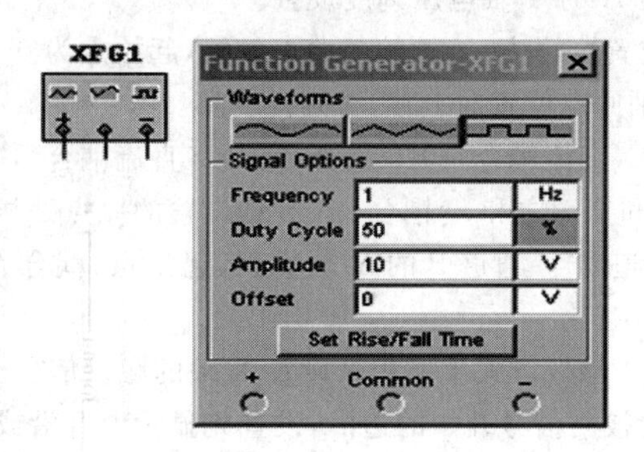

图 A-14 函数信号发生器

3）双通道示波器

Multisim 10 提供的双通道示波器(Oscilloscopc)与实际的示波器外观和基本操作基本相同，该示波器可以观察一路或两路信号波形的形状，分析被测周期信号的幅值和频率，时间基准可在秒直至纳秒范围内调节。示波器图标有 4 个连接点：A 通道输入、B 通道输入、外触发端 T 和接地端 G，如图 A-15 所示。

示波器的控制面板分为以下 4 个部分。

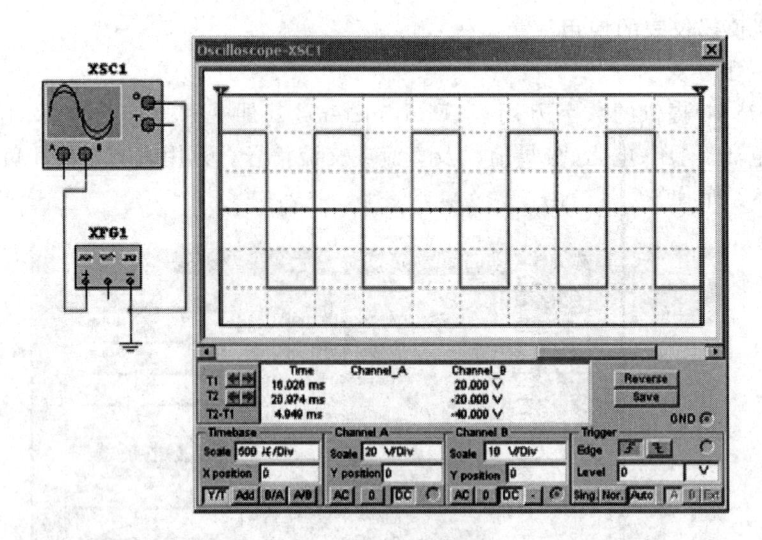

图 A-15　双通道示波器

(1) Timebase(时间基准)。

Scale(量程):设置显示波形时的 X 轴时间基准。

X position(X 轴位置):设置 X 轴的起始位置。

显示方式设置有四种:Y/T 方式指的是 X 轴显示时间,Y 轴显示电压值;Add 方式指的是 X 轴显示时间,Y 轴显示 A 通道和 B 通道电压之和;A/B 或 B/A 方式指的是 X 轴和 Y 轴都显示电压值。

(2) Channel A(通道 A)。

Scale(量程):通道 A 的 Y 轴电压刻度设置。

Y position(Y 轴位置):设置 Y 轴的起始点位置,起始点为 0 表明 Y 轴和 X 轴重合,起始点为正值表明 Y 轴原点位置向上移,否则向下移。

触发耦合方式:AC(交流耦合)、0(0 耦合)或 DC(直流耦合),交流耦合只显示交流分量,直流耦合显示直流和交流之和,0 耦合,在 Y 轴设置的原点处显示一条直线。

(3) Channel B(通道 B)。通道 B 的 Y 轴量程、起始点、耦合方式等项内容的设置与通道 A 相同。

(4) Tigger(触发)。触发方式主要用来设置 X 轴的触发信号、触发电平及边沿等。

Edge(边沿):设置被测信号开始的边沿,设置先显示上升沿或下降沿。

Level(电平):设置触发信号的电平,使触发信号在某一电平时启动扫描。

触发信号选择:Auto(自动)、通道 A 和通道 B 表明用相应的通道信号作为触发信号;Ext 为外触发;Sing 为单脉冲触发;Nor 为一般脉冲触发。

4) 逻辑分析仪(Logic Analyzer)

Multisim 10 提供了 16 路的逻辑分析仪,用来数字信号的高速采集和时序分析。逻辑分析仪的图标如图 A-16 所示。逻辑分析仪的连接端口有:16 路信号输入端、外接时钟端 C、时钟限制 Q 以及触发限制 T。

面板分上下两个部分,上半部分是显示窗口,下半部分是逻辑分析仪的控制窗口,控制信号有：Stop(停止)、Reset(复位)、Reverse(反相显示)、Clock(时钟)设置和 Trigger (触发)设置，如图 A-16 所示。

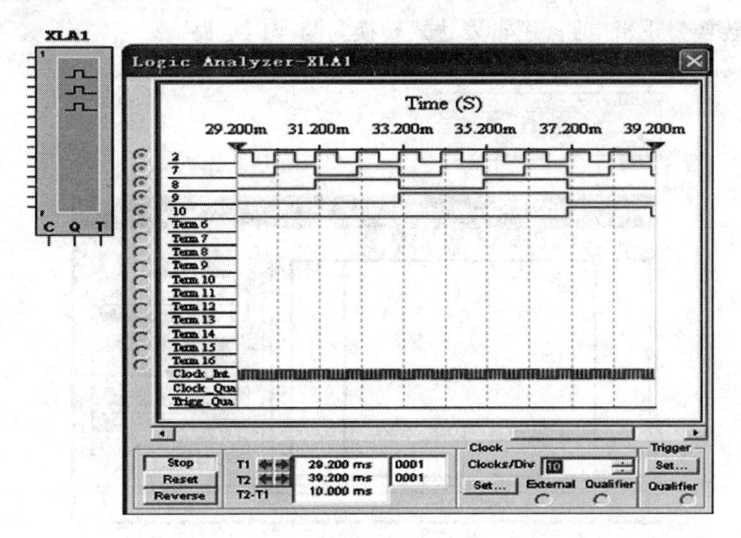

图 A-16　逻辑分析仪

单击 Clock setup(时钟设置)，弹出对话框，如图 A-17(a)所示。

Clock Source(时钟源)：选择外触发或内触发。

Clock Rate(时钟频率)：1Hz～100MHz 范围内选择。

Sampling Setting(取样点设置)：Pre-trigger Samples(触发前取样点)、Post-trigger Samples(触发后取样点)和 Threshold Voltage(开启电压)设置。

单击图 A-16 中 Trigger 下的 Set(设置)按钮时，出现 Trigger Settings(触发设置)对话框，如图 A-17(b)所示。Trigger Clock Edge(触发边沿)：Positive(上升沿)、Negative (下降沿)、Both(双向触发)。Trigger Patterns(触发模式)：由 A、B、C 定义触发模式，在 Trigger Combinations(触发组合)下有 21 种触发组合可以选择。

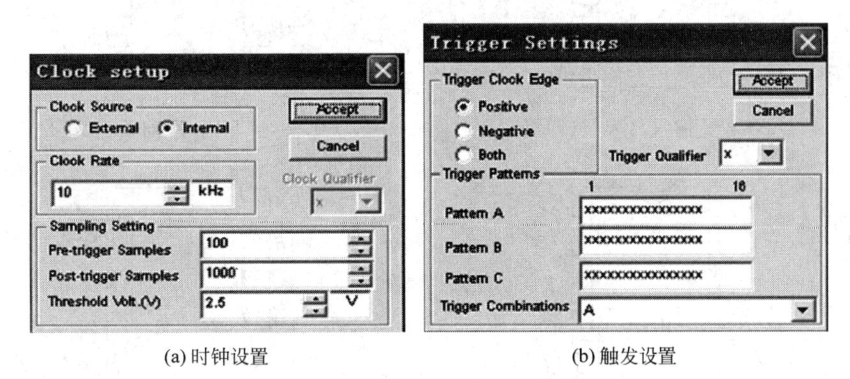

(a) 时钟设置　　(b) 触发设置

图 A-17　时钟设置及触发设置

5）逻辑转换器

Multisim 10 提供了一种虚拟仪器：逻辑转换器(Logic Converter)。实际中没有这种仪器，逻辑转换器可以在逻辑电路、真值表和逻辑表达式之间进行转换，它有 8 路信号输入端,1 路信号输出端,如图 A-18 所示。6 种转换功能依次是:逻辑电路转换为真值表、真值表转换为逻辑表达式、真值表转换为最简逻辑表达式、逻辑表达式转换为真值表、逻辑表达式转换为逻辑电路、逻辑表达式转换为与非门电路。

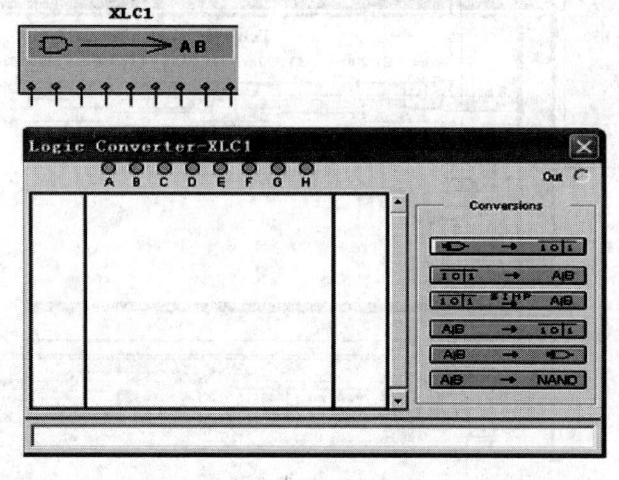

图 A-18 逻辑转换器

附录 B 常用数字集成电路的引脚图

1. TTL 系列

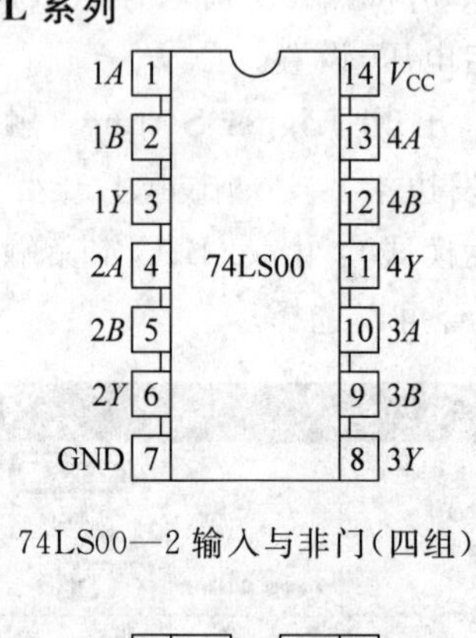

74LS00—2 输入与非门(四组)

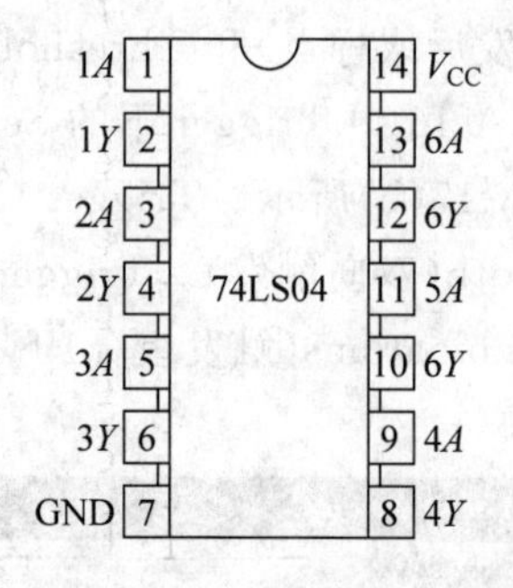

74LS04—非门/反向器(六组)

1A 1
1B 2
2A 3
2B 4
2C 5
2Y 6
GND 7
14 VCC
13 1C
12 1Y
11 3C
10 3B
9 3A
8 3Y
74LS10

74LS10—3 输入与非门(三组)

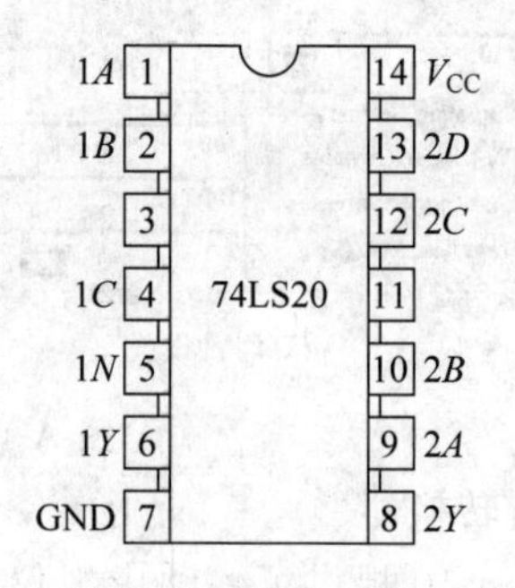

74LS20—4 输入与非门(两组)

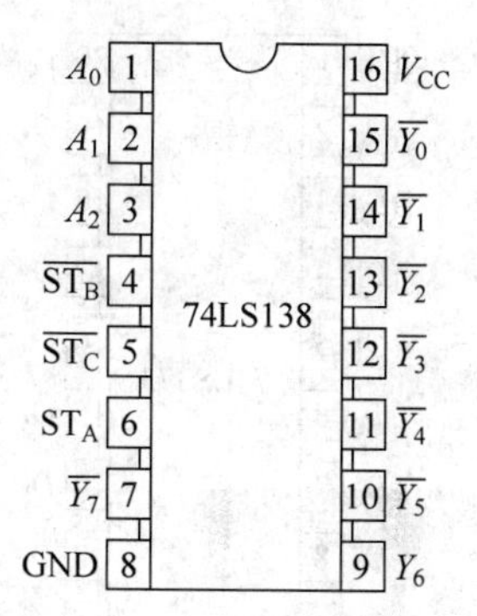

74LS138—3 线-8 线译码器

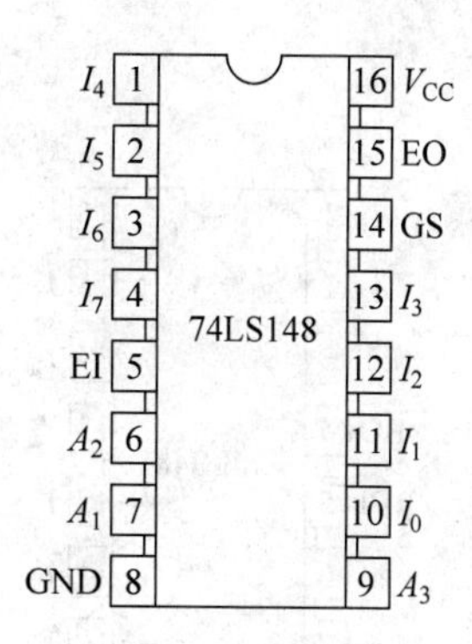

74LS148—8 线-3 线优先编码器

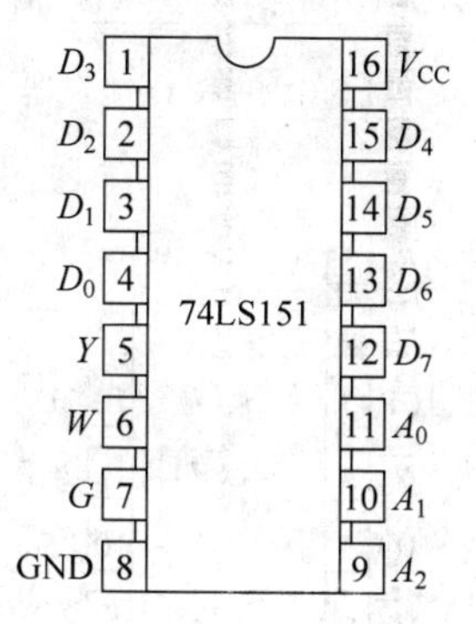

74LS151—8 选 1 数据选择器

74LS153
$1\overline{ST}$ 1
A_1 2
$1D_3$ 3
$1D_2$ 4
$1D_1$ 5
$1D_0$ 6
$1Y$ 7
GND 8
16 V_{CC}
15 $2\overline{ST}$
14 A_0
13 $2D_3$
12 $2D_2$
11 $2D_1$
10 $2D_0$
9 $2Y$

74LS153—双 4 选 1 数据选择器

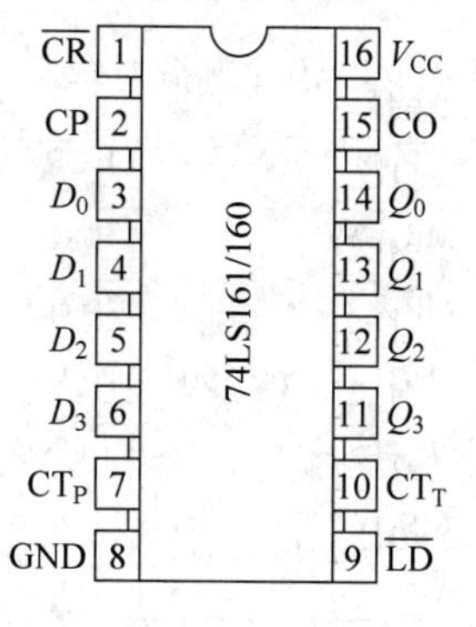

74LS161/74LS160—同步计数器

74LS283
F_2 1
B_2 2
A_2 3
F_1 4
A_1 5
B_1 6
CI_0 7
GND 8
16 V_{CC}
15 B_3
14 A_3
13 F_3
12 A_4
11 B_4
10 F_4
9 CO_4

74LS283—4 位二进制超前进位全加器

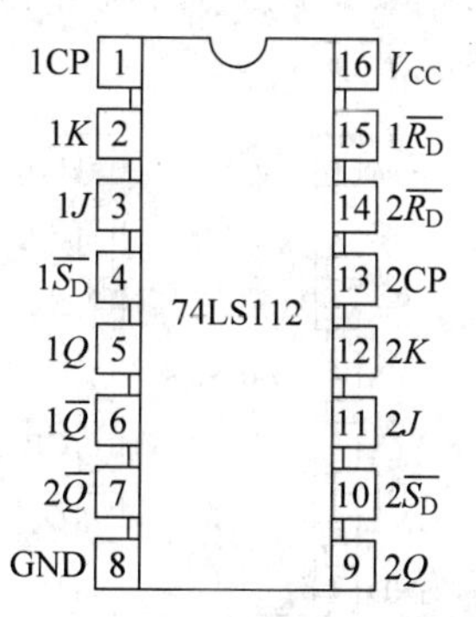

74LS112—双 JK 触发器

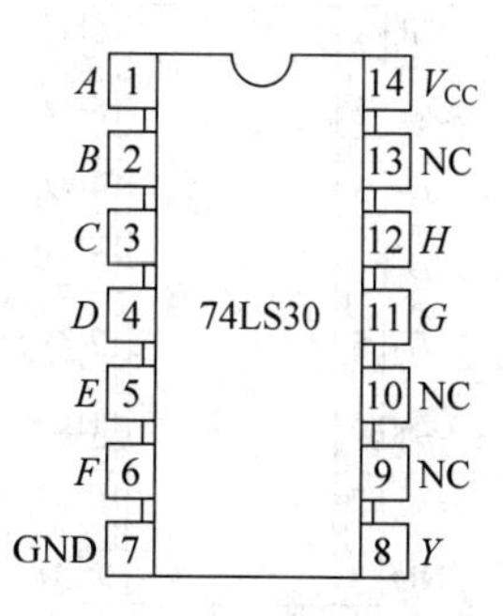

74LS30—8 输入与非门

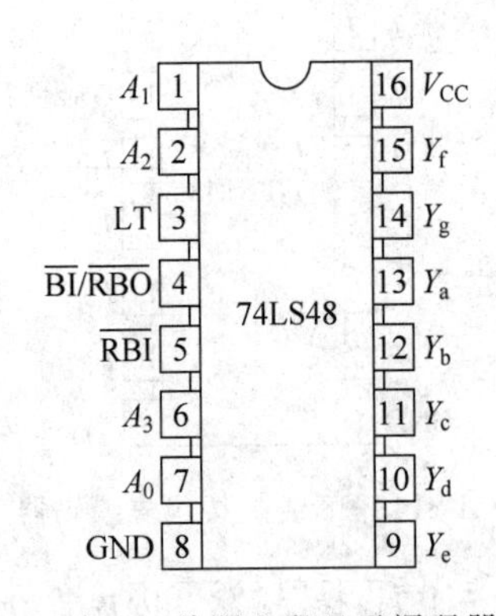

74LS48—共阴七段显示译码器

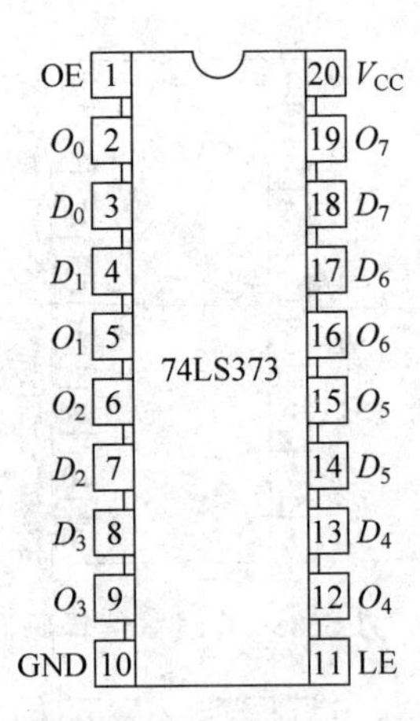

74LS373—八 D 锁存器

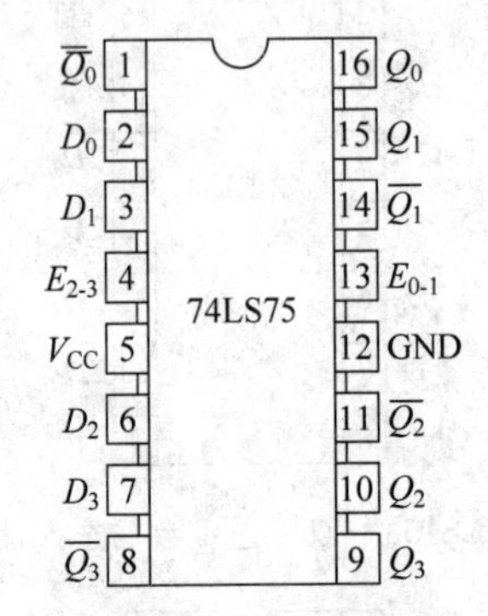

74LS75—四 D 锁存器

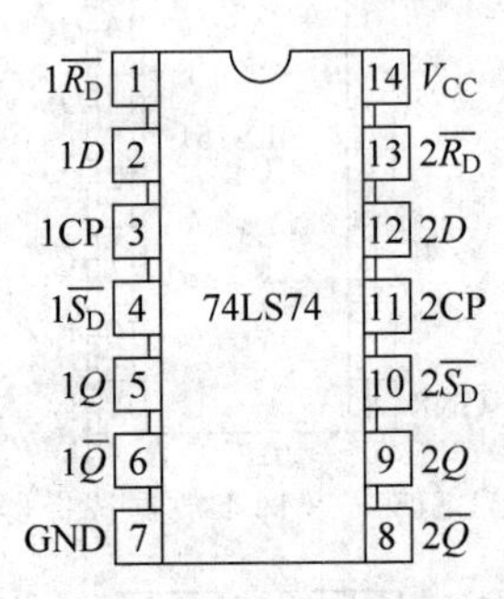

74LS74—双上升沿 D 触发器

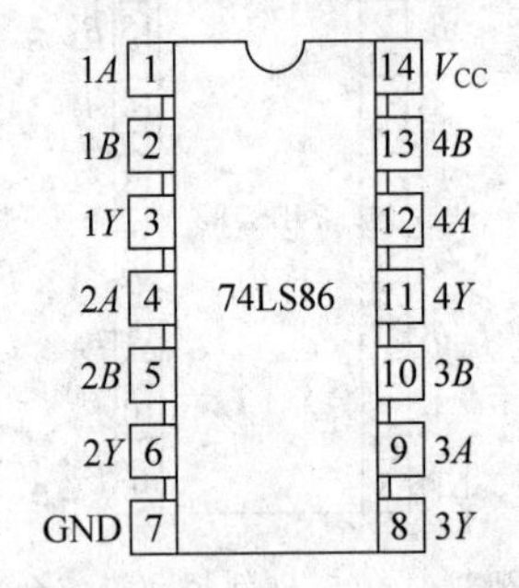

74LS86—二输入异或门(四组)

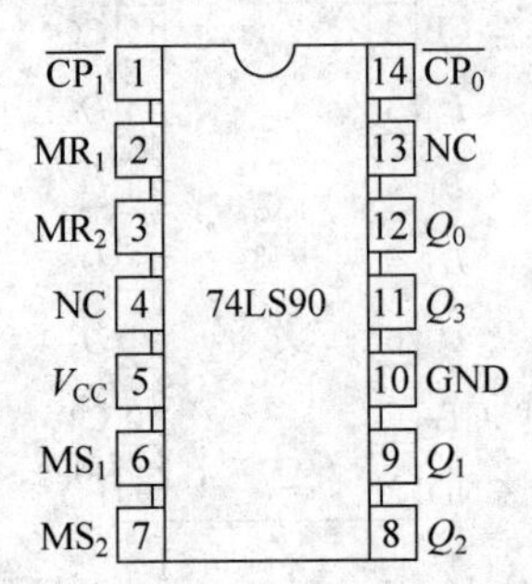

74LS90—异步二-五-十进制计数器

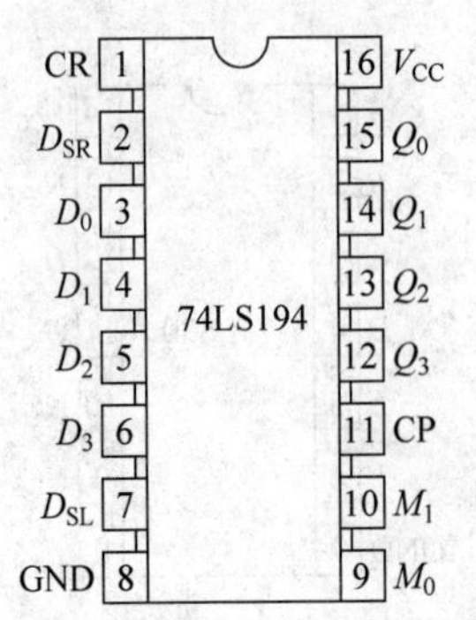

74LS194—4 位双向移位寄存器

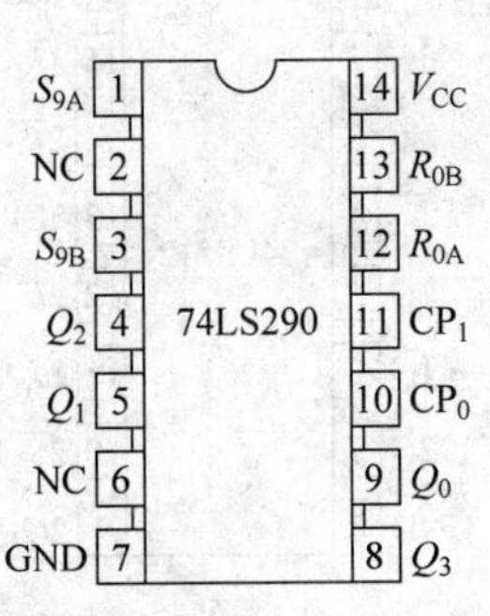

74LS290—异步二-五-十进制计数器

2. CMOS 系列

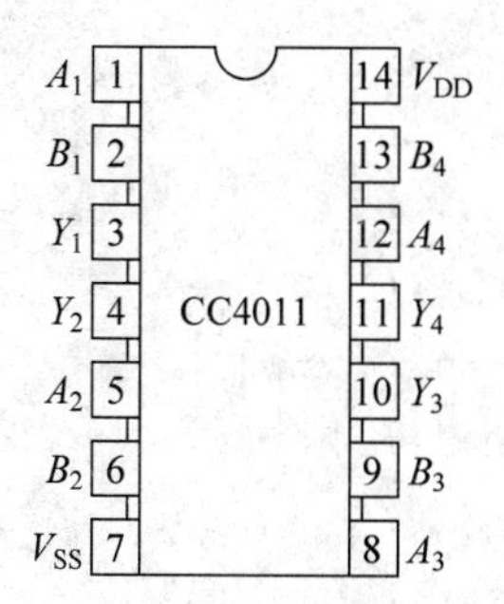

四 2 输入与非门

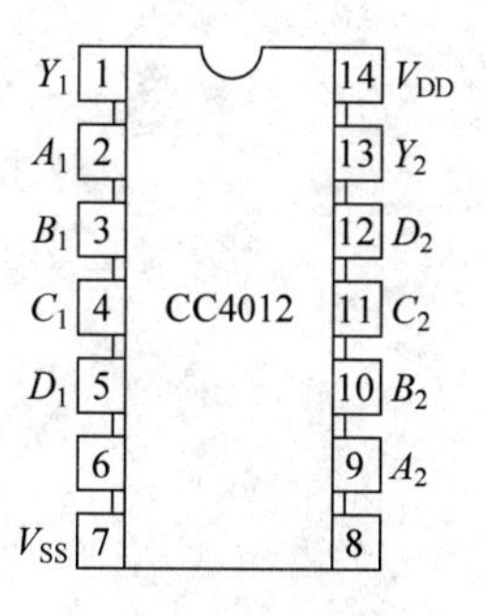

双 4 输入与非门

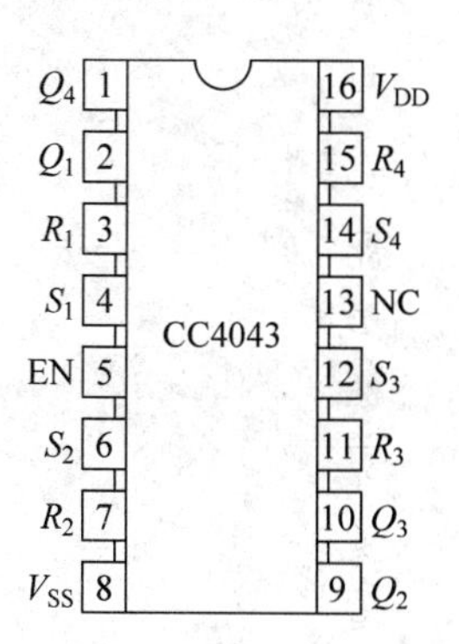

四 R-S 锁存器

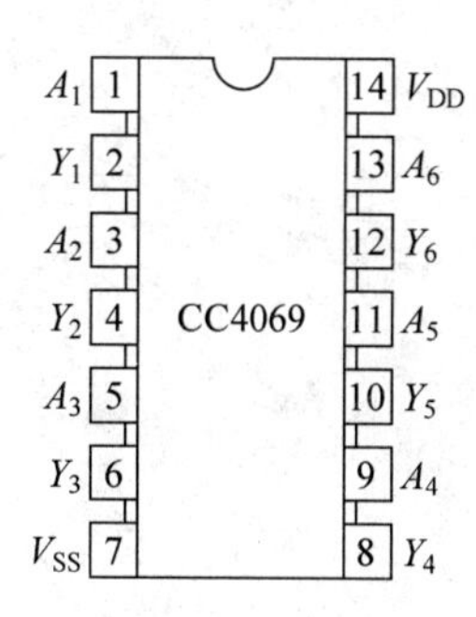

六反相器

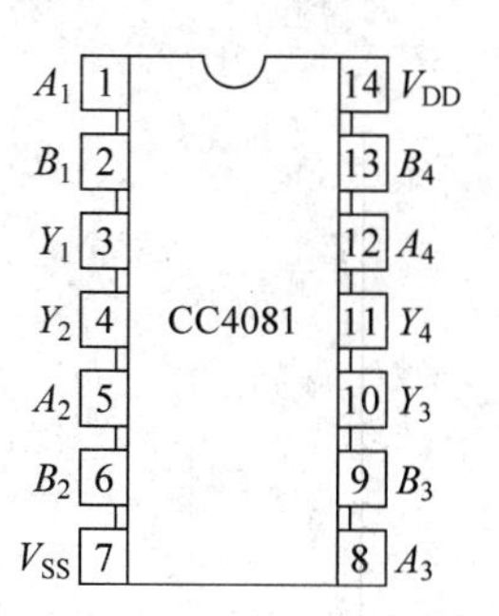

四 2 输入与门

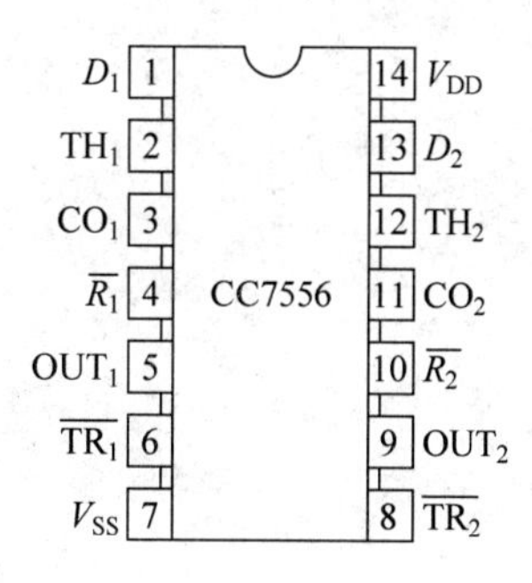

双定时器

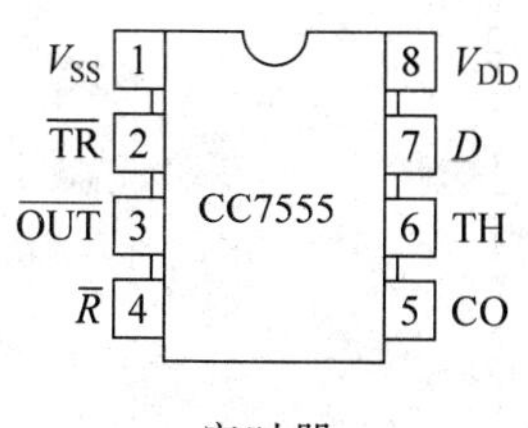

定时器

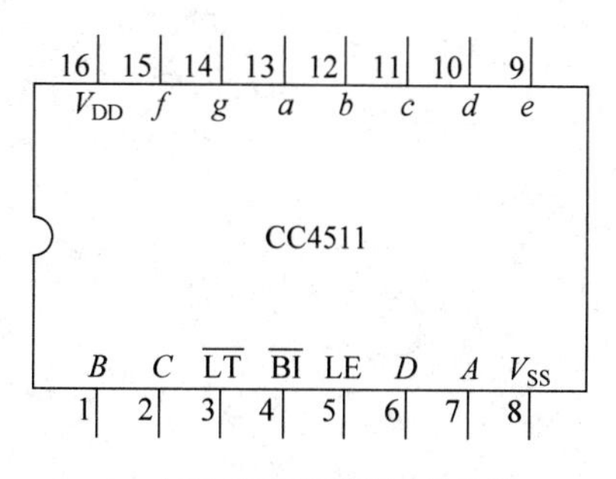

4—七段锁存译码器/驱动器